普通高等  材

微积分

WEIJIFEN

主　编　史千里
参　编　袁　萍　黄孝祥　姬　秀

重庆大学出版社

普通高等

内容提要

本教材主要内容包括:一元函数极限、导数、微分的概念、性质和计算;导数在经济学、管理学中的应用;不定积分、定积分及广义积分的概念、性质及其计算;定积分在经济学、管理学中的应用以及一般应用. 极坐标系基础、空间解析几何基础;多元函数的概念;二元函数的偏导数、全微分的概念、性质及其应用;二重积分的概念及其计算. 常数项级数的概念、敛散性判别方法;幂级数的概念,收敛域、和函数的计算,幂级数展开. 一阶、二阶常微分方程的求解及其应用.

本教材可供经济类、管理类本科专业使用,旨在帮助学生掌握微积分学的基础知识和基本理论,提高计算能力和分析解决经济学、管理学方面有关数学问题的能力.

图书在版编目(CIP)数据

微积分 / 史千里主编. --重庆:重庆大学出版社,
2017.6(2022.8 重印)
ISBN 978-7-5689-0530-5

Ⅰ.①微… Ⅱ.①史… Ⅲ.①微积分—高等学校—教材 Ⅳ.①O172

中国版本图书馆 CIP 数据核字(2017)第 098090 号

普通高等教育"十三五"规划教材

微积分

主 编 史千里

参 编 袁 萍 黄孝祥 姬 秀

策划编辑:杨 漫

责任编辑:文 鹏 版式设计:杨 漫

责任校对:刘志刚 责任印制:赵 晟

*

重庆大学出版社出版发行

出版人:饶帮华

社址:重庆市沙坪坝区大学城西路 21 号

邮编:401331

电话:(023)88617190 88617185(中小学)

传真:(023)88617186 88617166

网址:http://www.cqup.com.cn

邮箱:fxk@cqup.com.cn(营销中心)

全国新华书店经销

重庆市正前方彩色印刷有限公司印刷

*

开本:787mm×1092mm 1/16 印张:18 字数:408 千

2017 年 6 月第 1 版 2022 年 8 月第 2 次印刷

印数:2 001—4 000

ISBN 978-7-5689-0530-5 定价:45.00 元

本书如有印刷、装订等质量问题,本社负责调换

版权所有,请勿擅自翻印和用本书

制作各类出版物及配套用书,违者必究

前　言

一、什么是微积分学

事物是有限与无限的辩证统一. 微积分学通过研究有限与无限的关系,达到研究变量之间关系的目的.

微积分学是现代数学的主要基础之一,也是实际应用非常广泛的数学学科之一.

研究对象:(实)函数;

基础方法(基本算法):极限;

主要方法(主要算法):求导,积分.

二、本教材的主要特点

1.内容划分清晰,衔接细腻.

2.讲解角度多样,层次分明.

3.语言独具特色,娓娓道来.

4.引入新概念、新算法,采取从具体到一般的方式,以明确问题为起点,到猜想、试验、失败,再实验、成功,更适合探索、认识、发现的规律.

5.适时总结算法及其特点. 例如极限算法,第 2 章列出 6 种,之后又列举了 2 种.

6.讲练结合,练习分层次.

  ●"练习"是面向所有学生的,可在课堂上及时演练;

  ●"思考"适合中上水平的学生;

  ●"问题"则适合水平较高的那一部分学生.

7.例题分析,重点在于剖析思考方法:"怎样想到这个方法的?"

8.例题解答,格式规范,可作为练习和作业的参照模板.

9.部分定理没给出证明,建议从具体实例、几何意义等角度加以理解.

三、对学习的几点建议

"数学有用,数学难学!"几乎是大家的共识.

这里,结合作者教学经验,提出以下建议,仅供参考.

(一)解决好思想上的问题

1.体会"数学是思想,是方法,是工具",非常重要.

2.树立信心.过去没学好数学,要坚信自己不是脑筋差、智商低,而是因为没有下功夫,或者学习方法不对.现在,要学好数学,就得下功夫、找方法.

例如,当遇到不明白的东西、不会做的题目时,是长时间反复思考,还是放过去了事;是及时放下身段问别人,还是不好意思;等等.这些看上去微不足道的差别,会导致学习效果的天壤之别!

(二)保证基本环节:读书、听讲

1.课本就是翻来翻去、写来写去的.

一学期下来,课本依然崭新崭新的,如果成绩能好,那就很奇怪了!

2.听老师讲课,至关重要.

缺的、漏的尽量补上,不明白的做上记号(或思考,或问人).

读书、听课时,多问自己两个问题:

①他怎么就想到这个方法了?

②这个定理有什么应用?

(三)保证基本做法:多问、多记、多练

1.多问.跟老师、同学讨论(甚至争论)是学好数学的重要途径.那些能跟老师、同学争论的同学,往往是学得很好的人.

经常问问自己:这个星期,我问过几个问题?跟别人讨论过几次?

2.多记.先明白道理再去做,当然很好.但很多时候,往往是先去做(模仿着做),然后再慢慢体会其中的道理;或者只要熟悉方法,不究其深刻道理.

例如,等到一个人真正懂得了走路的重要性、明白了走路的科学方法后,再去学走路,那他几乎不可能学会走路啦.再如,967.55÷37 = ?用长除计算,小学毕业生都很熟练.但是,长除式的道理是什么?明白的人不多(就算在大学里也是如此).

3.多练.上数学课,建议带个本子,感觉什么重要就记一笔,老师的某句话有意义就记下来,有什么不太明白就演算一下.本子不求写得整齐、漂亮(否则,太花时间).一学期下来,本子写得越多越乱,学习效果会越好.

老师讲的例题,课后一定再理一遍.

课后的练习,做得越多越好.经常问自己:这一章的练习题总共多少道?我还剩多少没做?微积分这门课上,不定积分十分典型,没有大量的练习肯定不行.

没做几个题目,数学成绩很好,那太神奇啦!

(四)每学习一个概念,要追问四个问题

它是什么?有什么性质?是什么算法?有什么用途?

这种学习方法称为"四问式学习法".

例如,极限——什么是极限?极限的基本性质有哪些?算法有哪些?可以干什么?

(五)每学习一个算法,要经历三个基本模式

1.探究模式,获得一个新方法;

2.程序模式,熟悉这个方法的基本步骤.

3.模型模式,掌握适用于这个方法的那些问题的模型特征.

这种学习方法称为"三式学习法".

例如,求不定积分 $\int \dfrac{1}{\sqrt{a+x^2}}\mathrm{d}x$,$(a>0)$.

探究式:算法关键是解决"$1+A^2=B^2$"是否成立的问题,算法来源于 $1+\tan^2\theta=\sec^2\theta$(或 $1+$

$\cot^2\theta = \csc^2\theta$). 于是有了新算法——正切代换.

程序式:正切代换的步骤是令 $x=\sqrt{a}\,\tan\theta$,则 $dx=\sqrt{a}\,\sec^2\theta d\theta$,……

模型式:正切代换适合 $\int f(x,\sqrt{a^2+x^2})dx$ 模型的问题,不适合 $\int g(x,\sqrt{a^2-x^2})dx$,$\int h(x,\sqrt{x^2-a})dx$. 也不适合 $\int k(x,\sqrt{a-x})dx$.

(六)多方式表达

1.形和数.

例如:凹函数.

数的表达似乎很深奥:"任取 $x_1,x_2\in(a,b)$,若总有 $f\left(\dfrac{x_1+x_2}{2}\right)<\dfrac{f(x_1)+f(x_2)}{2}$,则称 $f(x)$ 在 (a,b) 内是凹的."

如果用图形表示,那就很直观了,一看就明白.

2.换个说法.

例如:不定积分.

原定义:$f(x)$ 的所有原函数,称为 $f(x)$ 的不定积分,记作 $\int f(x)dx$.

换个说法:$\int f(x)dx$ 是 $f(x)$ 所有原函数所组成的集合(函数族).

$$\int f(x)dx$$ 等于它的任一个原函数加上一个任意常数.

$$\int f(x)dx$$ 是求导的逆运算.

你的说法越多,认识就越全面、越深刻,越是自己的.

(七)培养美感

美,是数学四大特点之一(其他三个是:高度抽象性、严密性、应用广泛性).这里主要指数学美中的"语言形式美".

培养数学的美感,可以从讲究书写格式开始.

例如:设 $y=f(x)=\dfrac{\lg(7-2x)}{3-\sqrt{7+x}}$,求定义域 D.

分析:要使 y 有意义,x 必须满足下列条件.

(1)对数的底>0,$7-2x>0$;

(2)开平方的底$\geqslant0$,$7+x\geqslant0$;

(3)分母$\neq0$,$3-\sqrt{7+x}\neq0$.

解:令 $\begin{cases}7-2x>0\\7+x\geqslant0\\3-\sqrt{7+x}\neq0\end{cases}$

解不等式得 $\begin{cases}x<3.5\\x\geqslant-7\\x\neq2\end{cases}$,即 $D=[-7,2)\cup(2,3.5)$.

"分析"与"解"的不同:

①目的不同.前者是寻找解法和结果,后者是表达解法和结果.

②思路不同.前者一般是分析法,而后者一般是综合法.

③格式不同.前者可以随意分块,较为凌乱,而后者具有紧凑、清晰的逻辑路线.

前者可以千人千面,而后者却要求统一规范.

要树立一个观点:解一个题目,就是写一篇作文,开头、过程、结尾必须完整.

再如,求证:$e^x>1+x,x\neq0$.

分析:①这是不等式问题,但微积分是研究函数问题的;②先构造适当的函数;③应用适当的模型.

证明:令 $f(x)=e^x-x-1$,则 $f'(x)=e^x-1,x\in(-\infty,+\infty)$.

因为 $f'(x)\leq0,x\in(-\infty,0]$

所以 $f(x)$ 在 $(-\infty,0]$ 内单减

所以 $f(x)>f(0)=0,x\in(-\infty,0)$

即 $e^x-x-1>0,x\in(-\infty,0)$

所以 $e^x>1+x,x\in(-\infty,0)$.

同样可证 $e^x>1+x,x\in(0,+\infty)$.

所以,$e^x>1+x,x\neq0$.

若改成下面格式,则不易看明白了.

证明:令 $f(x)=e^x-x-1$,则 $f'(x)=e^x-1,x\in(-\infty,+\infty)$.因为 $f'(x)\leq0,x\in(-\infty,0]$,所以 $f(x)$ 在 $(-\infty,0]$ 内单减,$f(x)>f(0)=0,x\in(-\infty,0)$,即 $e^x-x-1>0,x\in(-\infty,0)$.所以 $e^x>1+x,x\in(-\infty,0)$.同样可证 $e^x>1+x,x\in(0,+\infty)$.所以,$e^x>1+x,x\neq0$.

数学的美,不光是美观,它还可为发现提供契机.

(八)重要的东西,自己给它取个名字

这是一个很有效的学习方法.

例如:$f(x)=x^x$,它像指数函数,又不是;它像幂函数,也不是.就叫它"幂指函数"吧.

e 和 1 读音相同,听者混淆.不妨把 e 读作"圈 yī",而把 1 读作"竖 yī".将来还有一个 E,读作"大 yī".

近似公式:$f(x_0+\Delta x)\approx f(x_0)+dy\big|_{x=x_0}$,可以口头表述为:末点函数值近似于起点函数值与起点微分之和.

事实上,重要的东西要取名字,名字越多越重要,取名字要有学问!(以"导数"为例,在不同学科里就有不同的名字.)

以上建议适合学习数学的普遍情形.下面是针对微积分学的学习方法的两点建议.

(九)学习微积分,要时刻思考"有限"与"无限"的关系

微积分学的概念脉络是:极限→连续→可导→积分→$\begin{cases}级数\\微分方程\\差分方程\end{cases}$

微积分学的一切矛盾(尤其是有限与无限),都包含在"极限"概念之中.如果把微积分学

看作一个生命体(如一只羊),那么,"极限"概念就好似这只羊的基因!

理解"极限"概念,是一个漫长的过程.

(十)学习微积分,要树立"函数是工具"的思想

微积分学研究对象:函数.但是,遇到的问题往往是各式各样的,"似乎跟函数无关"!能否将其他问题"转化成函数问题"是学习者数学能力高低的表现.

例如,求证:$\dfrac{h}{1+h}<\ln(1+h)<h,(h>0).$(6.1 例 2)

这是"不等式问题",不是"函数问题".关键在于"怎样将不等式问题转化成为函数问题".先构造函数.令 $f(x)=\ln(1+x),x\in[0,h]$,就将"不等式问题"转化成"函数问题"了!

许多时候,构造(或者说找到)适当的函数,是一件很艰难的事,当然,也是一件十分巧妙、十分美妙的事!如证明拉格朗日定理时所构造的函数 $F(x)=f(x)-\dfrac{f(b)-f(a)}{b-a}(x-a)$,$x\in[a,b].$

以上是作者提的一些关于学习方法的建议,希望对学习有帮助.

本书的编写,有许多创新尝试.鉴于作者水平,本书有疏漏、不妥,甚至错误之处,恳切地请大家指正!

史千里

2017 年 3 月

目　录

第1章 集合与函数

1.1 集 合

集合是数学的基础概念,认识和运用集合概念具有非常重要的意义.

1.1.1 集合:同一性质事物的全体

集合是数学的"初始概念",不加定义,仅作描述.

第一,整体性:集合是一个"整体"(相对于"元素").第二,确定性:集合内的元素都具有指定的性质;凡具有指定性质的事物,都被"包含"在这个集合内.

例1 "全体中国公民"是集合,是由"具有中华人民共和国国籍的人"组成的一个整体.

例2 "我是人类"中的"人类"是集合(即"我是人类的一成员""我属于人类").

例3 "所有好看的鲜花"不是集合.

集合概念的意义:数学概念浩如烟海,几乎都(直接或间接地)建立在集合的基础上.

思考1 "所有美洲国家"构成一个集合.指出其"共同性质",试枚举该集合的元素.

问题1 下面结论错在哪里?"因为不能将所有的在校大学生集中在一个场地上,所以,'所有在校大学生'不构成集合."

1.1.2 集合的常用表示方法

口语表述:如"在9和49之间的整平方数".

枚举:如$\{16,25,36\}$.

代表+性质:如$\{a \mid \sqrt{a} \in \mathbf{Z}, 9 < a < 49\}$.

1.1.3 数集

数集的一些特殊表示方法:

不等式:如$x \geqslant 5, x > 5, x \leqslant -3, x < -3, 5 > x \geqslant 1$.

区间:如$(a,b),[a,b],[a,+\infty),(-\infty,b]$.

数轴表示:

图 1.1　区间 (a,b)

图 1.2　区间 $[a,b]$

邻域: x_0 半径为 $\varepsilon(>0)$ 的邻域就是区间 $(x_0-\varepsilon, x_0+\varepsilon)$, 记作 $\delta(x_0, \varepsilon)$. 即

$$\delta(x_0, \varepsilon) = (x_0 - \varepsilon, x_0 + \varepsilon) = \{x \mid |x - x_0| < \varepsilon\}$$

图 1.3　邻域 $\delta(x_0, \varepsilon)$

图 1.4　邻域 $\delta(x_0, \varepsilon)$

练习 1　(1) 作图 $\delta(-2, 0.6)$;

(2) 把 $\delta(-2, 0.5)$ 用区间表示;

(3) 把开区间 $(3,4)$ 表示成邻域.

思考 2　在 3 的所有邻域中, 存在半径最小的邻域吗?

去心邻域: x_0 半径为 ε 的去心邻域是 $(x_0-\varepsilon, x_0) \cup (x_0, x_0+\varepsilon)$, 记作 $\delta^o(x_0, \varepsilon)$. 即

$$\delta^o(x_0, \varepsilon) = (x_0 - \varepsilon, x_0) \cup (x_0, x_0 + \varepsilon) = \{x \mid 0 < |x - x_0| < \varepsilon\}$$

常用数集及符号:

$\mathbf{Z}$ = 整数(全体整数);

$\mathbf{Z}^+$ = 正整数(全体正整数);

$\mathbf{Z}^-$ = 负整数(全体负整数);

$\mathbf{N}$ = 自然数 = $\{0\} \cup \mathbf{Z}^+$;

$\mathbf{Q}$ = 有理数(全体有理数) = $\left\{\dfrac{a}{b} \mid a \in \mathbf{Z}, b \in \mathbf{Z}^+\right\}$;

$\mathbf{R}$ = 实数(全体实数) = $(-\infty, +\infty)$;

$\mathbf{R}^+$ = 正实数(全体正实数) = $(0, +\infty)$;

$\mathbf{R}^-$ = 负实数(全体负实数) = $(-\infty, 0)$.

问题 2　设 $A = \{$张兰, 李丽, 王晓, 孙洁, 赵萍$\}$, A 不是数集, 怎么转换成数集?

1.1.4　集合的运算

定义 1.1　设 A, B 是集合.

A 与 B 的**并**: $A \cup B = \{x \mid x \in A$ 或者 $x \in B\}$;

A 与 B 的**交**: $A \cap B = \{x \mid x \in A, x \in B\}$;

B 与 A 的**差**: $B - A = \{x \mid x \in B, x \notin A\}$.

例 4　设 $A = \{x \mid (x-1)(x+2)(x+3) = 0\}$, $B = \{t \mid t^2 = 9\}$. 求: $A \cup B$, $A \cap B$, $B - A$, $A - B$.

解: 因为　$A = \{-2, -3, 1\}$, $B = \{-3, 3\}$

所以　$A \cup B = \{-2, -3, 1, 3\}$

$A \cap B = \{-3\}$

$$B - A = \{3\}$$
$$A - B = \{-2, 1\}$$

练习2　设 $I_1 = [-1, 5], I_2 = (-1, 2), I_3 = [2, 4]$. 求：$I_2 \cup I_3, I_1 - I_2, I_1 - I_3$.

1.2　函　数

函数是数学的最重要工具之一,是微积分学研究的对象.

1.2.1　函数的定义

定义 1.2　设 A, B 是两个非空数集, f 是 $A \to B$ 的对应法则,且(A 内)每个数 x 在 f 下都对应着唯一的数 y(在 B 内),则称 f 是 $A \to B$ 的**函数**, A 称为 f 的定义域.记作

$$y = f(x), \quad x \in A$$

例1　设 $A = \{-5, -1, 0\}, B = \{0, 4, 5, 7\}$.

$f_1 : -5 \to 4, -1 \to 7, 0 \to 0$. f_1 是 $A \to B$ 的函数.

$f_2 : -5 \to 7, -1 \to 7, 0 \to 4$. f_2 是 $A \to B$ 的函数.

$f_3 : -5 \to 7, 0 \to 4$. f_3 不是 $A \to B$ 的函数.

$f_4 : -5 \to 7, -1 \to 4, -1 \to 5, 0 \to 0$. f_4 不是 $A \to B$ 的函数.

为了书写简明,引用如下符号：

$$f_1(-5) = 4, \quad f_1(-1) = 7, \quad f_2(-1) = 7$$

练习1　在例1中,(1) $f_1(-1) = f_2(-5)$ 对吗? (2) $f_1(-1) > f_2(0)$ 对吗?

$y = f(x), y$ 随着 x 变化而变化,所以, x 称为**自变量**, y 称为**因变量**.

函数 f 好像照相机.

在例1中, $f_1 : -5 \to 4$. -5 是原像,照相机 f_1 拍的照片(像)是4;

$\qquad\qquad f_2 : -5 \to 7$. -5 是原像,照相机 f_2 拍的照片(像)却是7.

所以,在 $f_1(-5) = 4$ 中,4称为 -5 的函数值,又称为 -5 的像; -5 称为4的原像.

例2　某网上商城某 T 恤商铺(免运费)：1件210元;2件,每件190元;3~5件,每件175元; 6~9件,每件160元;10件及以上,每件145元.写出网购顾客购买件数 x 与总价 y 的函数关系.

解：设 $y = f(x), x \in D$,则

$$y = f(x) = \begin{cases} 210x & x = 1 \\ 190x & x = 2 \\ 175x & 3 \leq x < 6 \\ 160x & 6 \leq x < 10 \\ 145x & 10 \leq x \end{cases}, D_f = \mathbf{Z}^+$$

这是一个**分段函数**,具体而言,是一个5段函数.

思考 1 （1）函数是一一对应吗？

（2）使用"原像"和"像"的概念定义"函数".

问题 1 设 $A=\{13,19\}$，$B=\{-7,11,23\}$．你可以建立几个 $A \rightarrow B$ 的函数？

1.2.2 定义域

函数的**定义域**：自变量使函数有意义的所有取值，记作 D．

函数的**值域**：因变量的所有取值，记作 I．

定义域一般要保证以下 5 个方面的要求：

（1）分母不等于 0；

（2）开偶次方，底数不为负值；

（3）对数函数，真数为正值；

（4）正弦（余弦）值不得大于 1；

（5）具有实际意义的函数，要保证具体的范围．

算法——求定义域：

第 1 步，建立不等式（组）；

第 2 步，解不等式（组）；

第 3 步，把解写成规范形式．

例 3 设 $y=f(x)=\dfrac{\lg(7-2x)}{3-\sqrt{7+x}}$，求定义域 D．

分析：要使 y 有意义，x 必须满足：

（1）对数的底 >0，用不等式表示：$7-2x>0$；

（2）开平方的底 $\geqslant 0$，用不等式表示：$7+x \geqslant 0$；

（3）分母 $\neq 0$，用不等式表示：$3-\sqrt{7+x} \neq 0$．

解：令 $\begin{cases} 7-2x>0 \\ 7+x \geqslant 0 \\ 3-\sqrt{7+x} \neq 0 \end{cases}$

解不等式得 $\begin{cases} x<3.5 \\ x \geqslant -7,\ \text{即} \ D=[-7,2) \cup (2,3.5). \\ x \neq 2 \end{cases}$

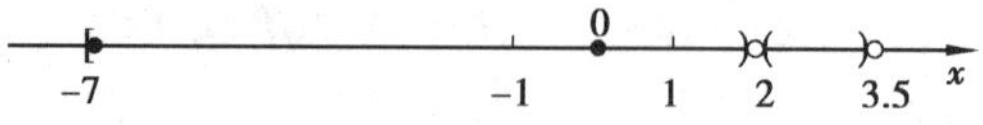

图 1.5 定义域 $D=[-7,2) \cup (2,3.5)$

练习 2 设 $y=h(x)=\sqrt[3]{1-x}+\dfrac{\lg x^2}{1-\sqrt{3-x}}$，求定义域 D，并表示在数轴上．

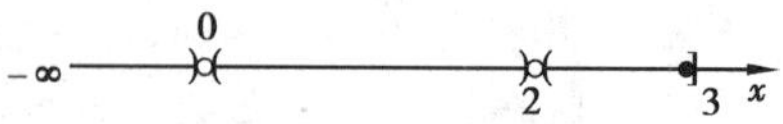

图 1.6 定义域 $D=(-\infty,0) \cup (0,2) \cup (2,3]$

思考 2　函数定义域 D 是一个集合,它的元素有什么特性?

1.2.3　函数的常用表示方法

1) 口语叙述

例 4　(1) y 为 1,当 x 为正数时; y 为 -1,当 x 为负数时; y 为 0,当 x 为 0 时.称为符号函数,记作 $y = \text{sign } x$.

　　(2) y 为不大于 x 的最大整数,取整函数,记作 $y = [x]$.

　　(3) y 为 1,当 x 为有理数时; y 为 0,当 x 为无理数时.

在例 4(3) 中的函数不是分段函数.

思考 3　口语表述的优点、缺点各有哪些?

2) 表格法

例 5　某直辖市(2013—2014)一手房价格 y 随时间变化表:

月份 x	1 302	1 304	1 306	1 308	1 310	1 312	1 401
单价 $y/(\text{元} \cdot \text{m}^{-2})$	14 250	14 842	15 048	15 339	16 363	16 813	17 183

(数据来源:http://newhouse.tj.soufun.com/fangjia/)

思考 4　表格法的优点、缺点各有哪些?

问题 2　怎样获得 $y = f(x)$ 的表格?

3) 图像法

例 6　某快递公司从上海至湖北荆州的标准快递价格(部分),即邮费 y(元)与物品质量大小 x(kg)之间的函数关系如图 1.7 所示.

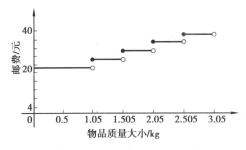
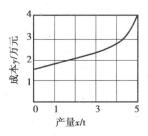

图 1.7　邮费与物品质量大小关系的函数图像　　图 1.8　总成本 y 与产量 x 的函数图像

例 7　某花生油加工厂,每天最多生产 5(t)花生油,产量与总成本关系如图 1.8 所示.

看图知:(1) 固定成本约为 1.5(万元);(2) y 是增函数,且产量接近 5(t) 时增速较快.

练习 3　在图 1.8 中,当 $x = 4$ 时,用直尺测量: $y = ?$(即求 $f(4)$)

思考 5　(1) 图像法的优点、缺点各有哪些?

　　(2) 怎样获得 $y = f(x)$ 的图像?

问题 3　(1) 圆心在 $(0,3)$、直径为 2 的圆,可以是一个函数的图像吗?

　　(2) 抛物线总是某个函数的图像吗?

4）解析式法

例8 设某商品总利润 y（元）与销量 x（kg）的函数解析式为：
$$y = L(x) = -0.1x^2 + 15x - 70, \quad x \in [0,100]$$
只要知道 $x = x_0$，就可以求出函数值 $y_0 = L(x_0)$。

练习4 在例8中，计算 $L(0)$，$L(4.82)$，$L(80)$，$L(90)$。

思考6 解析式法的优点、缺点各有哪些？

问题4 （1）怎样获得 $y = f(x)$ 的解析式？

　　　　（2）所有函数都可以写出解析式吗？　（分析例4（2））

　　　　（3）所有函数都可以作出图像吗？　（分析例4（3））

事物处于联系中，联系着的事物又处于变化之中，函数反映了变量之间的关系。函数是微积分学研究的对象，也是整个高等数学主要的研究对象之一。

1.3　初等函数

1.3.1　基本初等函数

1）基本初等函数

常量函数　　$y = C$（C 为常数）；

幂函数　　　$y = x^{\alpha}$（$\alpha \in \mathbf{R}$）；

指数函数　　$y = a^x$（$a > 0$，$a \neq 1$）；

对数函数　　$y = \log_a x$（$a > 0$，$a \neq 1$）；

三角函数：$\sin x$（正弦），$\cos x$（余弦），$\tan x$（正切），$\cot x$（余切），$\sec x$（正割），$\csc x$（余割）。

反三角函数：$\arcsin x$，$\arccos x$，$\arctan x$，$\operatorname{arccot} x$。

例1 指出下列 10 个函数中哪些属于基本初等函数：
$$\cos(3x) \quad \cos x \quad 3 + \cos x \quad 3\cos x \quad x \quad -5x \quad f(x) = -19 \quad x^{-8} \quad e^x \quad e^{x-3}$$
解：其中，有 5 个是基本初等函数，即 $\cos x, x, f(x) = -19, x^{-8}, e^x$。

2）基本初等函数图像

常用的基本初等函数图像如图 1.9—图 1.16 所示。

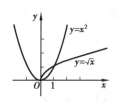

图 1.9　$y = x^2$ 和 $y = \sqrt{x}$ 图像

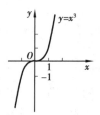

图 1.10　$y = x^3$ 图像

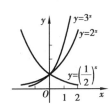

图 1.11　指数函数图像

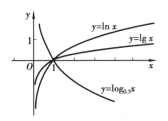

图 1.12　对数函数图像

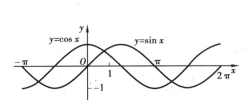

图 1.13　$y=\sin x$ 和

$y=\cos x\,(-\pi\leqslant x\leqslant 2\pi)$ 图像

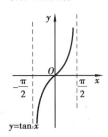

图 1.14　$y=\tan x\left(-\dfrac{\pi}{2}<x<\dfrac{\pi}{2}\right)$

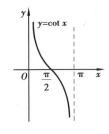

图 1.15　$y=\cot x\,(0<x<\pi)$ 图像

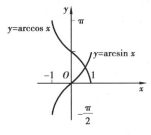

图 1.16　反正弦、反余弦图像

3) 重要初等运算公式

(1) 幂运算公式

同底幂乘法：$x^{\alpha}x^{\beta}=x^{\alpha+\beta}$　　　　同底幂除法：$\dfrac{x^{\alpha}}{x^{\beta}}=x^{\alpha-\beta}$

同指幂乘法：$x^{\alpha}y^{\alpha}=(xy)^{\alpha}$　　　　同指幂除法：$\dfrac{x^{\alpha}}{y^{\alpha}}=\left(\dfrac{x}{y}\right)^{\alpha}$

幂的幂：$(x^{\alpha})^{\beta}=x^{\alpha\beta}$　　　　　　幂的开方：$\sqrt[n]{x^{\alpha}}=x^{\frac{\alpha}{n}}$

(2) 因式分解公式

$x^{2}-y^{2}=(x-y)(x+y)$　　　　　　　（平方差）

$x^{3}-y^{3}=(x-y)(x^{2}+xy+y^{2})$　　　　（立方差）

$x^{3}+y^{3}=(x+y)(x^{2}-xy+y^{2})$　　　　（立方和）

(3) 对数公式

$\log_{a}(MN)=\log_{a}M+\log_{a}N$　　　　（积的对数等于对数之和）

$\log_{a}\dfrac{M}{N}=\log_{a}M-\log_{a}N$　　　　（商的对数等于对数之差）

$$\log_a N^b = b \log_a N \qquad\qquad (\text{幂的对数})$$

(4)三角公式

和角余弦：$\cos(x+y) = \cos x \cos y - \sin x \sin y$

差角余弦：$\cos(x-y) = \cos x \cos y + \sin x \sin y$

和角正弦：$\sin(x+y) = \sin x \cos y + \cos x \sin y$

差角正弦：$\sin(x-y) = \sin x \cos y - \cos x \sin y$

二倍角余弦：$\cos 2x = \cos^2 x - \sin^2 x = 1 - 2\sin^2 x = -1 + 2\cos^2 x$

二倍角正弦：$\sin 2x = 2 \sin x \cos x$

半角余弦：$\cos^2 x = \dfrac{1}{2}(1+\cos 2x)$　　　　半角正弦：$\sin^2 x = \dfrac{1}{2}(1-\cos 2x)$

正切与正割：$\sec^2 x = 1 + \tan^2 x$　　　　余切与余割：$\csc^2 x = 1 + \cot^2 x$

约定(本书中)：$f^{n}(x) = [f(x)]^{n}$.

如$\ln^2 x = (\ln x)^2$，$\sin^2 x = (\sin x)^2$，$\arccos^2 x = (\arccos x)^2$.

1.3.2　反函数

定义 1.3　若函数 $y=f(x)$，$x \in D$ 满足：对于值域 I 中每一个值 y，D 中有唯一值 x 使 $f(x)=y$.按此对应法则，则得到 I 为定义域的新函数，称为 f 的**反函数**，记作

$$x = f^{-1}(y), y \in I$$

例 2　设 $y=f(x)=3x+1$，$x \in D=(-1,2]$.求 $y=f(x)$ 的反函数.

解：因为　$y=3x+1$，定义域 $D_f=(-1,2]$，值域 $I_f=(-2,7]$

所以　$x = \dfrac{y}{3} - \dfrac{1}{3}$，$y \in I_f=(-2,7]$

故　$y=f(x)$ 的反函数 $x=f^{-1}(y)=\dfrac{y}{3} - \dfrac{1}{3}$，$y \in I=(-2,7]$.

练习 1　在某粮油集散中心购买一种大米，其总价 y(元)与质量 x(kg)的函数关系为 $y=f(x)=6.4x$，$x \in D=[500,2\,000]$，则 $x=f^{-1}(y)=\dfrac{5}{32}y$.求 $x=f^{-1}(y)$ 的定义域和值域.

思考 1　练习 1 中，$x=f^{-1}(y)=\dfrac{5}{32}y$，$y \in [3\,200,12\,800]$ 的实际意义是什么？

有些函数没有反函数.例如，$y=f(x)=x^2$，$x \in D_f=[-3,3]$ 没有反函数；

反函数的记号 $x=f^{-1}(y)$，$y \in I$ 中，y 为自变量，x 为因变量.不符合习惯.改写为：$y=f^{-1}(x)$，$x \in I$.

例 3　设 $y=g(x)=x^2$，$x \in D_g=[-3,0]$，求 $g^{-1}(x)$.

解：因为　$y=x^2$，定义域 $D_g=[-3,0]$，值域 $I_g=[0,9]$

所以　$x=-\sqrt{y}$，$y \in I_g=[0,9]$

故　$y=g(x)$ 的反函数 $y=g^{-1}(x)=-\sqrt{x}$，$x \in [0,9]$.

练习 2　设 $y=h(x)=x^2$，$x \in D_h=[0,3]$，求 $h^{-1}(x)$.

1.3.3 复合函数

定义 1.4 设两个函数 $y=f(u),u\in D;u=g(x),x\in E;$值域 $I_g\subseteq D.$则对每一个 $x\in E$,对应 D 内唯一的一个值 u,而 u 又对应唯一的一个值 y,确定了一个定义在 E 上的新函数,记作:$y=f(g(x)),x\in E$,称为函数 f 和 g 的**复合函数**.其中,f 为**外层函数**,g 为**内层函数**,u 为**中介变量**.

例 4 设 $y=f(x)=\sqrt{9-x^2},u=g(x)=3\sin x$,求 $y=f(g(x))$.

解:因为 $\quad D_g=[-\infty,+\infty],I_g=[-3,+3],D_f=[-3,3]$

$\quad\quad$ 所以 $\quad I_g=[-3,+3]\subseteq D_f$

$\quad\quad$ 故 $\quad y=f(g(x))=\sqrt{9-(3\sin x)^2}=3\mid\cos x\mid,D=D_g=[-\infty,+\infty]$

练习 3 (1)设 $y=f(x)=5x+1,u=g(x)=\ln x.$求 $y=f(g(x))$,并求定义域.

$\quad\quad\quad\quad$ (2)设 $y=f(x)=e^x,u=g(x)=\sqrt{x},v=h(x)=5x+1.$求 $y=f(g(h(x)))$.

将一个复合函数"逐层拆开",可以更好地研究复杂函数的构成规律.

例 5 设 $y=f(x)=\sin(\sqrt[3]{7x^2-4})$,说明复合方式.

解:令 $u=g(x)=7x^2-4,v=h(u)=u^{\frac{1}{3}},y=k(v)=\sin v$

$\quad\quad$ 则 $y=f(x)=k(v)=k(h(u))=k(h(g(x)))$

这里 $y=f(x)$ 是"三层复合":$k(v)$ 是最外层,$h(u)$ 是次外层,$g(x)$ 是内层.

练习 4 说明 $y=5^{\sqrt{\sin(1-3x)}}$ 的复合方式.

将复合函数"拆开"时,最内层到什么程度? 一般地,拆到基本初等函数、多项式函数为止.

例 6 求复合函数的定义域:

(1)$y=\arcsin(7-2x)$; $\quad\quad$ (2)$y=\ln(e^{x(x-3)}-1)$.

分析 1:当且仅当 $7-2x\in[-1,1]$ 时,$\arcsin(7-2x)$ 才有意义.

解:令 $-1\leqslant 7-2x\leqslant 1$

$\quad\quad$ 解得 $3\leqslant x\leqslant 4$,即 $D=[3,4]$

分析 2:当且仅当 $e^{x(x-3)}-1>0$ 时,$\ln(e^{x(x-3)}-1)$ 才有意义.

解:令 $e^{x(x-3)}-1>0$

$\quad\quad$ 即 $e^{x(x-3)}>e^0,x(x-3)>0$

$\quad\quad x<0$,或 $x>3$

$\quad\quad$ 所以 $D=(-\infty,0)\cup(3,+\infty)$

思考 2 设 $y=f(u)=\ln u,u=g(x)=\sin x.$其中,$u$ 相对于 y 是什么? 相对于 x 又是什么?

1.3.4 初等函数

定义 1.5 由基本初等函数经过有限次四则运算与复合运算所得到的函数,称为**初等函数**.不是初等函数的函数,称为**非初等函数**.

例如 $\quad$ (1)$y=5x^3-2x+1+x^2\cos x$ $\quad\quad\quad\quad$ 初等函数.

$\quad\quad\quad$ (2)$y=x^{\sqrt{x+1}}\ln(1-2x)$ $\quad\quad\quad\quad$ 初等函数.

(3) $y = [x]$（取整函数） 　　　　　非初等函数.

(4) $y = \operatorname{sign} x$（符号函数） 　　　非初等函数.

练习 5 说明函数 $y = \sqrt{\dfrac{x}{x-1}}$ 是初等函数，并求定义域.

1.4　特殊几何性质的函数

有界函数、单调函数、奇函数、偶函数与周期函数等具有特殊的几何性质.

1.4.1　有界性

定义 1.6 设 $y = f(x)$，$x \in D$.

若存在常数 M，使 $f(x) \leq M$，$x \in D$，则称 M 为 $f(x)$ 的一个**上界**，$f(x)$ 为有上界函数.

若存在常数 m，使 $m \leq f(x)$，$x \in D$，则称 m 为 $f(x)$ 的一个**下界**，$f(x)$ 为有下界函数.

若存在常数 m 和 M，使 $m \leq f(x) \leq M$，$x \in D$，则称 $f(x)$ 为**有界函数**.

例 1 设 $y = f(x) = x^2 - 3$，$x \in (-\infty, +\infty)$，判断 $f(x)$ 是不是有界函数.

解：因为 $f(x) = x^2 - 3 \geq -3$，$x \in (-\infty, +\infty)$，所以，-3 是 $f(x)$ 的一个下界，$f(x)$ 有下界.但是，$x^2 - 3$ 没有上界.所以，$f(x)$ 不是有界函数（如图 1.17 所示）.

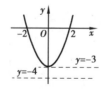

图 1.17　函数有下界

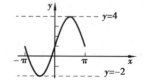

图 1.18　函数有界

思考 1 例 1 中，(1) -3.01，-4 等都是 $f(x)$ 的下界吗？ (2) -2.99 是 $f(x)$ 的下界吗？

例 2 证明：$y = f(x) = 1 + 3\sin x$，$x \in (-\infty, +\infty)$ 是有界函数.

证明：因为 $-2 \leq 1 + 3\sin x \leq 4$，$x \in (-\infty, +\infty)$，所以 $f(x)$ 是有界函数（如图 1.18 所示）.

有界函数的几何特征：有界函数的图像在两条水平线之间.

练习 1 (1) $y = f(x) = 3 + \dfrac{1}{x}$，$x \in (1, 2)$ 是有界函数吗？

(2) $y = g(x) = 3 + \dfrac{1}{x}$，$x \in (0, 2)$ 是有界函数吗？

问题 1 (1) 设 $y = f(x) = 3 + x$，$x \in (-\infty, 5]$.下面的论述对吗？

"因为，当 $x \geq -3$ 时，$y = f(x) \geq 0$.所以，0 是 $y = f(x)$ 的一个下界."

(2) 设 $y = f(x)$，$x \in D$，且总有 $|f(x)| \leq 7$.那么，$f(x)$ 是有界函数吗？

1.4.2　单调性

定义 1.7　设 $y=f(x)$，$x\in D$，区间 $I\subseteq D$.任取 $x_1,x_2\in I$，$x_1<x_2$，

(1)若 $f(x_1)<f(x_2)$ 总成立，则称 $f(x)$ 在 I 内(上)**单增**，I 称为一个增区间；

(2)若 $f(x_1)>f(x_2)$ 总成立，则称 $f(x)$ 在 I 内(上)**单减**，I 称为一个减区间.

例 3　求证：$(0,+\infty)$ 是 $y=f(x)=-x^2$，$x\in(-\infty,+\infty)$ 的单减区间.

证明：任取 $x_1,x_2\in(0,+\infty)$，且 $x_1<x_2$

　　因为　$f(x_2)-f(x_1)=(-x_2^2)-(-x_1^2)=-(x_2-x_1)(x_2+x_1)<0$，即

　　$f(x_2)<f(x_1)$ 总成立.

　　所以　$-x^2$ 在 $(0,+\infty)$ 内单减，即 $(0,+\infty)$ 是 $-x^2$ 的单减区间.

图 1.19　$y=-x^2$

练习 2　证明 $(-\infty,0)$ 是 $y=f(x)=-x^2$ 的单增区间.

定义 1.8　设 $y=f(x)$，$x\in D$.若 $f(x)$ 在 D 内单增(减)，则称 $f(x)$ 为**增函数(减函数)**.

练习 3　指出下列函数中的增函数.

　　(1)$y=f(x)=x^2$，$D=(-3,3)$；

　　(2)$y=g(x)=x^2$，$D=[1,6]$；

　　(3)$y=h(x)=-0.5x+100$，$D=(-\infty,+\infty)$.

思考 2　设 $y=f(x)=\sin x$，$D=(-\infty,+\infty)$，以下论述对吗?

"取 $x_1=0$，$x_2=\dfrac{\pi}{2}$.因为 $x_1<x_2$，且 $f(x_1)=\sin 0=0$，$f(x_2)=\sin\dfrac{\pi}{2}=1$，即 $f(x_1)<f(x_2)$.所以，$f(x)=\sin x$，$D=(-\infty,+\infty)$ 是增函数."

单调函数几何特征：单增函数的图像，越往右越高；单减函数的图像恰相反，越往右越低.

1.4.3　奇偶性

定义 1.9　$y=f(x)$ 的定义域 D 关于原点对称.对任 $x\in D$

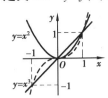

(1)若总有 $f(-x)=-f(x)$，则称 $f(x)$ 为**奇函数**；

(2)若总有 $f(-x)=f(x)$，则称 $f(x)$ 为**偶函数**.

常见的奇函数：$y=x$，$y=x^3$，$y=\sin x$ 等.

常见的偶函数：$y=7$，$y=x^2$，$y=x^4$，$y=\cos x$ 等.

几何特征：奇函数的图像关于原点对称；偶函数的图像关于 y 轴对称.

图 1.20　x^1,x^2,x^3 的奇偶性

练习 4　作函数图像：(1)$y=f(x)=x^3$；(2)$y=g(x)=x^2$.

例 4　求证 $y=f(x)=\dfrac{x^5+\sin x}{x^2+10}$ 是奇函数.

证明：$D=(-\infty,+\infty)$，关于原点对称.任取 $x\in D$.

　　因为　$y=f(-x)=\dfrac{(-x)^5+\sin(-x)}{(-x)^2+10}=-\dfrac{x^5+\sin x}{x^2+10}=-f(x)$

所以 $y=f(x)$ 是奇函数,如图 1.21 所示.

练习 5 求证 $y=f(x)=x^4-7\cos x+3$ 是偶函数.

一般地,有如下规律:

奇函数 ± 奇函数 = 奇函数

偶函数 ± 偶函数 = 偶函数

偶函数 × 偶函数 = 偶函数

偶函数 × 奇函数 = 奇函数

偶函数 ± 奇函数 = 非奇非偶

思考 3 以下结论对吗?

"函数可以划分成两类:奇函数、偶函数."

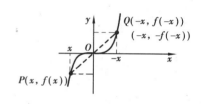

图 1.21　奇函数

1.4.4　周期性

定义 1.10 设 $y=f(x)$,$x\in D$,若非零常数 t,使得对一切 $x\in D$ 有 $f(x+t)=f(x)$,则称 $f(x)$ 为周期函数,称 t 为一个周期.

例 5 求证:$y=f(x)=7$,$D=(-\infty,+\infty)$ 是周期函数.

证明:取 $t=3\neq0$,对一切 $x\in D$

$\qquad$ 因为 $\quad f(x+t)=f(x+3)=7=f(x)$

$\qquad$ 所以 $\quad 3$ 是一个周期, 即 $f(x)=7$ 是周期函数.

通常讲的周期,专指最小正周期,用 T 表示.

例如,$y=\cos x$ 的最小正周期 $T=2\pi$.$y=7$ 没有最小正周期.

思考 4 周期函数的图像有什么特征?

1.4.5　函数的零点

定义 1.11 方程 $f(x)=0$ 的解,称为函数 $y=f(x)$ 的**零点**.

练习 6 求下列函数零点.

$(1)y=f(x)=x^2+3x-10$;$(2)y=g(x)=3^x$;$(3)y=h(x)=\cos x$,$(4)x\in(-\pi,2\pi]$.

问题 2 (1)说明函数零点的几何意义.

$\qquad$ (2)单调函数图像与 x 轴最多只能有一个交点吗?

$\qquad$ (3)周期函数若与 x 轴相交,则有无穷多交点吗?

本章要点小结

1.集合

(1)集合概念的描述:同一性质事物的全体.

（2）集合常用的表示方法,特别是数集的特殊表示法:区间、邻域.

（3）集合的运算:交、并、差.

2.函数

（1）函数的定义.

（2）构成函数的要素:定义域 D、值域 I、对应法则 f.

（3）函数常用的表示方法.

（4）初等函数:由基本初等函数经过有限次四则运算和复合而成的函数.

（5）函数的特殊几何性质:奇偶性、单调性、有界性、周期性.

注意理解:各个性质的几何特征、分析特征.

（6）由已知函数构造新函数的方法:反函数、复合函数.

注意理解:①反函数存在的条件;②中介变量的双重身份.

（7）分段函数:定义域分成多个区间,各区间上对应法则可以不同.

练习 1

1.将下列集合写成"代表+性质"的形式.

（1）我班全体男生;　　　　　　　　　　（2）$(x+1)(x^2-9)=0$ 的（所有）解;

（3）$x^3-x^2+x-1>0$ 的解;　　　　　　（4）抛物线 $y=x^2+1$（的所有点）.

2.设 $A=(-2,3)$, $B=[-2,2)$, $C=[-2,3)$, $D=(2,3)$.判别下列结论正确还是错误.

（1）$B\cup D=C$;　　　　　　　　　　　（2）$B\cup D=C-\{2\}$;

（3）$A-C=\varnothing$;　　　　　　　　　　（4）$C-A=\varnothing$.

3.求函数定义域（用区间表示,再表示在数轴上）.

（1）$y=\sqrt[3]{x-1}-\sqrt[6]{5-x}+\dfrac{x+1}{x+3}$;　　　　（2）$y=\dfrac{1}{\sqrt{x^2-x-6}}$;

（3）$y=\dfrac{\sqrt{x^2+1}}{\ln(x^2-9)}$;　　　　　　　（4）$y=\dfrac{\ln(x^2-9)}{\sqrt{25-x^2}}+\dfrac{x}{e^{x-4}-1}$;

（5）$y=\arcsin\dfrac{x}{3}$;　　　　　　　（6）$y=\sqrt{\ln\dfrac{5x-x^2}{4}}$.

4.设 $f(x)=\begin{cases}x^2-3x & x<0\\2x-1 & x\geq0\end{cases}$,求函数值:

（1）$f(0)$;　　　　　　　　　　　　　（2）$f(f(0))$;

（3）$f(f(3))-f(f(4))$;　　　　　　　　（4）$f(f(3)-f(4))$.

5.说明下列结论是错误的.

（1）函数关系是一一对应关系.

（2）曲线都可以做函数图像.

（3）函数是任意两个非空集合之间的一种特殊关系.

（4）设 $y=f(x)=\dfrac{1}{x}$，$x\in(0,3]$. 因为 $x>1$ 时，$y=f(x)=\dfrac{1}{x}<1$. 所以，$y=f(x)$ 有上界.

（5）设 $y=f(x)=x^3-x$. 因为 $f(-1)=(-1)^3-(-1)=0$，$f(1)=(1)^3-(1)=0$，即 $f(-1)=f(1)$. 所以，$f(x)$ 是偶函数.

（6）设 $y=f(x)=\sin x$，$x\in(-\infty,+\infty)$. 取 $x_1=-\dfrac{\pi}{2}$，$x_2=\dfrac{\pi}{2}$，则 $f(x_1)=-1$，$f(x_2)=1$. 因为 $x_1<x_2$，且 $f(x_1)<f(x_2)$，所以 $\sin x$，$x\in(-\infty,+\infty)$ 是单调增函数.

（7）$f(x)=\sin^2 x+\cos^2 x$ 与 $g(x)=1$ 不是同一个函数.

（8）设 $f(x)=\sqrt{x^2}$ 与 $g(x)=x$，取 $x_0=5$，则 $f(x_0)=5$，$g(x_0)=5$. 因为 $f(x_0)=g(x_0)$，所以，$f(x)$ 与 $g(x)$ 是同一个函数.

（9）$f(x)=\dfrac{x^2-1}{x-1}$ 与 $g(x)=x+1$ 是同一个函数.

（10）$f(x)=\ln x^2$ 与 $g(x)=2\ln x$ 是同一个函数.

6. 求下列函数的反函数.

（1）$y=f(x)=2+\sin x$ $\quad x\in\left[-\dfrac{\pi}{2},\dfrac{\pi}{2}\right]$；$\quad$（2）$y=g(x)=\dfrac{x+1}{x-1}$ $\quad x\neq 1$.

7. 将下列复合函数拆成基本初等函数、多项式函数.

（1）$y=\cos x^2$；$\qquad\qquad\qquad$（2）$y=\cos^2 x$；

（3）$y=\cos 2x$；$\qquad\qquad\qquad$（4）$y=\ln(\tan 3x)$；

（5）$y=e^{2\ln x}$；$\qquad\qquad\qquad$（6）$y=\sin^2\sqrt{x}$.

8. 大米批发店某种大米定价规则如下：质量不足 50 kg 时，单价为 10 元/kg；达到或超过 50 kg 又不足 100 kg 时，单价为 9.2 元/kg；达到或超过 100 kg 又不足 500 kg 时，单价为 8.7 元/kg；达到或超过 500 kg，单价为 8.1 元/kg.

（1）写出客户应付款 y 与购买大米质量大小 x 的函数关系；

（2）作函数图像.

第2章　极　限

极限是微积分学的基础概念,包含了微分学最基本的思想,是认识和研究无限与有限关系的数学方法的基础。

2.1　数列的极限

2.1.1　数列

定义 2.1　可写成 $x_1, x_2, x_3, \cdots, x_n, \cdots$ 的一列数,称为**数列**,简记为 $\{x_n\}$. 若 $x_n = f(n)$,则称为数列的**通项**.

例 1　(1) $\{n^2\} = \{1, 4, 9, 16, 25, \cdots\}$,通项 $x_n = f(n) = n^2, n \in \mathbf{Z}^+$.

(2) $\left\{\dfrac{1+n}{n}\right\} = \left\{2, \dfrac{3}{2}, \dfrac{4}{3}, \dfrac{5}{4}, \cdots\right\}$,通项 $x_n = f(n) = \dfrac{1+n}{n}, n \in \mathbf{Z}^+$.

(3) $\{2, 0, 2, 0, 2, \cdots\}$,通项 $x_n = f(n) = 1 + (-1)^{n-1}, n \in \mathbf{Z}^+$.

练习 1　(1) 设 $\left\{\dfrac{(-1)^n}{1+n}\right\}$,求:$x_3, x_6$.

(2) 设数列:$7, 10, 13, 16, \cdots$.求:数列的通项.

思考 1　(1) 一个数列是一个集合吗?

(2) 数列是函数吗?

2.1.2　数列的极限

古代哲学家庄周的《庄子·天下篇》中有"一尺之棰,日取其半,万世不竭",研究每天剩余的长度(单位:尺).

表 2.1　第 n 天末剩余之棰

第 n 天	1	2	3	10	$\cdots$	n
取走	$1 \cdot \dfrac{1}{2}$	$\dfrac{1}{2} \cdot \dfrac{1}{2} = \dfrac{1}{2^2}$	$\dfrac{1}{2^2} \cdot \dfrac{1}{2} = \dfrac{1}{2^3}$	$\dfrac{1}{2^9} \cdot \dfrac{1}{2} = \dfrac{1}{2^{10}}$	$\cdots$	$\dfrac{1}{2^{n-1}} \cdot \dfrac{1}{2} = \dfrac{1}{2^n}$
剩余 x_n	$\dfrac{1}{2}$	$\dfrac{1}{2^2}$	$\dfrac{1}{2^3}$	$\dfrac{1}{2^{10}}$	$\cdots$	$\dfrac{1}{2^n}$
	0.5	0.25	0.125	0.000 976 56	$\cdots$	$\dfrac{1}{2^n}$

每天剩余的长度构成数列 $\left\{\dfrac{1}{2^n}\right\}$，即 $x_n = f(n) = \dfrac{1}{2^n}, n \in \mathbf{Z}^+$.

随着 n 的无限增大，剩余长度 $x_n = \dfrac{1}{2^n}$ 总不会达到 0，又无限接近于 0. 或言，0 是 $\left\{\dfrac{1}{2^n}\right\}$ 的变化趋势.

定义 2.2　对于数列 $\{x_n\}$ 和常数 A，当 n 无限增大时，x_n 无限接近 A，则称 $\{x_n\}$ 为**收敛数列**，称常数 A 为 $\{x_n\}$ 的**极限**（或者称 $\{x_n\}$ 收敛于 A）.记作
$$\lim_{n \to +\infty} x_n = A \text{ 或 } x_n \to A, (n \to +\infty)$$
没有极限的数列，称为**发散数列**.

依据定义，数列 $\left\{\dfrac{1}{2^n}\right\}$ 是收敛数列，0 是它的极限，即 $\lim\limits_{n \to +\infty} \dfrac{1}{2^n} = 0$.

例 2　研究数列 $x_n = \dfrac{2n+1}{n}, n \in \mathbf{Z}^+$ 的敛散性.

解：计算一部分项，列表：

表 2.2　x_n 趋近于 2

n	1	2	3	10	100	1 000	$\cdots$	n
$x_n = \dfrac{2n+1}{n}$	3	2.5	2.333 3	2.1	2.01	2.001	$\cdots$	$2 + \dfrac{1}{n}$

可见，随着 n 的无限增大，通项 x_n 无限接近于 2. 据定义，数列 $\left\{\dfrac{2n+1}{n}\right\}$ 是收敛数列，且
$$\lim_{n \to +\infty} x_n = \lim_{n \to +\infty} \frac{2n+1}{n} = 2$$

通过图像分析 $\{x_n\}$ 的变化趋势：

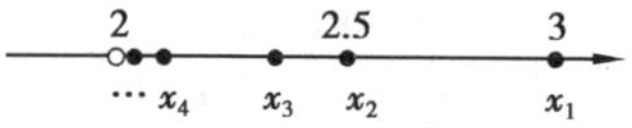

例 3　数列 $\{n^2\}$，$\{1+(-1)^{n-1}\}$ 都是发散的数列，即 $\lim\limits_{n \to +\infty} n^2$ 和 $\lim\limits_{n \to +\infty}[1+(-1)^{n-1}]$ 都不存在.

图 2.1　数列极限

练习 2 (1)求数列极限：$\left\{\dfrac{(-1)^n}{n}\right\}$；$\left\{(-1)^n\right\}$.

(2)求极限：$\lim\limits_{n\to+\infty}\dfrac{1\,023}{2^n}$；$\lim\limits_{n\to+\infty}\dfrac{1+(-1)^{n+1}}{2}$.

思考 2 $\lim\limits_{n\to+\infty}x_n=5$ 与 $\lim\limits_{n\to+\infty}(x_n-5)=0$ 等价吗？

2.1.3 收敛数列的性质

$\lim\limits_{n\to+\infty}x_n=A$ 表示 A 是 $\{x_n\}$ 的变化趋势，$\{x_n\}$ 未必达到 A.

例 4 $\left\{\dfrac{1+(-1)^{n-1}}{n}+7\right\}$ 收敛于 7，且能达到 7；

$\left\{\dfrac{1}{n}+7\right\}$ 也收敛于 7.但不能达到 7.

例 5 设 C 实常数,则

$$\lim_{n\to+\infty}C=C \tag{2.1}$$

定理 2.1（唯一性） 若 $\{x_n\}$ 收敛，则只有一个极限.

定理 2.2（有界性） 若 $\{x_n\}$ 收敛，则 $\{x_n\}$ 为有界数列.

定理 2.3（保号性） 若 $\{x_n\}$ 收敛于正数，则从某一项开始，后面所有项全是正数；若 $\{x_n\}$ 收敛于负数，则从某一项开始，后面所有项全是负数.

练习 3 有界数列都收敛吗？（研究 $\left\{1+(-1)^n\right\}$）

2.2 函数的极限

2.2.1 x 沿数轴趋近于 x_0

变量 x 沿数轴趋近于 x_0，即 x 的极限是 x_0，共有 3 种方式：

(1)x 从左侧趋近 x_0，如图 2.2 所示，记作 $x\to x_0-$；

(2)x 从右侧趋近 x_0，如图 2.3 所示.记作 $x\to x_0+$；

(3)x 从两侧趋近 x_0，如图 2.4 所示.记作 $x\to x_0$.

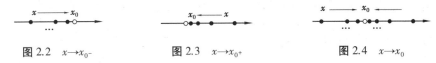

图 2.2　$x\to x_0-$　　　　图 2.3　$x\to x_0+$　　　　图 2.4　$x\to x_0$

问题 1 $x\to x_0$ 的过程,是否包含了 $x\to x_0-$ 和 $x\to x_0+$？

2.2.2 函数在点 x_0 的单侧极限

例1 设 $y=f(x)=\begin{cases} 0.5x^2 & 0\leqslant x\leqslant 2 \\ x-1.5 & 2<x\leqslant 3 \end{cases}$，取 $x_0=2$.研究 x 从一侧无限接近 x_0 的过程中，$f(x)$ 的变化趋势.

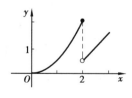 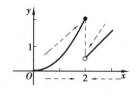

图 2.5 函数图像　　　图 2.6 单侧极限

当 $x\to 2^-$ 时，$y=f(x)=0.5x^2$ 无限接近于 2，我们称"2 是 $f(x)$ 在点 $x_0=2$ 的左极限"，记作 $\lim\limits_{x\to 2^-}f(x)=\lim\limits_{x\to 2^-}0.5x^2=2$.

当 $x\to 2^+$ 时，$y=f(x)=x-1.5$ 无限接近于 0.5，我们称"0.5 是 $f(x)$ 在点 $x_0=2$ 的右极限"，记作 $\lim\limits_{x\to 2^+}f(x)=\lim\limits_{x\to 2^+}(x-1.5)=0.5$.

定义 2.3 设 A,B 是常数.

若当 $x\to x_0^-$ 时，$f(x)$ 无限接近于 A，则称 A 是 $f(x)$ 在点 x_0 的**左极限**，记作 $\lim\limits_{x\to x_0^-}f(x)=A$.

若当 $x\to x_0^+$ 时，$f(x)$ 无限接近于 B，则称 B 是 $f(x)$ 在点 x_0 的**右极限**，记作 $\lim\limits_{x\to x_0^+}f(x)=B$.

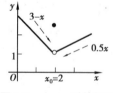

练习1 设 $y=f(x)=\begin{cases} -x+3 & 0\leqslant x<2 \\ 2.5 & x=2 \\ 0.5x & 2<x\leqslant 4 \end{cases}$，$x_0=2$（如图 2.7 所示），求 $\lim\limits_{x\to 2^-}f(x)$ 和 $\lim\limits_{x\to 2^+}f(x)$.

图 2.7 $x\to x_0$ 时的极限

2.2.3 函数在点 x_0 的极限

定义 2.4 若当 $x\to x_0$ 时，$f(x)$ 无限接近常数 A，则称 A 是 $f(x)$ 在点 x_0 的**极限**（也称 $f(x)$ 在点 x_0 收敛于 A），记作 $\lim\limits_{x\to x_0}f(x)=A$.

例2 求 $\lim\limits_{x\to\frac{\pi}{2}}(5+\sin x)$.

分析：因为，当 $x\to x_0=\dfrac{\pi}{2}$ 时，$\sin x$ 无限接近常数 1.所以，$5+\sin x$ 无限趋近常数 6.

解：$\lim\limits_{x\to\frac{\pi}{2}}(5+\sin x)=6$

练习2 求下列函数的极限.

(1) $\lim\limits_{x\to 4}(x^2-\sqrt{x}-7)$;　　(2) $\lim\limits_{x\to 1}\ln x$;　　(3) $\lim\limits_{x\to\frac{\pi}{2}}\sin x$;　　(4) $\lim\limits_{x\to 0}\cos x$.

练习3 在练习1中,求$\lim\limits_{x\to3}f(x)$.

例3 设$y=f(x)=\dfrac{x^2-9}{x-3}$(如图2.8所示).求:$\lim\limits_{x\to2}f(x)$、$\lim\limits_{x\to3}f(x)$.

分析:①由图2.8知,$x\to2$时,$f(x)$无限接近于5,所以$\lim\limits_{x\to2}f(x)=5$.

②由图2.8知,$f(3)$没意义.但是,$x\to3$时,$f(x)$无限接近于6,所以$\lim\limits_{x\to3}f(x)=6$.

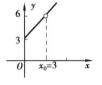

图2.8　$x\to x_0$ 时的极限

解:$\lim\limits_{x\to2}f(x)=\lim\limits_{x\to2}\dfrac{x^2-9}{x-3}=\lim\limits_{x\to2}(x+3)=5$

$\lim\limits_{x\to3}f(x)=\lim\limits_{x\to3}\dfrac{x^2-9}{x-3}=\lim\limits_{x\to3}(x+3)=6$

函数值与极限的比较:①$f(3)$是$x=3$时$f(x)$的值,由x_0(一个点)决定;$\lim\limits_{x\to3}f(x)$是$x\to3$的过程中,$f(x)$的变化趋势是$f(x)$在一个过程中的状况,由x_0附近无穷多点决定.②函数值必须达到;极限却可以达到,也可以达不到.

练习4 设$y=f(x)=\dfrac{x-1}{\sqrt{x}-1}$,求$f(1)$和$\lim\limits_{x\to1}f(x)$.

2.2.4　$\lim\limits_{x\to x_0}f(x)$与$\lim\limits_{x\to x_0^-}f(x)$、$\lim\limits_{x\to x_0^+}f(x)$的关系

因为$x\to x_0$的过程包含了$x\to x_0^-$和$x\to x_0^+$,所以有如下定理:

定理2.4　$\lim\limits_{x\to x_0}f(x)$存在的充要条件是:$\lim\limits_{x\to x_0^-}f(x)$,$\lim\limits_{x\to x_0^+}f(x)$都存在且相等.

练习5　说明:例1中$\lim\limits_{x\to2}f(x)$不存在.

2.2.5　x趋近于无穷大

x沿数轴上趋近于无穷大,也有3种方式:

第1种,x向左侧趋近于无穷大,记作$x\to-\infty$;

第2种,x向右侧趋近于无穷大,记作$x\to+\infty$;

第3种,x从左右两侧趋近于无穷大,记作$x\to\infty$.

图2.9　$x\to-\infty$　　　　图2.10　$x\to+\infty$

2.2.6　x趋近于无穷时,函数的极限

定义2.5　若当$x\to-\infty$时,$f(x)$无限趋近于常值A,则记作$\lim\limits_{x\to-\infty}f(x)=A$;

若当$x\to+\infty$时,$f(x)$无限趋近于常值A,则记作$\lim\limits_{x\to+\infty}f(x)=A$;

若当$x\to\infty$时,$f(x)$无限趋近于常值A,则记作$\lim\limits_{x\to\infty}f(x)=A$.

定理2.5　当且仅当$\lim\limits_{x\to-\infty}f(x)$、$\lim\limits_{x\to+\infty}f(x)$都存在且相等时,$\lim\limits_{x\to\infty}f(x)$存在且三者相等.

例 4 设 $y = f(x) = 2^x$. 求：$\lim\limits_{x \to -\infty} f(x)$、$\lim\limits_{x \to +\infty} f(x)$、$\lim\limits_{x \to \infty} f(x)$.

分析：方法① 计算部分函数值，研究 2^x 的变化趋势.

表 2.3　2^x 的变化趋势

x	$-\infty$	$\cdots$	-10	-5	0	5	10	$\cdots$	$+\infty$
$y = 2^x$	0	$\cdots$	$<0.000\,98$	<0.032	1	32	$1\,024$	$\cdots$	$+\infty$

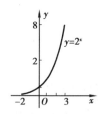

图 2.11　$x \to \infty$ 时 2^x 没有极限

方法② 观察函数图像，研究 2^x 的变化趋势.

结论：$x \to \infty$ 时，x 向两侧无穷远处，2^x 没有固定趋势，所以 $\lim\limits_{x \to \infty} f(x)$ 不存在.

解：因为 $\lim\limits_{x \to +\infty} f(x) = \lim\limits_{x \to +\infty} 2^x$ 不存在

所以 $\lim\limits_{x \to \infty} f(x)$ 不存在.

练习 6　设 $y = f(x) = 2^{-|x|}$，求 $\lim\limits_{x \to -\infty} f(x)$、$\lim\limits_{x \to +\infty} f(x)$、$\lim\limits_{x \to \infty} f(x)$.

练习 7　写出下列函数的极限.

$(1) \lim\limits_{x \to \infty} \ln\left(1 + \dfrac{1\,000}{x}\right)$；　　$(2) \lim\limits_{x \to -\infty} e^x$；　　$(3) \lim\limits_{x \to +\infty} 0.7^x$.

2.2.7　函数极限的运算

定理 2.6（极限运算法则）　设 $\lim\limits_{x \to a} f(x) = A$，$\lim\limits_{x \to a} g(x) = B$，则

$(1) \lim\limits_{x \to a} k f(x) = k \lim\limits_{x \to a} f(x) = kA$；　　　　　　　　　　　　　　　(2.2)

$(2) \lim\limits_{x \to a} [f(x) \pm g(x)] = \lim\limits_{x \to a} f(x) \pm \lim\limits_{x \to a} g(x) = A \pm B$；　　　(2.3)

$(3) \lim\limits_{x \to a} [f(x) g(x)] = \lim\limits_{x \to a} f(x) \lim\limits_{x \to a} g(x) = AB$；　　　　　　(2.4)

$(4) \lim\limits_{x \to a} \dfrac{f(x)}{g(x)} = \dfrac{\lim\limits_{x \to a} f(x)}{\lim\limits_{x \to a} g(x)} = \dfrac{A}{B}$（条件 $B \neq 0$）.　　　　(2.5)

对于 $\lim\limits_{x \to \infty} f(x)$ 有同样法则.

例 5　求 $\lim\limits_{x \to \pi} [3x^2 \cos x - 7\sqrt{x}]$.

解：$\lim\limits_{x \to \pi} [3x^2 \cos x - 7\sqrt{x}] = \lim\limits_{x \to \pi} (3x^2 \cos x) - \lim\limits_{x \to \pi} (7\sqrt{x})$

$\qquad\qquad = 3 \lim\limits_{x \to \pi} (x^2 \cos x) - 7 \lim\limits_{x \to \pi} (\sqrt{x})$

$\qquad\qquad = 3 \lim\limits_{x \to \pi} x^2 \lim\limits_{x \to \pi} \cos x - 7\sqrt{\pi}$

$\qquad\qquad = 3\pi^2 (-1) - 7\sqrt{\pi} = -3\pi^2 - 7\sqrt{\pi}$

算法——求极限(1)：应用极限运算法则.

练习 8　求极限：$(1) \lim\limits_{x \to 0} (3 \times 2^x \cos x - x)$；$(2) \lim\limits_{x \to -1} \dfrac{x^2 - 4}{x^3 + 7}$.

2.2.8 极限的性质

定理 2.7(唯一性) 若 $\lim\limits_{x\to x_0} f(x)$ 存在,则唯一.

定理 2.8(保号性) 若 $\lim\limits_{x\to x_0} f(x)<0$,则 x_0 附近(不含 x_0)$f(x)<0$;若 $\lim\limits_{x\to\infty} f(x)>0$,则 x_0 附近(不含 x_0)$f(x)>0$.

2.3 无穷小量,无穷大量

2.3.1 无穷小量

1) 无穷小量的概念

定义 2.6 如果 $\lim\limits_{x\to x_0} f(x)=0$,则称 $f(x)$ 是 $x\to x_0$ 下的**无穷小量**.

类似地,如果 $\lim\limits_{x\to\infty} f(x)=0$,则称 $f(x)$ 是 $x\to\infty$ 下的无穷小量.

例 1 设 $f(x)=9-x^2$.

因为 $\lim\limits_{x\to 3} f(x)=\lim\limits_{x\to 3}(9-x^2)=0$,所以 $9-x^2$ 是在 $x\to 3$ 下的无穷小量.

但是 $\lim\limits_{x\to 2} f(x)=\lim\limits_{x\to 2}(9-x^2)=5\neq 0$,所以 $(9-x^2)$ 在 $x\to 2$ 下不是无穷小量.

结论 $f(x)$ 在此过程中是无穷小,但是,在彼过程中可能不是无穷小量了.

练习 1 分别指出下列各函数在什么过程中是无穷小量.

$(1)g(x)=9-x^2$; $\qquad(2)f(x)=\dfrac{1}{x-300}$; $\qquad(3)h(x)=1-\cos x$; $\qquad(4)u(x)=\arcsin x$.

思考 1 是否有这样的函数:在任何过程中,它都是无穷小量.

问题 1 无穷小量与很小量、极小量的区别是什么?

2) 无穷小量的性质

定理 2.9 有限个无穷小量的和(差,积),仍是无穷小量.

定理 2.10 常数与无穷小量的乘积,仍是无穷小量.

定理 2.11 有界函数与无穷小量的乘积仍是无穷小量.

例 2 求极限 $\lim\limits_{x\to\infty}\dfrac{\sin x+2\cos x}{x}$.

分析:① $\dfrac{\sin x+2\cos x}{x}(\sin x+2\cos x)\times\dfrac{1}{x}$(两个函数乘积);

② $|\sin x+2\cos x|\leqslant 3$,即 $(\sin x+2\cos x)$ 是有界函数;

③ $\dfrac{1}{x}$ 是 $x\to\infty$ 下的无穷小量,所以,$\dfrac{\sin x+2\cos x}{x}$ 是 $x\to\infty$ 下的无穷小量.

解:因为 $|\sin x + 2\cos x| < 3$,且 $\lim\limits_{x\to\infty}\dfrac{1}{x} \to 0$,

所以 $\dfrac{\sin x + 2\cos x}{x}$ 是 $x\to\infty$ 下的无穷小量,即 $\lim\limits_{x\to\infty}\dfrac{\sin x + 2\cos x}{x} = 0$.

练习2 求极限 $\lim\limits_{x\to\frac{\pi}{4}}[(1-\tan x)\cos 2x]$.

3)函数极限与无穷小量的关系

在极限的定义中,"$f(x)$ 无限接近于 A".即"$f(x)$ 与 A 的距离无限地小",用数学符号表示"$f(x) - A \to 0$".记作 $\alpha(x) = f(x) - A$,则 $\alpha(x) \to 0$.

反之,设 $f(x) = A + \alpha(x)$.当 $\alpha(x) \to 0$ 时,$f(x)$ 无限接近于 A.

定理2.12 $\lim\limits_{x\to x_0} f(x) = A$ 的充要条件是

$$f(x) = A + \alpha(x). \tag{2.6}$$

其中 $\alpha(x)$ 是 $x\to x_0$ 下的无穷小量.

例3 求函数极限 $\lim\limits_{x\to\infty}\dfrac{5x^3 - 100x^2 - 247}{x^3}$.

分析:① $\dfrac{5x^3 - 100x^2 - 247}{x^3} = 5 - \left(100\times\dfrac{1}{x} + 247\times\dfrac{1}{x^3}\right)$(常数与另一函数之和);

② $100\times\dfrac{1}{x} + 247\times\dfrac{1}{x^3}$ 是无穷小量.

所以,$5 - 100\times\dfrac{1}{x} + 247\times\dfrac{1}{x^3}$ 的极限是 5,$(x\to\infty)$.

解:$\lim\limits_{x\to\infty}\dfrac{5x^3 - 100x^2 - 247}{x^3} = \lim\limits_{x\to\infty}\left(5 - 100\times\dfrac{1}{x} + 247\times\dfrac{1}{x^3}\right) = 5$

练习3 求函数极限:(1) $\lim\limits_{x\to\infty}\dfrac{-x^2 + 531x + 107}{x^2}$; (2) $\lim\limits_{x\to\infty}\dfrac{100x^2 + 247}{x^3}$.

2.3.2 无穷大量

1)无穷大量的概念

$\lim\limits_{x\to\infty} 2^x$ 不存在.但是,在 $x\to+\infty$ 的过程中,$f(x) = 2^x$ 无限地增大,所以仍记作 $\lim\limits_{x\to+\infty} 2^x = \infty$.

定义2.7 在 $x\to x_0$ 的过程中(或 $x\to\infty$),$|f(x)|$ 无限地增大,则称 $f(x)$ 是 $x\to x_0$ 时的**无穷大量**($x\to\infty$时的**无穷大量**),记作 $\lim\limits_{x\to x_0} f(x) = \infty$(或 $\lim\limits_{x\to\infty} f(x) = \infty$).

思考2 下面的结果,哪些是对的?

(1) $\lim\limits_{x\to+\infty} x^3 = \infty$; (2) $\lim\limits_{x\to-\infty} x^3 = \infty$;

(3) $\lim\limits_{x\to+\infty} 2^x = \infty$; (4) $\lim\limits_{x\to+\infty} 2^x = \infty$.

问题2 $f(x) = x\sin x$ 是无界函数.$x\to+\infty$时,$f(x) = x\sin x$ 是无穷大量吗?

2)无穷大量与无穷小量的关系

定理 2.13　设在 x_0 附近 $f(x)\neq 0$(x_0 可换成 ∞).

若 $f(x)$ 是 $x\to x_0$ 下的无穷小量,则 $\dfrac{1}{f(x)}$ 是 $x\to x_0$ 下的无穷大量;

若 $f(x)$ 是 $x\to x_0$ 下的无穷大量,则 $\dfrac{1}{f(x)}$ 是 $x\to x_0$ 下的无穷小量.

例 4　求极限 $\lim\limits_{x\to\infty}\dfrac{x^3}{100x^2+247}$.

解:因为　$\lim\limits_{x\to\infty}\dfrac{100x^2+247}{x^3}=\lim\limits_{x\to\infty}\left(100\times\dfrac{1}{x}+247\times\dfrac{1}{x^3}\right)=0$

所以　$\lim\limits_{x\to\infty}\dfrac{x^3}{100x^2+247}=\infty$

算法——求极限(2):应用无穷小、无穷大的性质.

练习 4　下列哪些是无穷小量,哪些是无穷大量?

(1) $\sec x=\dfrac{1}{\cos x},\left(x\to\dfrac{\pi}{2}\right)$; 　　　　　　　　(2) $\csc x=\dfrac{1}{\sin x},\left(x\to\dfrac{\pi}{2}\right)$;

(3) $0.1^{|x|},(x\to\infty)$; 　　(4) $0.1^x,(x\to-\infty)$; 　　(5) $\ln(3-x),(x\to 3^-)$.

2.4　两个重要极限

2.4.1　极限存在准则

定理 2.14(夹逼准则)　如果在 x_0 附近,$g(x)\leqslant f(x)\leqslant h(x)$ 总成立,且 $\lim\limits_{x\to x_0}g(x)=\lim\limits_{x\to x_0}h(x)=A$,则 $\lim\limits_{x\to x_0}f(x)=A$.

定理 2.15(单调有界准则)　如果 $\{x_n\}$ 单调增、有上界,则存在 $\lim\limits_{n\to+\infty}x_n$,且 $\lim\limits_{n\to+\infty}x_n$ 是 $\{x_n\}$ 的最小上界.(单调减、有下界时,有相应的结论)

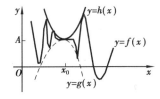　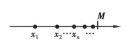　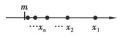

图 2.12　$g(x)\leqslant f(x)\leqslant h(x)$ 　　图 2.13　$\{x_n\}$ 单增有界 　　图 2.14　$\{x_n\}$ 单减有界

2.4.2　两个重要极限

定理 2.16(重要极限 1)

$$\lim_{x \to 0} \frac{\sin x}{x} = 1. \tag{2.7}$$

有限次计算(借助手机科学计算器),可以得到表 2.4.

表 2.4　比值变化趋势

x	$\dfrac{\pi}{2}$	$\dfrac{\pi}{6}$	0.5	0.1	0.05	0.01	$\to 0^+$
$\dfrac{\sin x}{x}$	0.636 62	0.954 93	0.985 07	0.998 33	0.999 58	0.999 98	$\to ?$

证明:当 $x>0$ 时,单位圆中,设 $\angle AOB = x$(弧度), $BC \perp OA$ 于 C,切线 AD 交 OB 于 D.设 $\triangle OAB$ 面积、扇形 OAB 面积、$\triangle OAD$ 面积分别为 $S_{\triangle OAB}, S_{扇形OAB}, S_{\triangle OAD}$.

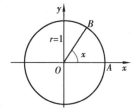 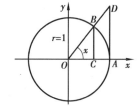

图 2.15　x(弧度)角　　　　图 2.16　x 的弧、正弦、正切

因为　$S_{\triangle OAB} = \frac{1}{2} OA \times BC = \frac{1}{2} \sin x, S_{扇形OAB} = \frac{r^2 x}{2} = \frac{x}{2}, S_{\triangle OAD} = \frac{1}{2} OA \times AD = \frac{1}{2} \tan x$

$$S_{\triangle OAB} < S_{OAB} < S_{\triangle OAD} \tag{*}$$

所以　$\frac{1}{2} \sin x < \frac{x}{2} < \frac{1}{2} \tan x$,即 $1 < \frac{x}{\sin x} < \frac{1}{\cos x}$,亦即

$$\cos x < \frac{\sin x}{x} < 1 \quad (x>0) \tag{**}$$

又因为　$\lim_{x \to 0^+} \cos x = 1 = \lim_{x \to 0^+} 1$

所以　$\lim_{x \to 0^+} \frac{x}{\sin x} = 1$

当 $x<0$ 时,令 $t=-x$,则 $t>0$.因为 $x \to 0^-$ 等价于 $t \to 0^+$.

所以　$\lim_{x \to 0^-} \frac{\sin x}{x} = \lim_{t \to 0^+} \frac{\sin(-t)}{-t} = \lim_{t \to 0^+} \frac{\sin t}{t} = 1$

故　$\lim_{x \to 0} \frac{\sin x}{x} = 1$

方法巧妙之处:通过面积关系(*)导出所需要的 3 个函数之间的大小关系(**).

算法——求极限(3)：应用极限存在准则(夹逼定理、单调有界定理).

例 1　求极限 $\lim\limits_{x\to 0}\dfrac{\tan x}{x}$.

解：$\lim\limits_{x\to 0}\dfrac{\tan x}{x}=\lim\limits_{x\to 0}\dfrac{1}{x}\dfrac{\sin x}{\cos x}=\lim\limits_{x\to 0}\left[\dfrac{\sin x}{x}\dfrac{1}{\cos x}\right]$

$\qquad\qquad=\lim\limits_{x\to 0}\dfrac{\sin x}{x}\lim\limits_{x\to 0}\dfrac{1}{\cos x}\qquad$（两个极限都存在）

$\qquad\qquad=1\cdot\dfrac{1}{\cos 0}=1$

例 2　求极限 $\lim\limits_{x\to 1}\dfrac{\cos\left(\dfrac{\pi x}{2}\right)}{1-x}$.

解：令 $t=1-x$，则 $x=1-t$，且 $x\to 1$，等价于 $t\to 0$.

$\lim\limits_{x\to 1}\dfrac{\cos\left(\dfrac{\pi x}{2}\right)}{1-x}=\lim\limits_{t\to 0}\dfrac{\cos\left[\dfrac{\pi}{2}(1-t)\right]}{t}=\lim\limits_{t\to 0}\dfrac{\sin\dfrac{\pi}{2}t}{t}=\dfrac{\pi}{2}$

例 3　求极限 $\lim\limits_{x\to 0}\dfrac{\tan x-\sin x}{x^3}$.

解：$\lim\limits_{x\to 0}\dfrac{\tan x-\sin x}{x^3}=\lim\limits_{x\to 0}\left[\dfrac{\sin x}{x}\dfrac{\dfrac{1}{\cos x}-1}{x^2}\right]=\lim\limits_{x\to 0}\left[\dfrac{\sin x}{x}\dfrac{1-\cos x}{x^2}\dfrac{1}{\cos x}\right]$

$\qquad\qquad=\lim\limits_{x\to 0}\left[\dfrac{\sin x}{x}\dfrac{2\sin^2\dfrac{x}{2}}{x^2}\dfrac{1}{\cos x}\right]$

$\qquad\qquad=2\lim\limits_{x\to 0}\left[\dfrac{\sin x}{x}\left(\dfrac{\sin\dfrac{x}{2}}{\dfrac{x}{2}\times 2}\right)^2\dfrac{1}{\cos x}\right]=2\lim\limits_{x\to 0}\left[\dfrac{\sin x}{x}\dfrac{1}{4}\left(\dfrac{\sin\dfrac{x}{2}}{\dfrac{x}{2}}\right)^2\dfrac{1}{\cos x}\right]$

$\qquad\qquad=2\times\dfrac{1}{4}\lim\limits_{x\to 0}\dfrac{\sin x}{x}\lim\limits_{x\to 0}\left(\dfrac{\sin\dfrac{x}{2}}{\dfrac{x}{2}}\right)^2\lim\limits_{x\to 0}\dfrac{1}{\cos x}=\dfrac{1}{2}$

方法巧妙之处：$\dfrac{1-\cos x}{x^2}$ 化成 $2\times\dfrac{1}{4}\left(\dfrac{\sin\dfrac{x}{2}}{\dfrac{x}{2}}\right)^2$.思考：变形的目的是什么？

算法——求极限(4)：含 x 和三角函数的函数在间断点的极限，化成 $\dfrac{\sin\theta(x)}{\theta(x)}$ 型($\theta(x)\to 0$).

练习 1　求极限：(1) $\lim\limits_{x\to 0}\dfrac{\sin 3x}{\sin 5x}$；　　(2) $\lim\limits_{x\to 0}\dfrac{1-\cos x}{x^2}$.

定理 2.17（重要极限 2） $\lim\limits_{n \to +\infty}\left(1+\dfrac{1}{n}\right)^n = 2.718\ 281\ 828\ 459\cdots = e.$

有限次计算（借助手机科学计算器），可以得到表 2.5.

表 2.5　数列变化趋势

n	1	2	1 000	10 000	100 000	1 000 000	$+\infty$
$\left(1+\dfrac{1}{n}\right)^n$	2	2.25	$2.716\ 92\cdots$	$2.718\ 14\cdots$	$2.718\ 26\cdots$	$2.718\ 28\cdots$	?

可以证明：

$$\lim_{x \to \infty}\left(1+\frac{1}{x}\right)^x = \lim_{x \to 0}(1+x)^{\frac{1}{x}} = \lim_{n \to +\infty}\left(1+\frac{1}{n}\right)^n = 2.718\ 281\ 828\ 459\cdots = e \qquad (2.8)$$

例 4　求极限 $\lim\limits_{x \to \infty}\left(1-\dfrac{3}{x}\right)^x$.

分析：①形式上，$\left(1-\dfrac{3}{x}\right)^x$ 接近 $\left(1+\dfrac{1}{x}\right)^x$；②尝试变形成后者.

解：$\lim\limits_{x \to \infty}\left(1-\dfrac{3}{x}\right)^x = \lim\limits_{x \to \infty}\left[1+\left(-\dfrac{3}{x}\right)\right]^x$ 　　　　　（−变成+）

$\qquad = \lim\limits_{x \to \infty}\left[1+\left(-\dfrac{3}{x}\right)\right]^{\left(-\frac{x}{3}\right) \times (-3)}$ 　　　　（化倒数）

$\qquad = \lim\limits_{x \to \infty}\left\{\left[1+\left(-\dfrac{3}{x}\right)\right]^{\left(-\frac{x}{3}\right)}\right\}^{-3}$

$\qquad = \left\{\lim\limits_{x \to \infty}\left[1+\left(-\dfrac{3}{x}\right)\right]^{\left(-\frac{x}{3}\right)}\right\}^{-3} = e^{-3}$

算法——求极限（5）：$[a+u(x)]^{v(x)}$ 型可以化成 $[1+g(x)]^{\frac{1}{g(x)}}$（$g(x) \to 0$），或者 $\left[1+\dfrac{1}{h(x)}\right]^{h(x)}$（$h(x) \to \infty$）.

练习 2　求极限：$\lim\limits_{x \to \infty}\left(1-\dfrac{1}{x}\right)^x$；　　　$\lim\limits_{x \to \infty}\left(1+\dfrac{1}{3x}\right)^x$；　　　$\lim\limits_{x \to 0}(1-5x)^{\frac{1}{x}}$.

例 5　（利息随时计入本金）投入本金 p_0（元），设投资的年利率为 r，连续复利，第 t 年末的资金总额为 $p(t)$. 则

$$p(1) = p_0(1+r)$$
$$p(2) = p(1)(1+r) = p_0(1+r)^2$$
$$\vdots$$
$$p(t) = p_0(1+r)^t \qquad (t \in \mathbf{Z}^+)$$

如果一年分成 n 期计息，即每期利率为 $\dfrac{r}{n}$. 则

$$p(1) = p_0\left(1+\frac{r}{n}\right)^1$$

$$\vdots$$

$$p(t) = p_0\left(1 + \frac{r}{n}\right)^{nt}$$

如果利息随时计入本金,即 $n \to +\infty$. 则

$$p(t) = \lim_{n \to \infty} p_0\left(1 + \frac{r}{n}\right)^{nt} = p_0 \lim_{\frac{n}{r} \to \infty}\left(1 + \frac{1}{\frac{n}{r}}\right)^{\frac{n}{r} \times rt} = p_0 \mathrm{e}^{rt}$$

2.5 无穷小的比较

2.5.1 无穷小的比较

当 $x \to 0$ 时,x^2,$0.5x^2$,x^3 都是无穷小量. 但是,它们 $\to 0$ 的"快慢"有区别,如图 2.17、图 2.18 所示.

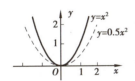

图 2.17 x^2 与 $0.5x^2$ 比较

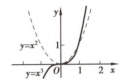

图 2.18 x^2 与 x^3 比较

定义 2.8 设 $\alpha(x)$,$\beta(x)$ 都是无穷小量(在 $x \to x_0$ 下),且 $\lim\limits_{x \to x_0}\dfrac{\alpha(x)}{\beta(x)} = q$.

$q = 0$ 时,称 $\alpha(x)$ 是(在 $x \to x_0$ 下)$\beta(x)$ 的**高阶无穷小量**,记作 $\alpha(x) = o(\beta(x))$(在 $x \to x_0$ 下);

$q = \infty$ 时,称 $\alpha(x)$ 是(在 $x \to x_0$ 下)$\beta(x)$ 的**低阶无穷小量**;

$q \neq 0, \infty$ 时,称 $\alpha(x)$,$\beta(x)$ 是(在 $x \to x_0$ 下)**同阶无穷小量**;

$q = 1$ 时,称 $\alpha(x)$,$\beta(x)$ 是**等价无穷小量**,记作 $\alpha(x) \sim \beta(x)$(在 $x \to x_0$ 下).

例 1 在 $x \to 0$ 下,比较 x^2,$0.5x^2$,x^3.

解:(1)因为 $x \to 0$ 时,$x^2 \to 0$,$0.5x^2 \to 0$,且 $\lim\limits_{x \to 0}\dfrac{0.5x^2}{x^2} = 0.5$.

所以 $x \to 0$ 时,x^2 与 $0.5x^2$ 是同阶无穷小量(关系).

(2)因为 $x \to 0$ 时,$x^2 \to 0$,$x^3 \to 0$,且 $\lim\limits_{x \to 0}\dfrac{x^3}{x^2} = 0$.

所以 $x^3 = o(x^2)$,$(x \to 0)$.

(3)同样可证 $x^3 = o(0.5x^2)$,$(x \to 0)$.

例 2 设 $x \to 0$，比较 $\dfrac{1}{2}x^2$ 和 $1-\cos x$.

解：因为 $x \to 0$ 时，$\dfrac{1}{2}x^2 \to 0$，$1-\cos x \to 0$，

且 $\lim\limits_{x \to 0} \dfrac{1-\cos x}{0.5x^2} = \lim\limits_{x \to 0} \dfrac{2\sin^2 \frac{1}{2}x}{0.5x^2} = \lim\limits_{x \to 0} \left(\dfrac{\sin \frac{1}{2}x}{\frac{1}{2}x} \right)^2 = 1.$

所以 $x \to 0$ 时，$1-\cos x \sim \dfrac{1}{2}x^2$

练习 1 （1）设 $x \to 0$，比较 x 与 $\sin x$，x 与 $\sin 5x$.

（2）设 $x \to 3$，比较 $x-3$ 与 x^2-9.

例 3 求证：$\sqrt[n]{1+x} - 1 \sim \dfrac{1}{n}x$（在 $x \to 0$ 下）（n 是正整数）.

解：因为 $\lim\limits_{x \to 0} \dfrac{(1+x)^{\frac{1}{n}}-1}{\frac{1}{n}x} = \lim\limits_{x \to 0} \left\{ \dfrac{(1+x)^{\frac{1}{n}}-1}{\frac{1}{n}x} \dfrac{\left[(1+x)^{\frac{n-1}{n}}+(1+x)^{\frac{n-2}{n}}+\cdots+(1+x)^{\frac{1}{n}}+1 \right]}{\left[(1+x)^{\frac{n-1}{n}}+(1+x)^{\frac{n-2}{n}}+\cdots+(1+x)^{\frac{1}{n}}+1 \right]} \right\}$

$= \lim\limits_{x \to 0} \left\{ \dfrac{(1+x)^1-1}{\frac{1}{n}x} \dfrac{1}{\left[(1+x)^{\frac{n-1}{n}}+(1+x)^{\frac{n-2}{n}}+\cdots+(1+x)^{\frac{1}{n}}+1 \right]} \right\} = 1$

所以 $x \to 0$ 时，$\sqrt[n]{1+x} - 1 \sim \dfrac{1}{n}x$

思考 1 （1）若 $\alpha(x)$ 是（$x \to x_0$ 下）$\beta(x)$ 的低阶无穷小量，则 $\beta(x) = o(\alpha(x))$，对吗？

（2）下面论述错误吗？"因为 $\lim\limits_{x \to 0} \dfrac{x+3}{x^2+1} = 3$，所以 $x+3$ 与 x^2+1 是同阶无穷小量."

问题 1 $x \to x_0$ 下，$\alpha(x)$，$\beta(x)$ 是同阶无穷小量，且 $\gamma(x) = o(\alpha(x))$，则 $\gamma(x) = o(\beta(x))$？

2.5.2 等价无穷小的性质

定理 2.18 在 $x \to x_0$ 下，$\alpha(x) \sim \beta(x)$ 的充要条件是 $\beta(x) = \alpha(x) + o(\alpha(x))$.

证明（只证明充分性）：设 $\beta(x) = \alpha(x) + o(\alpha(x))$.

因为 $\lim\limits_{x \to x_0} \dfrac{\beta(x)}{\alpha(x)} = \lim\limits_{x \to x_0} \left[\dfrac{\alpha(x)}{\alpha(x)} + \dfrac{o(\alpha(x))}{\alpha(x)} \right] = 1 + \lim\limits_{x \to x_0} \dfrac{o(\alpha(x))}{\alpha(x)} = 1$

所以 $\alpha(x) \sim \beta(x)$

定理 2.19（传递性） 在 $x \to x_0$ 下，$\alpha(x) \sim \beta(x)$ 且 $\beta(x) \sim \gamma(x)$，则 $\alpha(x) \sim \gamma(x)$.

证明：因为 $\lim\limits_{x \to x_0} \dfrac{\alpha(x)}{\beta(x)} = 1$，$\lim\limits_{x \to x_0} \dfrac{\beta(x)}{\gamma(x)} = 1$

所以 $\lim\limits_{x \to x_0} \dfrac{\alpha(x)}{\gamma(x)} = \lim\limits_{x \to x_0} \left[\dfrac{\alpha(x)}{\beta(x)} \dfrac{\beta(x)}{\gamma(x)} \right] = 1$，即 $\alpha(x) \sim \gamma(x)$

依定理知在 $x \to 0$ 下, $x \sim \sin x \sim \arcsin x \sim \tan x \sim \arctan x \sim \mathrm{e}^x - 1 \sim \ln(1+x)$.

定理 2.20 设 $x \to x_0$ 下, $\alpha(x) \sim \alpha_1(x), \beta(x) \sim \beta_1(x)$, 且存在 $\lim\limits_{x \to x_0} \dfrac{\alpha_1(x)}{\beta_1(x)}$, 则

$$\lim_{x \to x_0} \frac{\alpha(x)}{\beta(x)} = \frac{\alpha_1(x)}{\beta_1(x)} \qquad (2.9)$$

证明: $\lim\limits_{x \to x_0} \dfrac{\alpha(x)}{\beta(x)} = \lim\limits_{x \to x_0} \left[\dfrac{\alpha(x)}{\alpha_1(x)} \dfrac{\alpha_1(x)}{\beta_1(x)} \dfrac{\beta_1(x)}{\beta(x)} \right] = \lim\limits_{x \to x_0} \dfrac{\alpha_1(x)}{\beta_1(x)}$.

算法——求极限(6):利用等价无穷小代换求解 $\dfrac{0}{0}$ 型极限.

例 4 求极限 $\lim\limits_{x \to 0} \dfrac{\sin 3x}{\sin 5x}$.

解:因为 设 $x \to 0$ 下, $\sin 3x \sim 3x$, $\sin 5x \sim 5x$.

所以 $\lim\limits_{x \to 0} \dfrac{\sin 3x}{\sin 5x} = \lim\limits_{x \to 0} \dfrac{3x}{5x} = \dfrac{3}{5}$

练习 2 求极限 $\lim\limits_{x \to 0} \dfrac{\ln(1+x)}{x}$. (试总结本问题已知有几种解法?)

例 5 求极限 $\lim\limits_{x \to 0} \dfrac{\sin 3x}{x + x^7}$.

解:因为 在 $x \to 0$ 时, $\sin 3x \sim 3x$, $x + x^7 \sim x$.

所以 $\lim\limits_{x \to 0} \dfrac{\sin 3x}{x + x^7} = \lim\limits_{x \to 0} \dfrac{3x}{x} = 3$

例 6 求极限 $\lim\limits_{x \to 0} \dfrac{1 - \sqrt[5]{1 + x^2}}{\sin^2 x}$.

解:因为 在 $x \to 0$ 下, $\sqrt[5]{1 + x^2} - 1 \sim \dfrac{1}{5} x^2$, $\sin^2 x \sim x^2$.

所以 $\lim\limits_{x \to 0} \dfrac{1 - \sqrt[5]{1 + x^2}}{\sin^2 x} = \lim\limits_{x \to 0} \dfrac{-\dfrac{1}{5} x^2}{x^2} = -\dfrac{1}{5}$

练习 3 求极限: $\lim\limits_{x \to 0} \dfrac{1 - \sqrt[5]{1 + x}}{\sqrt{1 - \cos x}}$.

本章要点小结

1.数列 $\{x_n \mid x_n = f(n), n \in \mathbf{Z}^+\}$

(1)数列是定义在 $\mathbf{Z}^+$ 上的函数,数列是集合.

（2）数列的极限就是 $n\to+\infty$ 下数列的趋势.

（3）收敛数列的 3 个性质：极限唯一性、有界性、保号性.

2.函数极限

（1）x 趋于 x_0 的 3 种方式.

（2）$\lim\limits_{x\to x_0}f(x)$ 与 $\lim\limits_{x\to x_0^-}f(x)$、$\lim\limits_{x\to x_0^+}f(x)$ 的关系.

（3）$\lim\limits_{x\to x_0}f(x)$ 存在时的性质.

（4）无穷小量.

注意理解：①无穷小量是函数；②必须在一定的过程中.

（5）无穷大量.

注意理解：无穷大量与无界函数以及极大量、很大量的区别.

（6）两个特殊极限.

注意训练变形技巧.

（7）无穷小的比较

注意等价无穷小在求极限时的应用.

3.函数极限算法

本章列举了 6 种方法（在第 3 章、第 6 章中还会学习其他算法）：

（1）应用极限运算法则.

（2）应用无穷小、无穷大的性质.

（3）应用极限存在准则（夹逼定理、单调有界定理）.

（4）含 x、三角函数、反三角函数的间断函数化成 $\dfrac{\sin\theta(x)}{\theta(x)}$ 型（$\theta(x)\to0$）.

（5）$[a+u(x)]^{v(x)}$ 型可以化成 $[1+g(x)]^{\frac{1}{g(x)}}$（$g(x)\to0$），或者 $\left[1+\dfrac{1}{h(x)}\right]^{h(x)}$，（$h(x)\to\infty$）.

（6）利用等价无穷小代换求解 $\dfrac{0}{0}$ 型极限.

（7）见 3.2 节.

（8）~（11）见 6.2 节.

注意：①极限运算方法多样，有些需要较高技巧；

②学习者需要多练习、多总结方法.

练习 2

1.写出下列数列的通项公式.

（1）$1,\dfrac{1}{3},\dfrac{1}{5},\dfrac{1}{7},\dfrac{1}{9},\cdots$;　　　　　　（2）$\dfrac{1}{2},\dfrac{2}{5},\dfrac{3}{10},\dfrac{4}{17},\dfrac{5}{26},\cdots$.

2.求数列极限（不存在时，说明理由）.

$(1) x_n = \dfrac{1\,000}{3^n};$　　　　　　　$(2) x_n = (-1)^n;$

$(3) x_n = (-1)^n \dfrac{1}{n};$　　　　　　　$(4) x_n = \cos \dfrac{n\pi}{2};$

$(5) x_n = \cos \dfrac{\pi}{2n};$　　　　　　　$(6) x_n = \dfrac{99+n}{1+n^2};$

$(7) x_n = \dfrac{99n+n^2}{1+7n^2};$　　　　　　$(8) x_n = \dfrac{1+n^3}{100+7n^2};$

$(9) x_n = \ln \dfrac{n+1}{n};$　　　　　　　$(10) x_n = \ln \dfrac{1}{n};$

$(11) x_n = 3^{(-1)^n}.$

3. 求数列极限.

$(1) \lim\limits_{n\to+\infty} \dfrac{2^n+(-3)^n}{2^{n+5}+(-3)^{n+1}};$　　　$(2) \lim\limits_{n\to+\infty} \dfrac{(1+n)(2+n)(5+n)}{n^3+7};$

$(3) \lim\limits_{n\to+\infty} (\sqrt{n+1}-\sqrt{n})\sqrt{n};$　　　(4) 设 $x_n = \dfrac{1+2+3+\cdots+n}{n^2}$, 求 $\lim\limits_{n\to+\infty} x_n;$

(5) 设 $x_n = \dfrac{1}{1\times 2}+\dfrac{1}{2\times 3}+\dfrac{1}{3\times 4}+\cdots+\dfrac{1}{n\times(n+1)}$, 求 $\lim\limits_{n\to+\infty} x_n.$

4. 求函数极限.

$(1) \lim\limits_{x\to 2} \dfrac{x^3-3x-7}{x^2-3};$　　　　　$(2) \lim\limits_{x\to 2} \dfrac{(x+1)(x^2-x-2)}{x^2-4};$

$(3) \lim\limits_{x\to 1} \left(\dfrac{1}{1-x}-\dfrac{3}{1-x^3} \right);$　　　$(4) \lim\limits_{x\to 1} \dfrac{\sqrt{3-x}-\sqrt{1+x}}{x^2-1};$

$(5) \lim\limits_{x\to\infty} \left(5+\dfrac{13}{x}\right)\left(2-\dfrac{x+1}{x^2}\right);$　　$(6) \lim\limits_{x\to\infty} \dfrac{5x^3-31x^2+4x+28}{7x^3+x+6};$

$(7) \lim\limits_{x\to\infty} \dfrac{137x^2+43x+51}{x^3-5x+6};$　　　$(8) \lim\limits_{x\to+\infty} \dfrac{\sin\sqrt{x}+\cos x^2}{3x-5}.$

5. 求函数极限.

$(1) \lim\limits_{x\to 5} \dfrac{x^2+5}{x-5};$　　　　　　$(2) \lim\limits_{x\to\infty} \dfrac{x^3-x-2}{x^2+7}.$

6. 求函数极限.

$(1) \lim\limits_{x\to 0} \dfrac{\sin 15x}{\sin 5x};$　　　　　$(2) \lim\limits_{x\to 0} \dfrac{\sin 7x}{x};$

$(3) \lim\limits_{x\to 0} \dfrac{1-\cos 2x}{x\sin x};$　　　　　$(4) \lim\limits_{x\to 0} x \cot x;$

$(5) \lim\limits_{x\to 0} \dfrac{x-3\sin x}{x+\sin x};$　　　　$(6) \lim\limits_{x\to 0} \dfrac{1}{x^2}\left(\dfrac{1}{\cos x}-1\right).$

7.求函数极限.

$(1)\lim\limits_{x\to\infty}\left(1+\dfrac{3}{x}\right)^{x}$；

$(2)\lim\limits_{x\to0}(1-3x)^{\frac{1}{x}}$；

$(3)\lim\limits_{x\to0}\left(\dfrac{2-x}{2}\right)^{\frac{1}{x}}$；

$(4)\lim\limits_{x\to\infty}\left(\dfrac{x+1}{x-1}\right)^{x}$；

$(5)\lim\limits_{x\to0}\dfrac{\ln(a+h)-\ln a}{h}$；

$(6)\lim\limits_{x\to0}(1-\tan^{2}x)^{\cot^{2}x}$.

8.判别下列命题的对与错.

$(1)\lim\limits_{x\to x_{0}}[f(x)-A]=0$ 等价于 $\lim\limits_{x\to x_{0}}f(x)=A$.

(2)如果$\lim\limits_{x\to1}f(x)=3$，那么 $f(1)=3$.

(3)一个函数如果是无穷小量,则在任何过程中总是无穷小量.

$(4)\lim\limits_{x\to0}\dfrac{\sin x^{2}}{x}=1$.

$(5)\lim\limits_{x\to\infty}(1+x)^{\frac{1}{x}}=\mathrm{e}$.

9.指出哪些是无穷小量.

$(1)g(x)=x^{2}-9\quad x\to-3$；

$(2)g(x)=x^{2}-9\quad x\to3$；

$(3)h(x)=\ln(3+x)\quad x\to-2$；

$(4)h(x)=\ln(3+x)\quad x\to0$；

$(5)f(x)=x\cos\dfrac{1}{x}\quad x\to0$；

$(6)f(x)=\dfrac{\sin^{3}x}{x^{2}}\quad x\to0$.

10.利用等价无穷小量求极限.

$(1)\lim\limits_{x\to0}\dfrac{x}{\sin 5x}$；

$(2)\lim\limits_{x\to0}\dfrac{(\arctan 3x)^{2}}{x^{2}}$；

$(3)\lim\limits_{x\to0}\dfrac{3x+\sin^{2}x}{\sin 2x-x^{3}}$；

$(4)\lim\limits_{x\to0}\dfrac{\tan x-\sin x}{\sin^{3}x}$；

$(5)\lim\limits_{x\to0}\dfrac{\ln(1+2x)}{\sin 5x}$；

$(6)\lim\limits_{x\to0}\dfrac{1-(1+x)^{\frac{1}{13}}}{x}$.

11.求函数在点 x_{0} 的单侧极限.

$(1)f(x)=\begin{cases}x+2 & x<1\\ x-2 & x\geqslant1\end{cases}$，$x_{0}=1$.求$\lim\limits_{x\to x_{0}^{-}}f(x)$、$\lim\limits_{x\to x_{0}^{+}}f(x)$、$\lim\limits_{x\to x_{0}}f(x)$.

$(2)y=\begin{cases}\dfrac{\sin x}{x} & x<0\\ \mathrm{e}^{x} & x\geqslant0\end{cases}$，$x_{0}=0$.求$\lim\limits_{x\to x_{0}^{-}}y$、$\lim\limits_{x\to x_{0}^{+}}y$、$\lim\limits_{x\to x_{0}}y$.

$(3)y=\begin{cases}\dfrac{\sin x}{x} & x<0\\ 2 & x=0\\ \mathrm{e}^{x} & x>0\end{cases}$，$x_{0}=0$.求$\lim\limits_{x\to x_{0}^{-}}y$、$\lim\limits_{x\to x_{0}^{+}}y$、$\lim\limits_{x\to x_{0}}y$.

第3章 函数的连续性

函数在一点 x_0 的极限 $\lim\limits_{x \to x_0} f(x)$ 与在这一点的函数值 $f(x_0)$ 无关.但是,$\lim\limits_{x \to x_0} f(x)$ 与 $f(x_0)$ 是否相等,决定函数在这一点 x_0 处的重要性质.

3.1 函数在点 x_0 处连续与间断

3.1.1 在点 x_0 函数状态举例

凭眼睛观察,以上 6 个函数的图像在点 $x_0 = 2$ 处状况不同.图 3.1(a)(b)(c)(d)中的函数图像都是断开的;(e)(f)中的函数图像是不断开的.

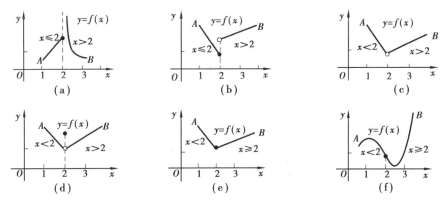

图 3.1 6 个函数在点 x_0 的状态

问题 1 怎样用数学语言描述"断开""不断开"?

3.1.2 函数在点 x_0 处连续

定义 3.1 若 $\lim\limits_{x \to x_0} f(x) = f(x_0)$,则称函数 $f(x)$ 在点 x_0 处**连续**;否则,称 $f(x)$ 在点 x_0 处**不连续**(或称**间断**).

显然,上述定义可改述为下述之一.

(1)若 $f(x)$ 在点 x_0 处有极限、有定义,且二者相等,则称函数 $f(x)$ 在点 x_0 处连续.

(2)若 $\lim\limits_{x\to x_0^-} f(x)$,$\lim\limits_{x\to x_0^+} f(x)$ 和 $f(x_0)$ 都存在且相等,则称函数 $f(x)$ 在点 x_0 处连续.

(3)若 $\lim\limits_{\Delta x\to 0} f(x_0+\Delta x)=f(x_0)$,则称函数 $f(x)$ 在点 x_0 处连续.

例 1 设 $f(x)=\begin{cases} 6 & x=3 \\ \dfrac{x^2-9}{x-3} & x\neq 3 \end{cases}$,研究函数在点 $x_0=3$ 处的连续性.

解:因为 $\lim\limits_{x\to x_0} f(x)=\lim\limits_{x\to 3}\dfrac{x^2-9}{x-3}=\lim\limits_{x\to 3}\dfrac{(x-3)(x+3)}{x-3}=\lim\limits_{x\to 3}(x+3)=6$

$$f(x_0)=f(3)=6$$

所以 $\lim\limits_{x\to x_0} f(x)=6=f(x_0)$

故 $f(x)$ 在点 $x_0=3$ 处连续.(参见图 2.8)

练习 1 研究函数在点 x_0 处的连续性.(先计算研究,再作图研究)

(1)$f(x)=\sin x$,$x_0=\dfrac{\pi}{6}$;   (2)$g(x)=\dfrac{x^2-4}{x-2}$,$x_0=2$;

(3)$h(x)=\begin{cases} 0.5x & x\leqslant 2 \\ x-1 & x>2 \end{cases}$,$x_0=2$;   (4)$u(x)=\begin{cases} 5 & x=3 \\ \dfrac{x^2-9}{x-3} & x\neq 3 \end{cases}$,$x_0=3$.

3.1.3 函数间断点的类型

1)可去间断点

定义 3.2 函数 $f(x)$ 在点 x_0 间断,且存在 $\lim\limits_{x\to x_0} f(x)$,则称 x_0 是 $f(x)$ 的**可去间断点**.

图 3.1(c)(d)和图 2.7、图 2.8 中的函数,x_0 是可去间断点.

图 2.8 中,只要"补"$f(x_0)$,令 $f(x_0)=6$,则在点 x_0 处连续.

图 2.7 中,只要"修改"$f(x_0)$,令 $f(x_0)=1$,则在点 x_0 处连续.

例 2 研究 $f(x)=\begin{cases} 0.5x & 0\leqslant x<2 \\ 1.5 & x=2 \\ x-1 & x>2 \end{cases}$,断点 $x_0=2$(见图 3.2)的性质.

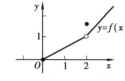

图 3.2 函数 $f(x)$
在断点 x_0 的性质

分析:因为 $x_0=2$ 两侧函数是分段的,所以要分别研究其左右极限.

解:因为 $\lim\limits_{x\to 2^-} f(x)=\lim\limits_{x\to 2^-} 0.5x=1$,$\lim\limits_{x\to 2^+} f(x)=\lim\limits_{x\to 2^+}(x-1)=1$

所以 $\lim\limits_{x\to 2} f(x)=1$

又因为 $f(2)=1.5\neq\lim\limits_{x\to 2} f(x)$

所以,点 $x_0=2$ 是可去间断点.

只要"修改"$f(x_0)$:令 $f(x_0)=1$,则在点 x_0 处连续.

2）不可去间断点

若 $\lim\limits_{x \to x_0} f(x)$ 不存在，则称 x_0 是 $f(x)$ 的**不可去间断点**（或称跳跃间断点）.

图 3.1（a）（b）和图 2.5、图 2.6 中的函数，x_0 是跳跃间断点.

跳跃间断点，不论"补"还是"修改" $f(x_0)$，都不能使 $f(x)$ 在点 x_0 处连续.

例 3　研究 $f(x)=\begin{cases} x^2 & 0 \leqslant x<2 \\ 3 & x=2 \\ x-1 & 2<x \leqslant 4 \end{cases}$，断点 $x_0=2$（见图 3.3）的性质.

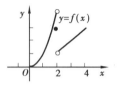

图 3.3　函数 $f(x)$ 在断点 x_0 的性质

解：因为　$\lim\limits_{x \to 2^-} f(x) = \lim\limits_{x \to 2^-} x^2 = 4$

$\lim\limits_{x \to 2^+} f(x) = \lim\limits_{x \to 2^+}(x-1) = 1$

所以　$\lim\limits_{x \to 2^-} f(x) \neq \lim\limits_{x \to 2^+} f(x)$

故　点 $x_0=2$ 是不可去间断点.

例 4　$y=\tan x$ 在点 $x_0=\dfrac{\pi}{2}$ 处间断. 因为 $\lim\limits_{x \to \frac{\pi}{2}^-} \tan x = +\infty$，所以 $x_0=\dfrac{\pi}{2}$ 也是不可去间断点.

练习 2　说明下列函数断点 x_0 的性质.

（1）$y=\cot x$，$x_0=0$；

（2）$y=\dfrac{x^2-9}{x-3}$，$x_0=3$；

（3）$y=\begin{cases} 5 & x=3 \\ \dfrac{x^2-9}{x-3} & x \neq 3 \end{cases}$，$x_0=3$；

（4）$y=\begin{cases} x & x \leqslant 2 \\ \dfrac{1}{x-2} & 2<x \leqslant 4 \end{cases}$，$x_0=2$.

3.2　初等函数连续性

3.2.1　连续的四则运算性质

定理 3.1（连续的运算性质）　设 $f(x)$，$g(x)$ 都在点 x_0 处连续，则 $f(x) \pm g(x)$，$f(x)g(x)$，$\dfrac{f(x)}{g(x)}$（$g(x_0) \neq 0$）都在点 x_0 处连续.

定理 3.2（复合函数连续性）　设 $u=g(x)$ 在点 x_0 处连续，$u_0=g(x_0)$，$y=f(x)$ 在点 u_0 处连续，则 $f(g(x))$ 在点 x_0 处连续.

3.2.2　初等函数连续性

定理 3.3　初等函数在其定义域内每一点都连续.

例1 设 $y=f(x)=\begin{cases}0.5x & x<9 \\ a+\sqrt{x} & 9\le x\end{cases}$ ，a 取何值时，$f(x)$ 在定义域内处处连续？

分析：① $D=(-\infty,+\infty)$；

② $0.5x$ 在 $(-\infty,9)$ 内每一点都连续，$a+\sqrt{x}$ 在 $(9,+\infty)$ 内每一点都连续；

③ 要使 $f(x)$ 在 D 内处处连续，只要保证 $f(x)$ 在点 $x_0=9$ 连续即可.

解：$D=(-\infty,+\infty)$

因为 $\lim\limits_{x\to 9^-}f(x)=\lim\limits_{x\to 9^-}0.5x=4.5$

$\lim\limits_{x\to 9^+}f(x)=\lim\limits_{x\to 9^+}(a+\sqrt{x})=a+3$

所以 当且仅当 $f(9)=\lim\limits_{x\to 9^-}f(x)=\lim\limits_{x\to 9^+}f(x)$ 时，$f(x)$ 在点 $x_0=9$ 连续. 即

$$a+\sqrt{9}=4.5=a+3$$

当且仅当 $a=1.5$ 时，$f(x)$ 在点 $x_0=9$ 连续.

又因为 $f(x)$ 在 $(-\infty,9)$ 内处处连续，在 $(9,+\infty)$ 内处处连续.

所以当且仅当 $a=1.5$ 时，$f(x)$ 在 $D=(-\infty,+\infty)$ 内处处连续.

3.2.3 连续性在求极限时的应用

算法——极限(7)：$\lim\limits_{x\to x_0}f(x)=\begin{cases}f(x_0) & x_0 \text{ 是连续点} \\ \text{其他} & x_0 \text{ 是间断点}\end{cases}$.

例2 求函数极限 $\lim\limits_{x\to 2}\dfrac{x^3-(2-x)e^x-7}{(x-1)(x+5)}$.

分析：令 $f(x)=\dfrac{x^3-(2-x)e^x-7}{(x-1)(x+5)}$.

① $f(x)$ 是初等函数；② $f(x_0)=f(2)=\dfrac{2^3-(2-2)e^2-7}{(2-1)(2+5)}=\dfrac{1}{7}$，即 $f(x)$ 在 $x_0=2$ 有定义. 所以，

$f(x)$ 在 $x_0=2$ 处连续. 于是，$\lim\limits_{x\to 2}f(x)=f(2)=\dfrac{1}{7}$.

解：令 $f(x)=\dfrac{x^3-(2-x)e^x-7}{(x-1)(x+5)}$，$D=\{x\mid x\ne -5,1\}$.

因为 $f(x)$ 是初等函数，且 $2\in D$.

所以 $f(x)$ 在点 $x_0=2$ 连续.

故 $\lim\limits_{x\to 2}f(x)=f(2)=\dfrac{2^3-(2-2)e^2-7}{(2-1)(2+5)}=\dfrac{1}{7}$

练习1 求极限：(1) $\lim\limits_{x\to 5}\dfrac{x^2-\ln x}{1+\sqrt{x-1}}$；(2) $\lim\limits_{x\to 0}\dfrac{x\ln(x+e)}{1-\sqrt{x+1}}$.

3.3　闭区间上连续的性质

3.3.1　函数在开区间内连续

定义 3.3　若 $f(x)$ 在 (a,b) 内每一点都连续,则称 $f(x)$ 在 (a,b) 内连续(包括 $(-\infty,+\infty)$, $(-\infty,b)$, $(a,+\infty)$).

例 1　由定义 3.3 知:

$$y=3x^2-x+5 \text{ 在}(-\infty,+\infty)\text{内连续;}$$

$$y=\frac{x^2-9}{x-3}\text{在}(-\infty,3)\text{内连续,在}(3,+\infty)\text{内连续.}$$

练习 1　指出 $y=\dfrac{(2-x)\,\mathrm{e}^x}{(x-1)(x+5)}$ 在哪些开区间内连续.

3.3.2　函数在点 x_0 处单侧连续

定义 3.4　若 $\lim\limits_{x\to x_0^-}f(x)=f(x_0)$,则称函数 $f(x)$ 在点 x_0 处左连续;

若 $\lim\limits_{x\to x_0^+}f(x)=f(x_0)$,则称函数 $f(x)$ 在点 x_0 处右连续.

例 2　设 $y=\begin{cases}\dfrac{1}{2-x} & x<2 \\ x+1 & 2\leqslant x\end{cases}$.说明 $f(x)$ 在 $x_0=2$ 处的连续性.

解:(1)因为　$\lim\limits_{x\to 2^-}f(x)=\lim\limits_{x\to 2^-}\dfrac{1}{2-x}$ 不存在.

　　　　所以　$f(x)$ 在点 $x=2$ 处不左连续.

　　(2)因为　$\lim\limits_{x\to 2^+}f(x)=\lim\limits_{x\to 2^+}(x+1)=3=f(2)$

　　　　所以　$f(x)$ 在点 2 处右连续.

图 3.1(a)(b)中,$f(x)$ 在点 x_0 处左连续,但不右连续.

图 3.1(c)(d)、图 3.2、图 3.3 中,$f(x)$ 在点 x_0 处既不左连续,也不右连续.

图 3.1(c)(d)中,$f(x)$ 在点 x_0 处既左连续,又右连续.

比较"连续""左连续""右连续",可以得到如下定理:

定理 3.4　$f(x)$ 在点 x_0 处连续的充要条件是:$f(x)$ 在点 x_0 处既左连续,又右连续.

3.3.3　函数在闭区间上连续

1)闭区间上连续的概念

定义 3.5　$f(x)$ 在 (a,b) 内连续,且在左端点 a 右连续,右端点 b 左连续,则称 $f(x)$ 在 $[a,b]$ 上连续.

例 3　设 $f(x)=\dfrac{x^2-9}{x-3}$,判定:

(1)$f(x)$在$[0,3]$上是否连续?

(2)$f(x)$在$[0,2]$上是否连续?

解:(1)因为 $f(x)=\dfrac{x^2-9}{x-3}=\begin{cases}x+3 & x\in[0,3)\\ \text{没意义} & x=3\end{cases}$

所以 $f(x)$在点3处不左连续.

故 $f(x)$在$[0,3]$上不连续.

(2)因为 $f(x)=\dfrac{x^2-9}{x-3}=x+3,\ x\in[0,2]$

所以 $f(x)$在$(0,2)$内每一点都连续,且在点0处右连续,在点2处左连续.

故 $f(x)$在$[0,2]$上连续.

练习2 设$f(x)=\begin{cases}0.5x & x<4\\ 1+\sqrt{x} & x\geq4\end{cases}$,$f(x)$在$[0,4]$上连续吗?在$[4,9]$上连续吗?

思考1 说明$f(x)=\begin{cases}\dfrac{x^2-9}{x-3} & x\in[0,3)\\ 6 & x=3\end{cases}$在$[0,3]$上连续.

2)闭区间上连续的性质

定理3.5(最值定理) 若$f(x)$在$[a,b]$上连续,则$f(x)$在$[a,b]$上有最小值,也有最大值.

例4 设$f(x)=x^2-1,x\in(-1,2)$,求函数的最值.

解:最小值$f_{\min}=f(0)=-1$;没有最大值.

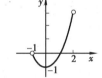

图3.4 $(-1,2)$内连续,没有最大值

练习3 设$f(x)=x^2-1,x\in[-1,2]$,求函数的最值.

定理3.6(介值定理) 若$f(x)$在$[a,b]$上连续,m和M分别是最小值、最大值,则$f(x)$可以取到$[m,M]$上的任何一个值.

定理3.7(根存在定理) 若$f(x)$在$[a,b]$上连续,且$f(a)f(b)<0$,则方程$f(x)=0$在(a,b)内有根.

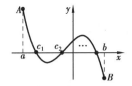
图3.5 (a,b)内至少有一个根

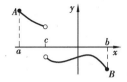
图3.6 (a,b)内没根

例5 求证:$7x^3-13x^2-x+9=0$在$(-1,1)$内至少有一个根.

分析:①怎样将"方程问题"转化成"函数问题";

②建立辅助函数$f(x)=7x^3-13x^2-x+9,D=[-1,1]$;

③证明$f(x)$连续,且$f(-1)f(1)<0$即可.

证明:令$f(x)=7x^3-13x^2-x+9,D=[-1,1]$(是初等函数).

因为 $f(-1)=7(-1)^3-13(-1)^2-(-1)+9=-10$

$$f(1)=7\times1^3-13\times1^2-1+9=2$$

所以　$f(-1)f(1)=(-10)\times2<0$

又 $f(x)$ 在 $[-1,1]$ 上连续.

所以　由根的存在定理知 $f(x)=0$ 在 $(-1,1)$ 内有根.

故　$100x^3-60x^2-31x+12=0$ 在 $(-1,1)$ 内有根.

思考2　设 $f(x)=\begin{cases}x-3 & x\neq3\\ 7 & x=3\end{cases}$，以下论述错在哪里？"因为 $f(1)f(5)=(1-3)\times(5-3)=-4<0$，所以 $f(x)=0$ 在 $(1,5)$ 内有根."

本章要点小结

1.函数在点 x_0 处连续

注意理解：①$f(x)$ 在点 x_0 处连续的多个表述；

②连续曲线的图像特征.

2.函数在点 x_0 处不连续(间断)

注意理解：①$f(x)$ 在点 x_0 处连续被破坏的方式；

②间断点的分类(可去间断点、不可去间断点).

3.函数在闭区间连续

(1)单侧连续的意义.

(2)闭区间连续的性质：①最值定理；②根的存在性定理.

练习 3

1.作图研究函数连续性(确定断点).

$(1)f(x)=\begin{cases}x^2 & 0\leqslant x\leqslant1\\ 2-x & 1<x\leqslant2\end{cases}$；
$\qquad(2)f(x)=\begin{cases}1 & x<-1\\ x^2 & -1\leqslant x<1.\\ -1 & x\geqslant1\end{cases}$

2.确定常数 a、b，使下列函数是连续函数.

$(1)f(x)=\begin{cases} e^x & x<0 \\ x+a & x\geqslant 0 \end{cases}$;

$(2)f(x)=\begin{cases} \dfrac{\sin x}{x} & x<0 \\ b & x=0 \\ x\sin\dfrac{1}{x}+1 & x>0 \end{cases}$.

3.找出下列函数的间断点,说明类型.(对于可去间断点,指出修补方案,使之连续)

$(1)f(x)=\dfrac{\sin x}{x}$;

$(2)f(x)=\dfrac{x^2-4}{(x-1)(x-2)}$;

$(3)f(x)=\begin{cases} \dfrac{x^2-x}{x-1} & x\neq 1 \\ 0 & x=1 \end{cases}$;

$(4)f(x)=\begin{cases} \dfrac{\sin(x-1)}{x-1} & x<1 \\ 3x-1 & x\geqslant 1 \end{cases}$.

4.设 $f(x)=\dfrac{x^3+3x^2-x-3}{x^2+x-6}$.求:$(1)f(x)$ 的连续区间;$(2)\lim\limits_{x\to -3}f(x)$;$(3)\lim\limits_{x\to 2}f(x)$.

5.利用初等函数连续性求函数极限.

$(1)\lim\limits_{x\to 2}\dfrac{x^3-7}{x^2-2}$;

$(2)\lim\limits_{x\to 0}\sqrt{x^2-2x+9}$;

$(3)\lim\limits_{x\to \frac{\pi}{4}}(\cos 4x)^3$;

$(4)\lim\limits_{x\to \frac{\pi}{4}}\dfrac{\sin x}{x}$;

$(5)\lim\limits_{x\to -1}\dfrac{1-e^{-2x}}{x}$;

$(6)\lim\limits_{x\to \frac{\pi}{9}}\ln(2\cos 3x)$.

6.求函数极限.

$(1)\lim\limits_{x\to 0}\dfrac{\sqrt{4+x}-2}{\sin 5x}$;

$(2)\lim\limits_{x\to 0}(1+3\tan x)^{\cot x}$.

7.讨论根的存在性.

(1)求证:方程 $x^5-3x-1=0$ 在 1 和 2 之间必有根.

(2)求证:方程 $e^x=x+2$ 在 0 和 2 之间必有根.

(3)求证:方程 $a\sin x+b=x$ 必有正根,且不大于 $a+b$(其中,$a>0,b>0$).

第4章 导 数

导数概念刻画函数变化相对于自变量变化的快慢,在具体的问题中,体现为斜率、变化率、瞬时速度等多种形式。导数是研究函数变化规律的重要工具.

4.1 切线斜率、瞬时速度

4.1.1 切线斜率

设 $y=f(x)$ 曲线上定点 $A(x_0,f(x_0))$,求过 A 的切线斜率.

在 A 附近(曲线上)任取一点 $P(x_0+\Delta x,f(x_0+\Delta x))$,割线 AP 的斜率为 $k_{AP}=\dfrac{\Delta y}{\Delta x}$.

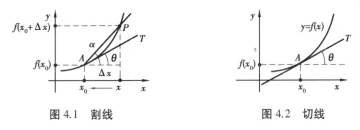

图 4.1 割线   图 4.2 切线

$P\xrightarrow{\text{沿曲线}}A$,$AP$ 的极限位置是切线 AT.所以,AT 的斜率 k_{AT} 为

$$k_{AT}=\lim_{\Delta x\to 0}k_{AP}=\lim_{\Delta x\to 0}\frac{\Delta y}{\Delta x}=\lim_{\Delta x\to 0}\frac{f(x_0+\Delta x)-f(x_0)}{\Delta x} \tag{4.1}$$

4.1.2 瞬时速度

设到 t 时刻物体走过的总路程 $S=f(t)$,$t\in D$,求 t_0 时刻的瞬时速度 $v(t_0)$.

t_0 时刻的瞬时速度 $v(t_0)$ 的意义:物体在 t_0 时刻的运动状况.

基本思路:①物体在 $[a,b]$ 上若匀速运动,则 $v(t_0)=\bar v=\dfrac{f(b)-f(a)}{b-a}$;②变速运动呢?关键:"$t_0$ 时刻"时间为 0,上式没意义;③通过考察 t_0 "附近"的运动状况来确定"t_0 时刻"的运动状况.

$[t_0, t_0+\Delta t]$时段内的运动状况(平均速度)$\bar{v} = \dfrac{f(t_0+\Delta t) - f(t_0)}{\Delta t}$.

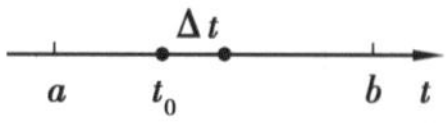

图 4.3　时间增量

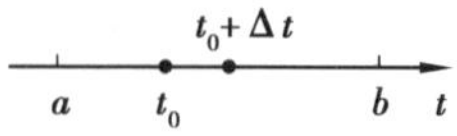

图 4.4　起点时刻和末点时刻

$$v(t_0) \approx \bar{v} = \frac{f(t_0 + \Delta t) - f(t_0)}{\Delta t}$$

并且,$|\Delta t|$越小,$v(t_0) \approx \bar{v}$ 的近似越好,所以

$$v(t_0) = \lim_{\Delta t \to 0} \frac{f(t_0 + \Delta t) - f(t_0)}{\Delta t} \tag{4.2}$$

4.1.3　比较式(4.1)与式(4.2)

①$v(t_0)$与k_{AT}实际意义不同;

②$v(t_0)$与k_{AT}算法相同,所以,其中的算法十分重要.

4.2　导数的定义

4.2.1　导数的定义

定义 4.1　$\Delta x = x - x_0$,称为自变量增量;相应的函数 y 的增量 $\Delta y = f(x_0+\Delta x) - f(x_0)$.

定义 4.2　若存在 $\lim\limits_{\Delta x \to 0} \dfrac{\Delta y}{\Delta x}$,则称为 $y = f(x)$ 在点 x_0 的导数,记作 $f'(x_0) = \lim\limits_{\Delta x \to 0} \dfrac{\Delta y}{\Delta x}$(也记作 $\dfrac{\mathrm{d}y}{\mathrm{d}x}\Big|_{x=x_0}$,又称为微商).即

$$f'(x_0) = \frac{\mathrm{d}y}{\mathrm{d}x}\Big|_{x=x_0} = \lim_{\Delta x \to 0} \frac{\Delta y}{\Delta x} = \lim_{\Delta x \to 0} \frac{f(x_0 + \Delta x) - f(x_0)}{\Delta x} = \lim_{x \to x_0} \frac{f(x) - f(x_0)}{x - x_0} \tag{4.3}$$

例 1　设 $y = f(x) = x^2 + 5$,$x_0 = 1.5$.求 $f'(x_0)$.

解:$f'(x_0) = f'(1.5) = \lim\limits_{\Delta x \to 0} \dfrac{f(x_0+\Delta x) - f(x_0)}{\Delta x} = \lim\limits_{\Delta x \to 0} \dfrac{f(1.5+\Delta x) - f(1.5)}{\Delta x}$

$$= \lim_{\Delta x \to 0} \frac{[(1.5+\Delta x)^2 + 5] - [1.5^2 + 5]}{\Delta x} = \lim_{\Delta x \to 0} (3 + \Delta x) = 3$$

导数算法:导数 $f'(x_0)$ 就是函数增量 Δy 与自变量增量 Δx 比值的极限.

例 2　设 $f(x)=\begin{cases} x^2 \sin \dfrac{1}{x}, & x \neq 0 \\ 0, & x=0 \end{cases}$，求 $f'(0)$.

解：$f'(0)=\lim\limits_{x \to 0} \dfrac{f(x)-f(0)}{x-0}=\lim\limits_{x \to 0} \dfrac{x^2 \sin \dfrac{1}{x}-0}{x-0}=\lim\limits_{x \to 0}\left(x \sin \dfrac{1}{x}\right)=0$

练习 1　设 $f(x)=-2x+7, x_0=3$，求 $f'(x_0)$.

4.2.2　$f'(x)$ 和 $f'(x_0)$

设 $y=f(x)=x^2+5$，取一定点 x_0，计算得 $f'(x_0)=2x_0$.

任取 $x \in \mathbf{R}$，总有唯一的 $f'(x)$. 所以，$f'(x)$ 也是一个函数，称为导函数. $f'(x_0)$ 是导函数 $f'(x)$ 的一个值（在不引起歧义时，都简称导数）.

$y=f(x)=x^2$ 的导函数是　　　　　　$f'(x)=2x$

在点 $x_0=3$ 的导数值　　　　　　$f'(x_0)=2x_0=6$

又记作　　　　　　$f'(x)\big|_{x=3}=\left[x^2+5\right]'\big|_{x=3}=2x\big|_{x=3}=6$

例 3　设 $y=f(x)=\sin x$，求导数 $f'(x)$.

解：$f'(x)=\lim\limits_{\Delta x \to 0} \dfrac{f(x+\Delta x)-f(x)}{\Delta x}=\lim\limits_{\Delta x \to 0} \dfrac{\sin(x+\Delta x)-\sin(x)}{\Delta x}$

$\qquad =\lim\limits_{\Delta x \to 0} \dfrac{2\sin \dfrac{\Delta x}{2}\cos\left(x+\dfrac{\Delta x}{2}\right)}{\Delta x}=\lim\limits_{\Delta x \to 0}\left[\dfrac{\sin \dfrac{\Delta x}{2}}{\dfrac{\Delta x}{2}}\cos\left(x+\dfrac{\Delta x}{2}\right)\right]=\cos x$

例 4　求导数 $\left[\cos x\right]'$.

解：$\left[\cos x\right]'=\lim\limits_{\Delta x \to 0} \dfrac{\cos(x+\Delta x)-\cos(x)}{\Delta x}=\lim\limits_{\Delta x \to 0} \dfrac{-2\sin \dfrac{\Delta x}{2}\sin\left(x+\dfrac{\Delta x}{2}\right)}{\Delta x}$

$\qquad =-\lim\limits_{\Delta x \to 0}\left[\dfrac{\sin \dfrac{\Delta x}{2}}{\dfrac{\Delta x}{2}}\sin\left(x+\dfrac{\Delta x}{2}\right)\right]=-\sin x$

例 5　求导数 $\dfrac{\mathrm{d}}{\mathrm{d}x}\ln x$.

解：$\dfrac{\mathrm{d}}{\mathrm{d}x}\ln x=\lim\limits_{\Delta x \to 0} \dfrac{\ln(x+\Delta x)-\ln(x)}{\Delta x}=\lim\limits_{\Delta x \to 0} \dfrac{\ln\left(1+\dfrac{\Delta x}{x}\right)}{\Delta x}$

$\qquad =\lim\limits_{\Delta x \to 0}\ln\left(1+\dfrac{\Delta x}{x}\right)^{\frac{1}{\Delta x}}=\lim\limits_{\frac{\Delta x}{x} \to 0}\ln\left[\left(1+\dfrac{\Delta x}{x}\right)^{\frac{x}{\Delta x}}\right]^{\frac{1}{x}}=\ln \mathrm{e}^{\frac{1}{x}}=\dfrac{1}{x}$

练习 2　(1)设 $y=\sin x, x_0=\pi$，求 $f'(x), f'(x_0)$.

（2）设 $y = 4.1$，求 $\dfrac{dy}{dx}$，$\dfrac{dy}{dx}\Big|_{x=-3}$．

（3）求 $[\cos x]'\big|_{x=\frac{\pi}{2}}$．

思考 1 说明 $[3]' = 0$ 的几何意义．

问题 1 $\dfrac{d}{dt}(5x + 7t)$ 能用 $[5x + 7t]'$ 表示吗？

4.3 导数的四则运算法则

4.3.1 导数运算法则

设存在 $f'(x), g'(x)$，则

$$[kf(x)]' = kf'(x) \qquad\qquad (k \text{ 为常系数，可以提出}) \qquad (4.4)$$

$$[f(x) \pm g(x)]' = f'(x) \pm g'(x) \qquad (\text{和的导数等于导数之和}) \qquad (4.5)$$

$$[f(x)g(x)]' = f'(x)g(x) + f(x)g'(x) \quad (\text{积的导数等于前导后不变加后导前不变}) \quad (4.6)$$

$$\left[\frac{f(x)}{g(x)}\right]' = \frac{f'(x)g(x) - f(x)g'(x)}{[g(x)]^2}$$

例 1 求导数 $[\sin 2x]'$．

解：$[\sin 2x]' = [2\sin x \cos x]' = 2[\sin x \cos x]' = 2([\sin x]'\cos x + \sin x[\cos x]')$

$\qquad = 2(\cos x \cos x + \sin x(-\sin x)) = 2\cos 2x$

练习 1 求：（1）$[\tan x]'$；　（2）$[\sec x]'$．

4.3.2 基本初等函数求导公式（1）

（1）$[C]' = 0$；

（2）$[x^{\alpha}]' = \alpha x^{\alpha-1}$；

（3）$[a^x]' = a^x \ln a$；

（4）$[e^x]' = e^x$；

（5）$[\log_a x]' = \dfrac{1}{x \ln a}$；

（6）$[\ln x]' = \dfrac{1}{x}$；

（7）$[\sin x]' = \cos x$；

（8）$[\cos x]' = -\sin x$；

（9）$[\tan x]' = \sec^2 x$；

（10）$[\cot x]' = -\csc^2 x$；

（11）$[\sec x]' = \sec x \tan x$；

（12）$[\csc x]' = -\csc x \cot x$．

例 2 $y = f(x) = x^5$，求 $f'(2)$．

分析：因为 $f'(2)$ 是 $f'(x)$ 的一个特殊值，所以可以先计算 $f'(x)$．

解（1）：因为　$f'(x) = [x^5]' = 5x^4$

$\qquad\qquad$ 所以　$f'(2) = 5 \times 2^4 = 80$

解（2）（简捷写法）：$f'(2) = [x^5]'|_{x=2} = 5x^4|_{x=2} = 80$

练习2　（1）求导数$[x^3]'$；（2）求导数$[e^x]'|_{x=0}$；（3）$\dfrac{\mathrm{d}}{\mathrm{d}v}(5x-7v)$；（4）$\dfrac{\mathrm{d}}{\mathrm{d}x}(5x-7v)$.

4.3.3　求切线

例3　设$y = \sin x$，求$A\left(\dfrac{\pi}{3}, \dfrac{\sqrt{3}}{2}\right)$的切线.

分析：①选择点斜式；②只需求出斜率k_{AT}；③$k_{AT} = y'|_{x=\frac{\pi}{3}}$.

解：设切线为AT.

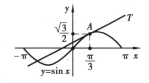

图4.5　正弦函数的切线

因为　$k_{AT} = y'|_{x=\frac{\pi}{3}} = (\sin x)'|_{x=\frac{\pi}{3}} = \cos x|_{x=\frac{\pi}{3}} = \cos \dfrac{\pi}{3} = \dfrac{1}{2}$

所以　$AT: y - \dfrac{\sqrt{3}}{2} = \dfrac{1}{2}\left(x - \dfrac{\pi}{3}\right)$，即$y = \dfrac{1}{2}x + \left(\dfrac{\sqrt{3}}{2} - \dfrac{\pi}{6}\right)$

练习3　设$y = x^2$，求$x_0 = 1$点的切线.

4.4　可导条件、可导与连续

4.4.1　可导条件

1）单侧导数

定义4.3　称$\lim\limits_{\Delta x \to 0^-} \dfrac{\Delta y}{\Delta x}$为$y = f(x)$在点$x_0$的左导数，记作

$$f'_-(x_0) = \lim_{\Delta x \to 0^-} \dfrac{\Delta y}{\Delta x} \qquad (4.7)$$

称$\lim\limits_{\Delta x \to 0^+} \dfrac{\Delta y}{\Delta x}$为$y = f(x)$在点$x_0$的右导数，记作

$$f'_+(x_0) = \lim_{\Delta x \to 0^+} \dfrac{\Delta y}{\Delta x} \qquad (4.8)$$

例1　设$f(x) = |x|$，求$f'_-(0)$，$f'_+(0)$.

解：$f'_-(0) = \lim\limits_{\Delta x \to 0^-} \dfrac{f(0+\Delta x) - f(0)}{\Delta x} = \lim\limits_{\Delta x \to 0^-} \dfrac{|0+\Delta x| - 0}{\Delta x} = -1$

$f'_+(0) = \lim\limits_{\Delta x \to 0^+} \dfrac{f(0+\Delta x) - f(0)}{\Delta x} = \lim\limits_{\Delta x \to 0^+} \dfrac{|0+\Delta x| - 0}{\Delta x} = 1$

练习1　设$f(x) = \begin{cases} 0.5x^2, & x \leqslant 1 \\ x - 0.5, & x > 1 \end{cases}$，求$f'_-(1)$，$f'_+(1)$.（如图4.7所示）

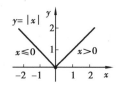

图 4.6 连续但不可导点

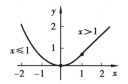

图 4.7 连续且可导点

2）可导条件

由极限的性质知，当且仅当 $f'_-(x_0)=f'_+(x_0)$ 时，存在 $f'(x_0)$.

所以，例 1 中，不存在 $f'(0)$，即 $|x|$ 在 $x=0$ 点不可导.

4.4.2　可导与连续的关系

由例 1 知：$f(x)$ 在点 x_0 连续时未必可导.

定理 4.1　$f(x)$ 在点 x_0 可导，则在点 x_0 连续.

证明：设 $f'(x_0)=q$.

$$因为\quad \lim_{\Delta x \to 0} \frac{f(x_0+\Delta x)-f(x_0)}{\Delta x}=q$$

$$所以\quad \frac{f(x_0+\Delta x)-f(x_0)}{\Delta x}=q+\alpha \quad (\alpha \to 0,(\Delta x \to 0))$$

$$f(x_0+\Delta x)=f(x_0)+(q+\alpha)\Delta x$$

$$\lim_{\Delta x \to 0} f(x_0+\Delta x)=\lim_{\Delta x \to 0}[f(x_0)+(q+\alpha)\Delta x]=f(x_0)$$

即 $f(x)$ 在点 x_0 连续.

定义 4.4　$y=f(x)$ 在 (a,b) 内每一点可导，则称 $f(x)$ 在 (a,b) 内是光滑曲线.

图 4.8 中，函数在 x_1,x_2 连续，但不可导；图 4.9 中，函数在 x_0 连续且可导.

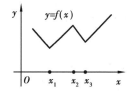

图 4.8　连续曲线（不光滑）

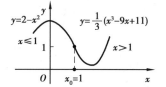

图 4.9　光滑曲线

问题 1　高铁路线只连续，就可以了吗？

4.5 反函数、复合函数求导

4.5.1 反函数的导数

定理 4.2 设函数 $y=f(x)$ 在区间 I 内单调、可导,且 $f'(x)\neq0$,那么,存在反函数 $x=\varphi(y)$,且可导

$$\frac{1}{f'(x)}=\varphi'(y) \tag{4.9}$$

例 1 求指数函数 $y=e^x$ 的导数.

解:因为 指数函数 $y=e^x$ 是 $x=\varphi(y)=\ln y$ 的反函数.

所以 $\dfrac{1}{(e^x)'}=[\ln y]'=\dfrac{1}{y}=\dfrac{1}{e^x}$,即 $[e^x]'=e^x$

函数 $y=e^x$ 具有"求导不变性",即满足:$[f(x)]'=f(x)$.

例 2 求 $[\arcsin x]'$.

解:因为 $y=\arcsin x$ 是 $x=\varphi(y)=\sin y,y\in\left(-\dfrac{\pi}{2},\dfrac{\pi}{2}\right)$ 的反函数.

所以 $\dfrac{1}{[\arcsin x]'}=[\sin y]'=\cos y=\sqrt{1-x^2}$,即 $[\arcsin x]'=\dfrac{1}{\sqrt{1-x^2}}$

练习 1 求导数:(1) $[\arccos x]'$;(2) $[\arctan x]'$.

4.5.2 复合函数的导数

定理 4.3 若函数 $u=g(x)$ 在点 x_0 可导,函数 $y=f(u)$ 在点 $u_0=g(x_0)$ 可导,则复合函数 $y=f(g(x))$ 在点 x_0 可导,且

$$[f(g(x))]'\mid_{x=x_0}=f'(g(x_0))g'(x_0) \tag{4.10}$$

例 3 求 $[\sin x^5]'$.

解:设 $u=g(x)=x^5$,则 $\sin x^5=\sin u$.

所以 $[\sin x^5]'=[\sin u]'[u]'=\cos u[x^5]'=5x^4\cos x^5$

复合函数求导十分普遍,关键是要判明函数的复合关系.

练习 2 求导数.

(1) $[\cos x^5]'$;(2) $[(x^2+\tan x)^3]'$;(3) $\dfrac{d}{du}[x\cos(1-u^2)+x^3]$; (4) $\dfrac{d}{d\theta}3^{7\theta-\sin\theta}$.

4.5.3 基本初等函数求导公式(2)

(13) $[\arcsin x]'=\dfrac{1}{\sqrt{1-x^2}}$; (14) $[\arccos x]'=\dfrac{-1}{\sqrt{1-x^2}}$;

(15) $[\arctan x]'=\dfrac{1}{1+x^2}$; (16) $[\text{arccot } x]'=\dfrac{-1}{1+x^2}$.

其他常用求导公式:

$(17) \left[\sqrt{x} \right]' = \dfrac{1}{2\sqrt{x}};$ 　　　　　　　$(18) \left[\dfrac{1}{x} \right]' = -\dfrac{1}{x^2} = -x^{-2};$

$(19) \left[\sin x^2 \right]' = 2x \cos x^2;$ 　　　　　$(20) \left[\sin^2 x \right]' = \sin 2x;$

$(21) \left[\ln x^2 \right]' = \dfrac{2}{x};$ 　　　　　　　$(22) \left[\ln^2 x \right]' = \dfrac{2}{x} \ln x;$

$(23) \left[x^x \right]' = (1 + \ln x) x^x.$

4.6 隐函数求导法和对数求导法

4.6.1 隐函数

设

$$10x^2 - 2y^3 - 7 = 0 \qquad\qquad (*)$$

在 $(-\infty, +\infty)$ 任取 x,通过方程 $(*)$ 总有唯一的 y 与之对应.所以,$(*)$ 确定一个函数 $y = f(x)$,$x \in (-\infty, +\infty)$.但是,在形式上,这个函数却不是常见的如下形式:

$$y = f(x) = \sqrt[3]{5x^2 - \dfrac{7}{2}}, x \in (-\infty, +\infty) \qquad\qquad (**)$$

令 $F(x, y) = 10x - 2y^3 - 7$,则函数 $y = f(x)$,$x \in (-\infty, +\infty)$ 就"隐藏"在 $F(x, y) \equiv 0$ 当中.

定义 4.5 由 $F(x, y) \equiv 0$ 确定的函数 $y = f(x)$,$x \in D$ 称为隐函数.

不是所有隐函数都可以写成显式,如 $F(x, y) = y + \sin(xy) - 7 \equiv 0$ 就不可以写成 $(**)$ 形式.

4.6.2 隐函数求导法

例 1 设 $10x^2 - 2y^3 - 7 = 0$,求 y'.

解:因为　$10x^2 - 2y^3 - 7 = 0$

所以　$[10x^2 - 2y^3 - 7]' = [0]'$ 　　（两边求导,x 作为自变量）

$20x - 6y^2 y' - 0 = 0$ 　　（y 是 x 的函数!）

$y' = \dfrac{10x}{3y^2}$

例 2 设 $x^3 y^2 + y - \cos y = 0$,求 y'.

解:因为　$x^3 y^2 + y - \cos y = 0$

所以　$[x^3 y^2 + y - \cos y]' = [0]'$

$[x^3 y^2]' + [y]' - [\cos y]' = 0$（把 y 作中介变量,用复合函数求导法）

$$3x^2y^2+x^3(2yy')+y'-(-\sin y)y'=0$$

$$y'=\frac{-3x^2y^2}{1+2x^3y+\sin y}$$

练习1 设 $x^2y+(x+y)^5-6=0$,求 y'.

例3 椭圆 $\dfrac{x^2}{16}+\dfrac{y^2}{9}=1$ 上取定点 $A\left(-2,\dfrac{3\sqrt{3}}{2}\right)$,求切线 AT.

分析:先求切线斜率 k_{AT},再用直线方程的点斜式公式.

解:因为 $\dfrac{x^2}{16}+\dfrac{y^2}{9}=1$

所以 $\left(\dfrac{x^2}{16}+\dfrac{y^2}{9}\right)'=1',\dfrac{2x}{16}+\dfrac{2yy'}{9}=0$

$$y'=-\frac{9x}{16y}$$

所以 $k_{AT}=y'\Big|_{\left(-2,\frac{3\sqrt{3}}{2}\right)}=-\dfrac{9}{16}\dfrac{-2}{\dfrac{3\sqrt{3}}{2}}=\dfrac{\sqrt{3}}{4}$

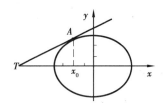

图 4.10 椭圆的切线

切线 $AT:y-\dfrac{3\sqrt{3}}{2}=\dfrac{\sqrt{3}}{4}(x+2)$,即 $y=\dfrac{\sqrt{3}}{4}x+2\sqrt{3}$.

思考1 求椭圆 $\dfrac{x^2}{16}+\dfrac{y^2}{9}=1$ 在 $x_0=-2$ 处的切线.

4.6.3 对数求导法

例4 设 $y=x^{\sin x}$,求导数 y'.

分析:① $x^{\sin x}$ 不是指数函数,也不是幂函数,目前没有对应的求导公式.

② 用什么办法能把 $\sin x$ 从指数位置"移下来"? ——对数!

解:因为 $y=x^{\sin x}$

所以 $\ln y=\sin x\ln x$

$[\ln y]'=[\sin x\ln x]'$ (y 含有 x,是中介变量!)

$\dfrac{1}{y}y'=\cos x\ln x+\sin x\dfrac{1}{x}$

$y'=y\left(\cos x\ln x+\dfrac{\sin x}{x}\right)=\left(\cos x\ln x+\dfrac{\sin x}{x}\right)x^{\sin x}$

练习2 求导数:$(1)\left[x^{-x^5}\right]'$;$(2)\left[(\sin x)^x\right]'$.

例5 设 $y=\sqrt[5]{\dfrac{(8x+1)(x^3-2)}{(x+7)(x^2+1)}}$,求导数 y'.

分析:① 如果直接用幂函数、指数函数、分式函数求导,计算量巨大.

② 用什么办法能把 $\times$、$\div$,开方等运算"降下来"成加减运算? ——对数!

解：因为 $y=\sqrt[5]{\dfrac{(8x+1)(x^3-2)}{(x+7)(x^2+1)}}$

所以 $\ln y=\dfrac{1}{5}\left[\ln(8x+1)+\ln(x^3-2)-\ln(x+7)-\ln(x^2+1)\right]$

$$[\ln y]'=\dfrac{1}{5}\left\{[\ln(8x+1)]'+[\ln(x^3-2)]'-[\ln(x+7)]'-[\ln(x^2+1)]'\right\}$$

$$\dfrac{1}{y}y'=\dfrac{1}{5}\left\{\dfrac{[8x+1]'}{8x+1}+\dfrac{[x^3-2]'}{x^3-2}-\dfrac{[x+7]'}{x+7}-\dfrac{[x^2+1]'}{x^2+1}\right\}$$

$$\dfrac{1}{y}y'=\dfrac{1}{5}\left[\dfrac{8}{8x+1}+\dfrac{3x^2}{x^3-2}-\dfrac{1}{x+7}-\dfrac{2x}{x^2+1}\right]$$

$$y'=\dfrac{1}{5}\left(\dfrac{8}{8x+1}+\dfrac{3x^2}{x^3-2}-\dfrac{1}{x+7}-\dfrac{2x}{x^2+1}\right)\sqrt[5]{\dfrac{(8x+1)(x^3-2)}{(x+7)(x^2+1)}}$$

4.7 高阶导数

4.7.1 高阶导数的概念

$[x^5]'=5x^4$，又 $[5x^4]'=20x^3$，即 $20x^3$ 是 x^5 的"导数的导数".

设路程与时刻函数 $S=S(t)$，$S'(t)=v(t)$（t 时刻的速度），$a(t)=v'(t)=(S'(t))'$. 即 $S(t)$ 的"导数的导数"是 t 时刻的加速度.

定义 4.6 称 $[f'(x)]'$ 为函数 $f(x)$ 的二阶导数，记作 $f''(x)$，$\dfrac{d^2y}{dx^2}$. 即

$$f''(x)=\dfrac{d^2y}{dx^2}=[f'(x)]'=\dfrac{d}{dx}\left(\dfrac{dy}{dx}\right) \tag{4.11}$$

定义 4.7 $f(x)$ 的 $n(n\geq2)$ 阶导数

$$f^{(n)}(x)=\dfrac{d^ny}{dx^n}=[f^{(n-1)}(x)]'=\dfrac{d}{dx}\left(\dfrac{d^{n-1}y}{dx^{n-1}}\right) \tag{4.12}$$

$f(x)$ 在点 x_0 的 $n(n\geq2)$ 阶导数记作 $f^{(n)}(x_0)=\dfrac{d^ny}{dx^n}\Big|_{x=x_0}$；特别地，定义 $f^{(0)}(x)=f(x)$.

4.7.2 高阶导数的算法

例 1 求 $y=x^n$（$n\in\mathbf{Z}_+$）的各阶导数.

解：$y'=[x^n]'=nx^{n-1}$

$y''=[y']'=(nx^{n-1})'=n(n-1)x^{n-2}$

$$\vdots$$

$$y^{(n)} = n(n-1)\cdots \times 3 \times 2 \times 1 = n!$$

$$y^{(n+1)} = y^{(n+2)} = \cdots = 0$$

练习1 求 $[x^3 - 5x^2 + 2]^{(3)}$.

思考1 怎样快速计算：$[x^7 - x^6 - 10x^5 + 7x^4 + 11x^2 - 23]^{(6)}$？

例2 设 $y = \ln x$，求 $\dfrac{\mathrm{d}^2 y}{\mathrm{d}x^2}\Big|_{x=\mathrm{e}}$.

解：因为 $\dfrac{\mathrm{d}y}{\mathrm{d}x} = [\ln x]' = \dfrac{1}{x}$

所以 $\dfrac{\mathrm{d}^2 y}{\mathrm{d}x^2} = \left[\dfrac{\mathrm{d}y}{\mathrm{d}x}\right]' = \left[\dfrac{1}{x}\right]' = -\dfrac{1}{x^2}$

所以 $\dfrac{\mathrm{d}^2 y}{\mathrm{d}x^2}\Big|_{x=\mathrm{e}} = -\dfrac{1}{x^2}\Big|_{x=\mathrm{e}} = -\mathrm{e}^{-2}$

练习2 设 $f(x) = x^3 \cos x$，求 $f''(\pi)$.

思考2 比较 $f^{(3)}(\pi)$ 和 $[f(\pi)]^{(3)}$.

例3 设 $y = x\sqrt{1+2x}$，求 y''.

解：$y' = [x\sqrt{1+2x}]' = \sqrt{1+2x} + \dfrac{x}{\sqrt{1+2x}}$

$$y'' = [y']' = \left[\sqrt{1+2x} + \dfrac{x}{\sqrt{1+2x}}\right]'$$

$$= \dfrac{1}{\sqrt{1+2x}} + \dfrac{1}{\sqrt{1+2x}} - \dfrac{x}{\sqrt{(1+2x)^3}}$$

$$= \dfrac{2+3x}{\sqrt{(1+2x)^3}}$$

例4 求 $y = \mathrm{e}^{3x}$ 的各阶导数.

解：$y' = [\mathrm{e}^{3x}]' = 3\mathrm{e}^{3x}$

$y'' = [y']' = [3\mathrm{e}^{3x}]' = 9\mathrm{e}^{3x}$

$$\vdots$$

$$[\mathrm{e}^{3x}]^{(n)} = 3^n \mathrm{e}^{3x}$$

练习3 求 $y = \sin x$ 的 n 阶导数.

例5 求 $\sin x$ 的各阶导数.

解：$[\sin x]' = \cos x = \sin\left(x + \dfrac{\pi}{2}\right)$

$[\sin x]'' = -\sin x = \sin\left(x + \dfrac{\pi}{2} \times 2\right)$

$[\sin x]^{(3)} = -\cos x = \sin\left(x + \dfrac{\pi}{2} \times 3\right)$

$$\left[\sin x\right]^{(4)} = \sin x = \sin\left(x + \frac{\pi}{2} \times 4\right)$$

一般地

$$\left[\sin x\right]^{(n)} = \sin\left(x + \frac{n\pi}{2}\right) \tag{4.13}$$

同样可得

$$\left[\cos x\right]^{(n)} = \cos\left(x + \frac{n\pi}{2}\right) \tag{4.14}$$

本章要点小结

1.函数增量

（1）函数增量 $\Delta y = f(x_0 + \Delta x) - f(x_0)$ 产生的原因是 Δx.

（2）当起始点 x_0 确定后，Δy 是 Δx 的函数.

2.函数在点 x_0 的导数

（1）$f'(x_0)$ 的定义和 $f'(x_0)$ 的记号.

（2）$f'(x_0)$ 的几何意义：$y = f(x)$ 曲线在点 x_0 的切线斜率；

$f'(x_0)$ 的物理意义：运动方程为 $y = f(x)$ 的物体在时刻 x_0 的瞬时速度.

（3）$f'(x_0)$ 与 $f'(x)$ 的关系.

（4）$f(x)$ 在 x_0 可导与连续的关系.

（5）导数的算法：

①按定义；

②运用四则运算的求导法则；

③复合函数求导法则；

④对数求导法；

⑤隐函数求导法.

注意：记忆一定数量的基本求导公式.

（6）求曲线的切线.

3.高阶导数

二阶导数的物理意义：运动方程 $y = f(x)$ 时，$f''(x_0)$ 是物体在时刻 x_0 的瞬时加速度.

练习 4

1. 设 $y=f(x)=x^2-5x+3$, $x_0=1$.

（1）$\Delta x=0.2$,求 Δy ;

（2）$\Delta x=-0.2$.求 Δy .

2. $y=f(x)=x^3$.

（1）填写下表：

x_0	2	2	2	2	2
Δx	1	0.1	0.01	0.000 1	0.000 001
Δy					
$\dfrac{\Delta y}{\Delta x}$					

（2）指出在 $|\Delta x|$ 减小的过程中, $\dfrac{\Delta y}{\Delta x}$ 的变化趋势.

3. 求导数.

（1）$y=x^{7.3}$;　　　　　　　（2）$y=\dfrac{1}{x^5}$;　　　　　　　（3）$y=3+\mathrm{e}^{-2}$;

（4）$y=5^x$;　　　　　　　　（5）$y=\lg x$;　　　　　　　（6）$y=\arccos x$.

4. 设 $y=\arctan x$,求:（1）y' ;（2）$y'\big|_{x=0}$;（3）$\dfrac{\mathrm{d}y}{\mathrm{d}x}\bigg|_{x=1}$.

5. 说明下列函数在点 $x_0=1$ 是否连续、是否可导?

（1）$f(x)=\begin{cases} x^2 & x\leqslant 1 \\ 3x-2 & x>1 \end{cases}$

（2）$g(x)=\begin{cases} x^2 & x\leqslant 1 \\ 2x-1 & x>1 \end{cases}$

（3）$h(x)=\begin{cases} x^2 & x\leqslant 1 \\ x+\ln x & x>1 \end{cases}$

（4）设 $p(x)=\begin{cases} \sin x & x\leqslant \dfrac{\pi}{4} \\ a+b\cos x & x>\dfrac{\pi}{4} \end{cases}$.求常数 a,b ,使 $p(x)$ 在点 $x_0=\dfrac{\pi}{4}$ 可导（试作图检验）.

6. 求导数.

（1）$y=x^5-3x^2-4x+7$;　　（2）$y=\sqrt{x}+\dfrac{1}{\sqrt{x}}$;　　（3）$f(x)=\arcsin x+\arccos x$;

（4）$y=x^5\cdot 5^x$;　　　　　（5）$y=x\lg x$;　　　　　（6）$f(x)=\cos x(1+\tan x)$;

$(7) y = x^5 (7-x)^2;$ $(8) y = \dfrac{5x+x^2}{7x^3};$ $(9) y = \dfrac{1+x^3}{2+7x^2};$

$(10) y = \dfrac{\arcsin x}{\tan x}.$

7. 切线和速度问题.

(1) 函数 $y = f(x) = x^2 - 3x - 2$ 的图像(曲线)上哪一点的切线平行于直线 $L: y = -5x + 7$?

(2) 求曲线 $y = \cos x$ 在 $M\left(\dfrac{\pi}{3}, \dfrac{1}{2}\right)$ 点的切线.

(3) 物体在 t 秒末总位移是 $S = (1-3t)\sin t$. 求:① t 秒末的瞬时速度 $v(t)$;② $v\left(\dfrac{\pi}{6}\right)$.

8. 求导数.

$(1) y = (1-5x^2)^{13};$ $(2) y = \sqrt{3-5x^2};$ $(3) y = e^{7-3x};$

$(4) y = 3^{7x};$ $(5) y = 5^{3x-2\sqrt{x}};$ $(6) y = \sin(1-3x);$

$(7) y = \sin(\sqrt{x} - 2x);$ $(8) y = \ln(4+5x);$ $(9) y = \ln(\ln x);$

$(10) y = \cos(1+\tan x);$ $(11) f(x) = \arccos 3^x;$ $(12) y = \cos^2(5+3x);$

$(13) f(x) = \ln(\sin x);$ $(14) f(x) = \sin^2(1-3x);$ $(15) y = \operatorname{arccot}\sqrt{x};$

$(16) f(x) = \dfrac{\tan(1+x^2)}{\sin x};$ $(17) f(x) = \dfrac{\sin 2x - \ln^3 x}{x};$ $(18) y = \ln(\sin 3^{\sqrt{5x}}).$

9. 求导数.

$(1) y = x^{3-2x};$ $(2) y = (\sin x)^{3-5x};$

$(3) y = (x + \ln x)^{\sqrt{x}};$ $(4) y = \sqrt[5]{\dfrac{(x+1)(3-x)(7+x)}{x^2+1}}.$

10. 下列方程所确定函数 $y = f(x)$ 的导函数.

$(1) x^2 + y^2 = 9;$ $(2) x - xy + \ln y = 0;$ $(3) \sin y - xe^{2y} = 1.$

11. 求高阶导数.

(1) 求 $\dfrac{d^2}{dx^2}(x^3 - 5x + 13).$

(2) 求 $\dfrac{d^2}{dx^2}\sin^3 x.$

$(3) y = 7^{2-3x},$ 求:① $y^{(5)}$;② $y^{(5)}\big|_{x=1}$;③ $y^{(n)}.$

$(4) f(x) = \ln(1+x),$ 求:① $\dfrac{d^3}{dx^3}f(x)$;② $\dfrac{d^3}{dx^3}f(x)\big|_{x=e-1}$;③ $\dfrac{d^n}{dx^n}f(x).$

(5) 求 $\dfrac{d^n}{dx^n}x^m. (m \in \mathbf{Z}^+)$

第5章 微 分

变量的增量是刻画事物变化的最基本的方式.如何把握变化(即增量)的主要部分? 微分的概念有效地解决了这个问题.

5.1 微分的概念

5.1.1 面积增量

设正方形(原来)边长为 $x_0(\mathrm{cm})$,(原来)面积为 S_0.现在,边长增加 $\Delta x(\mathrm{cm})$,(现在)面积 $S=(x_0+\Delta x)^2$.

由于边长增加了 Δx,产生了面积增量 ΔS,且

$$\Delta S = S - S_0 = (x_0 + \Delta x)^2 - x_0{}^2 \qquad (*)$$

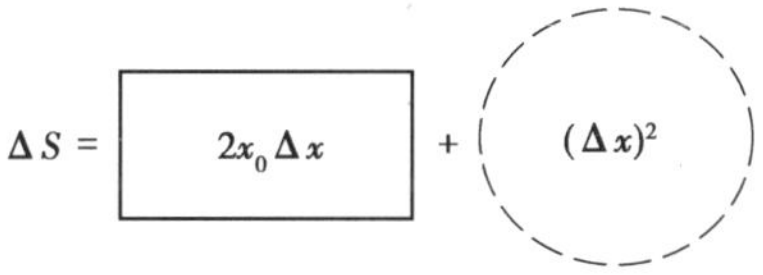

图 5.1　ΔS 的构成

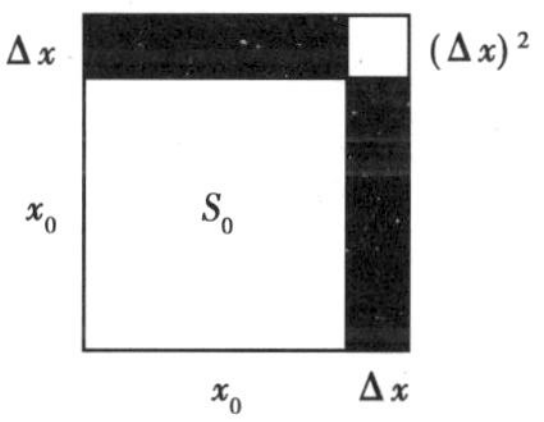

图 5.2　ΔS 的构成

$(*)$的意义:①当 $|\Delta x|$ 较小时,$(\Delta x)^2$ 可以被省略,于是,$\Delta S = S - S_0 \approx 2x_0 \Delta x$.$\Delta S$ 主要部分仅剩下 Δx 的一次项.②一般地,Δx 的一次项较容易计算.

5.1.2 微分的定义

设函数增量

$$\Delta y = f(x_0 + \Delta x) - f(x_0) \qquad (5.1)$$

定义 5.1　若 $\Delta y = A\Delta x + o(\Delta x)$,其中,$A$ 不含 Δx,则称 $A\Delta x$ 为 $y=f(x)$ 在 x_0 点的微分,记 $\mathrm{d}y|_{x=x_0} = A\Delta x$(也称 $f(x)$ 在点 x_0 可微).于是

$$\Delta y = \mathrm{d}y + o(\Delta x) \qquad (5.2)$$

$\mathrm{d}y$ 就是 Δy 的主要部分,且是关于 Δx 的线性部分,又称线性主部.

令 $y=f(x)=x$,因为 $\Delta y=\Delta x+0=1\Delta x+o(\Delta x)$,所以,$\mathrm{d}y=\mathrm{d}x=1\Delta x=\Delta x$,即 $\mathrm{d}x=\Delta x$.微分记号改为

$$\mathrm{d}y\big|_{x=x_0}=A\mathrm{d}x$$

例1 设 $S=x^2$,求 $\mathrm{d}S\big|_{x=x_0}$.

解:因为 $\quad \Delta S=S-S_0=(x_0+\Delta x)^2-x_0{}^2=2x_0\Delta x+(\Delta x)^2$

所以 $\quad \mathrm{d}S\big|_{x=x_0}=2x_0\mathrm{d}x$

练习1 设 $y=f(x)=-x^2+5x-7$,求 $\mathrm{d}y\big|_{x=2}$,并说明 $\mathrm{d}y$ 的意义.

5.1.3 微分公式

定理5.1 $f(x)$ 在点 x_0 可微的充要条件是 $f'(x_0)$ 有意义,微分公式

$$\mathrm{d}y\big|_{x=x_0}=f'(x_0)\mathrm{d}x \tag{5.3}$$

证明:(只证充分性)设 $f'(x_0)$ 有意义.

因为 $\quad f'(x_0)=\lim\limits_{\Delta x\to 0}\dfrac{\Delta y}{\Delta x}$

所以 $\quad \dfrac{\Delta y}{\Delta x}=f'(x_0)+o(\Delta x)\quad$ (依据定理2.12)

$\quad \Delta y=f'(x_0)\Delta x+\Delta x o(\Delta x)$

故 $\quad \mathrm{d}y\big|_{x=x_0}=f'(x_0)\mathrm{d}x$

公式(5.3)给出了微分的算法.

例2 设 $y=x\ln(x+1)-3\sin x-5$,求 $\mathrm{d}y,\mathrm{d}y\big|_{x=0}$.

解:因为 $\quad y'=[x\ln(x+1)-3\sin x-5]'=\ln(x+1)+\dfrac{x}{x+1}-3\cos x+0$

所以 $\quad \mathrm{d}y=y'\mathrm{d}x=\left[\ln(x+1)+\dfrac{x}{x+1}-3\cos x\right]\mathrm{d}x$

$\quad \mathrm{d}y\big|_{x=0}=y'\big|_{x=0}\mathrm{d}x=\left[\ln(0+1)+\dfrac{0}{0+1}-3\cos 0\right]\mathrm{d}x=-3\mathrm{d}x$

练习2 设 $y=x^3-\tan x$,求 $\mathrm{d}y\big|_{x=0},\mathrm{d}y\big|_{x=\pi}$.

思考1 (1)$\mathrm{d}7=[7]'\mathrm{d}x=0$,试说明结果的意义.

(2)$\mathrm{d}(5x^2-17x)\big|_{x=1}=-7\mathrm{d}x$ 是 $\mathrm{d}x$ 的函数吗?

例3 设 $y=\mathrm{e}^{3x}-x^3$,求:$\mathrm{d}y\big|_{x=0},\mathrm{d}y\big|_{\substack{x=0\\\Delta x=-0.5}}$.

解:因为 $\quad y'=[\mathrm{e}^{3x}-x^3]'=3\mathrm{e}^{3x}-3x^2$

所以 $\quad \mathrm{d}y=y'\mathrm{d}x=[3\mathrm{e}^{3x}-3x^2]\big|_{x=0}\mathrm{d}x=3\mathrm{d}x$

$\quad \mathrm{d}y\big|_{\substack{x=0\\\Delta x=-0.5}}=3\mathrm{d}x\big|_{\mathrm{d}x=-0.5}=3\times(-0.5)=-1.5$

即在 $x=0,\Delta x=-0.5$ 时,$\mathrm{d}y=-1.5$.

例4 设 $y=\begin{cases}x\sin\dfrac{1}{x} & x\neq 0\\ 0 & x=0\end{cases}$,求 $\mathrm{d}y$.

解:因为　$x\neq 0$ 时,$y'=\left[x\sin\dfrac{1}{x}\right]'=\sin\dfrac{1}{x}-\dfrac{1}{x}\cos\dfrac{1}{x}$;

$$x=0\ \text{时},y'=\lim_{x\to 0}\frac{f(x)-f(0)}{x-0}=\lim_{x\to 0}\frac{x\sin\dfrac{1}{x}-0}{x-0}=\lim_{x\to 0}\sin\frac{1}{x}\text{不存在}.$$

所以　$\mathrm{d}y=\begin{cases}\left[\sin\dfrac{1}{x}-\dfrac{1}{x}\cos\dfrac{1}{x}\right]\mathrm{d}x & x\neq 0\\ \text{不存在} & x=0\end{cases}$

练习3　(1)求 $\mathrm{d}(e^x\ln x+\sqrt{x})\Big|_{\substack{x=1\\\Delta x=-0.5}}$;(2)设 $y=\begin{cases}x^2\sin\dfrac{1}{x} & x\neq 0\\ 0 & x=0\end{cases}$,求 $\mathrm{d}y$.

5.1.4　微分的几何意义

如图 5.3 所示,$f'(x_0)$,Δy,$\mathrm{d}x$,$\mathrm{d}y$,$o(\Delta x)$ 各个量的几何意义如下:

$\mathrm{d}x=\Delta x=AD$,$\Delta y=BD$,$f'(x_0)=\tan\theta$;

$\mathrm{d}y\big|_{x=x_0}=f'(x_0)\mathrm{d}x=\tan\theta\Delta x=\tan\theta AD=TD$;

$o(\Delta x)=\Delta y-\mathrm{d}y=BD-TD=BT.$

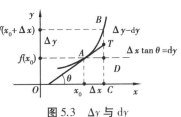

图 5.3　Δy 与 $\mathrm{d}y$

5.2　近似计算

5.2.1　近似公式

当 $|\Delta x|$ 较小时,由式(5.2)得函数增量近似公式,即
$$\Delta y\approx\mathrm{d}y \tag{5.4}$$
由式(5.1)和式(5.4)得末点函数值近似公式,即
$$f(x_0+\Delta x)\approx f(x_0)+\mathrm{d}y \tag{5.5}$$

5.2.2　计算方法

例1　求 $c=\sqrt[5]{32.6}$ 的近似值(保留 4 位小数).

分析:①首先要建立辅助函数 $f(x)$,使 $c=$ 特殊点的函数值;②找到 x_0 和 Δx;③应用公式(5.5).

解:令 $y=f(x)=x^{\frac{1}{5}}$,取 $x_0=32$,则 $\Delta x=\mathrm{d}x=0.6$.

因为　$y'=\left[x^{\frac{1}{5}}\right]'=\dfrac{1}{5}x^{-\frac{4}{5}}$

所以　$\mathrm{d}y\big|_{x=0}=y'\big|_{x_0}\mathrm{d}x=\dfrac{1}{5}x^{-\frac{4}{5}}\big|_{x=32}\mathrm{d}x=\dfrac{1}{80}\mathrm{d}x$

$$c=\sqrt[5]{32.6}=f(x_0+\Delta x)\approx f(x_0)+\mathrm{d}y$$

$$=32^{\frac{1}{5}}+\dfrac{1}{80}\mathrm{d}x=2+\dfrac{1}{80}\times 0.6=2.007\ 5$$

(科学计算器计算 $c=2.007\ 444\ 374\ 6\cdots$ Matlab 计算 $c=2.007\ 444\ 374\ 623\ 44\cdots$)

练习 1　求 $m=\sqrt[3]{7.9}$ 的近似值(保留 4 位小数).

例 2　求 $\cos 59°$(保留 4 位小数).

分析:基本步骤和例 1 相同,只是需将度化成弧度.(平角 $180°=\pi$ 弧度)

解:令 $y=f(x)=\cos x$,取 $x_0=60°=\dfrac{\pi}{3}$,则 $\Delta x=\mathrm{d}x=-1°=-\dfrac{\pi}{180}$.

因为　$y'=[\cos x]'=-\sin x$

所以　$\mathrm{d}y\big|_{x_0}=y'\big|_{x_0}\mathrm{d}x=-\sin x\big|_{\frac{\pi}{3}}=-\dfrac{\sqrt{3}}{2}\mathrm{d}x$

$$\cos 59°=f(x_0+\Delta x)\approx f(x_0)+\mathrm{d}y$$

$$=\cos x_0-\dfrac{\sqrt{3}}{2}\mathrm{d}x=\dfrac{1}{2}-\dfrac{\sqrt{3}}{2}\times\left(-\dfrac{\pi}{180}\right)=0.530\ 2$$

(科学计算器计算 $m=0.515\ 038\ 074\ 9\cdots$ Matlab 计算 $m=0.515\ 038\ 074\ 910\ 054\cdots$)

算法研究:

①若取 $x_0=50°$,结果 $f(x_0)=\cos 50°$ 难算.

②若取 $x_0=90°$,结果 $f(x_0)=\cos 90°$ 容易算了;但是,$|\Delta x|=|\mathrm{d}x|=31°$ 太大了,近似效果很差.

算法——近似计算:取函数 $f(x)$,x_0;①要使 $f(x_0)$ 易于计算;②$|\Delta x|$ 尽量小.

例 3　求证:当 $|x|$ 很小时,$\mathrm{e}^x\approx 1+x$.

证明:令 $y=f(x)=\mathrm{e}^x$,取 $x_0=0$,$\Delta x=x$.

因为　$y'=[\mathrm{e}^x]'=\mathrm{e}^x$

所以　$\mathrm{d}y\big|_{x_0}=y'\big|_{x_0}\mathrm{d}x=\mathrm{e}^x\big|_0\mathrm{d}x=1\mathrm{d}x=\Delta x$

故　$\mathrm{e}^x=\mathrm{e}^{0+x}=f(0+x)\approx f(0)+\mathrm{d}y\big|_{x_0}=\mathrm{e}^0+\Delta x=1+x$

类似地,当 $|x|$ 很小时,$\sin x\approx x$,$\tan x\approx x$,$\ln(1+x)\approx x$,$\sqrt[n]{1+x}\approx 1+\dfrac{x}{n}$.

本章要点小结

1.函数增量

注意理解:函数增量 $\Delta y=f(x_0+\Delta x)-f(x_0)$ 一般都较复杂,需要寻求近似效果好且简洁计算的方法.

2.函数在点 x_0 的微分

(1)微分公式: $\mathrm{d}y\,\big|_{x=x_0}=f'(x_0)\mathrm{d}x$.

(2) $\mathrm{d}y\,\big|_{x=x_0}$ 是 Δy 的线性主部, Δy 的另一部分是 Δx 的高阶无穷小.

3.利用微分公式做近似计算

(1)近似公式:

$$\Delta y \approx \mathrm{d}y \qquad\qquad （函数增量近似公式）$$

$$f(x_0+\Delta x)\approx f(x_0)+\mathrm{d}y \qquad\qquad （末点函数值近似公式）$$

注意理解: $|\Delta x|$ 越小,近似效果越好.

(2)实际计算中:

第一,构造适当函数 $f(x)$;

第二,确定适当的起始点 x_0 ,保证 $f(x_0)$ 易计算,并且 $|\Delta x|$ 尽量小.

练习 5

1. $y=f(x)=x^3$.

(1)填写下表:

x_0	2	2	2	2	2
$y'(x_0)$					
Δx	1	0.1	0.01	0.000 1	0.000 001
Δy					
$y'\Delta x$					

(2)指出在 $|\Delta x|$ 减小的过程中, $y'\Delta x$ 与 Δy 大小关系的变化趋势.

2. $y=\dfrac{2}{1+x}$,求:

(1) y' ; 　　(2) $\mathrm{d}y$; 　　(3) $\mathrm{d}y\,\big|_{x=-2}$; 　　(4) $\mathrm{d}y\,\big|_{\substack{x=-2\\\Delta x=0.5}}$; 　　(5) $\mathrm{d}y\,\big|_{\substack{x=-2\\\Delta x=0.1}}$.

3.求微分.

(1) $y=(2-3x)^5+\cos x-7$; 　　(2) $y=\dfrac{x}{1-x}$; 　　(3) $f(x)=\arctan x+\mathrm{arccot}\,x$;

(4) $y=\sqrt[5]{x}+\dfrac{1}{\sqrt{x}}$; 　　(5) $y=x\ln(\sin x)$; 　　(6) $f(x)=\cos^2 x(1+\tan x)$;

(7) $y = x^{5.3} \cdot 7^{x-2\sqrt{x}}$; (8) $y = \dfrac{x+5 \ \arcsin x}{x^3}$; (9) $y = \dfrac{x^3}{1+3x^2}$.

4.利用微分求近似值.

(1) $a = \cos 31°$; (2) $b = \ln 1.02$; (3) $c = \sqrt[3]{9}$;

(4) $p = e^{0.001}$; (5) $q = \sqrt[5]{99\ 997}$.

5.求证:当 $|h|$ 很小时,下列近似公式成立.

(1) $\ln(1+h) \approx h$; (2) $\dfrac{1}{1+h} \approx 1-h$; (3) $\arctan \theta \approx \theta$.

6.寻找适当的函数填空.(说明:答案不唯一)

(1) $d(\quad) = 7dx$; (2) $d(\quad) = e^x dx$;

(3) $d(\quad) = e^{5x} dx$; (4) $d(\quad) = \sin 3x dx$.

(5) $d(\quad) = (3x^2 - 10x)dx$; (6) $d(\quad) = \dfrac{1}{\sqrt{x}} dx$;

(7) $d(\quad) = \dfrac{1}{1+x} dx$; (8) $d(\quad) = \dfrac{1}{1-3x} dx$;

(9) $d(\quad) = \dfrac{1}{3-x} dx$; (10) $d(\quad) = \sec^2 x dx$;

(11) $d(\quad) = 3^x dx$; (12) $d(\quad) = (1+\ln x)dx$.

第6章　导数的性质和应用

函数 $f(x)$ 的诸多重要性可以由导数 $f'(x)$ 及高阶导数反映出来.通过对 $f'(x)$ 的研究可以深刻地揭示 $f(x)$ 的性质.

本章首先学习三个中值定理,然后研究 $f(x)$ 的性质.

6.1　中值定理

6.1.1　罗尔中值定理

罗尔条件: $y=f(x)$

①$[a,b]$ 上连续;

②(a,b) 内可导;

③$f(a)=f(b)$.

定理 6.1(罗尔定理)　如果 $y=f(x)$ 满足罗尔条件,则存在 $\xi\in(a,b)$ 使

$$f'(\xi)=0 \tag{6.1}$$

证明:因为　$y=f(x)$ 在 $[a,b]$ 上连续.

所以　$y=f(x)$ 在 $[a,b]$ 有最小值 m,最大值 M.

即存在 $c,d\in[a,b]$ 使 $f(c)=m,f(d)=M$.

当 $m=M$ 时,任取 $\xi\in(a,b)$,总有式(6.1)成立.

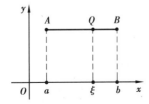

图 6.1　任取 $\xi\in(a,b)$

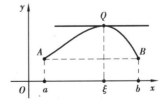

图 6.2　取 $\xi=d$

当 $m<M$ 时,假设 $m\leqslant f(a)=f(b)<M$,则 $a<d<b$.

因为 $f'_{-}(d) = \lim\limits_{\Delta x \to 0^{-}} \dfrac{f(d+\Delta x)-f(d)}{\Delta x} = \lim\limits_{\Delta x \to 0^{-}} \dfrac{f(d+\Delta x)-M}{\Delta x} \geq 0$

$f'_{+}(d) = \lim\limits_{\Delta x \to 0^{+}} \dfrac{f(d+\Delta x)-f(d)}{\Delta x} = \lim\limits_{\Delta x \to 0^{+}} \dfrac{f(d+\Delta x)-M}{\Delta x} \leq 0$

且 $f'_{-}(d) = f'_{+}(d) = f'(d)$

所以 $f'(d) = 0.$ 即取 $\xi = d$ 时式(6.1)成立.

当 $m < M$ 时,假设 $m < f(a) = f(b) \leq M$,取 $\xi = c$,则式(6.1)成立.

罗尔定理的几何意义:函数图像在闭区间连续、开区间光滑,且端点等高,则曲线上必有水平切线.

练习1 设 $f(x) = x^6 - x^2 + 5$,(1)验证 $f(x)$ 在 $[0,1]$ 上满足洛尔条件;(2)求罗尔定理中的 ξ.

6.1.2 拉格朗日中值定理

拉格朗日条件:$y = f(x)$

① $[a,b]$ 上连续;

② (a,b) 内可导.

定理 6.2(拉格朗日中值定理) 如果 $y = f(x)$ 满足拉格朗日条件,则存在 $\xi \in (a,b)$ 使

$$f'(\xi) = \frac{f(b)-f(a)}{b-a} \tag{6.2}$$

分析:①罗尔条件是拉氏条件的特殊化;②尝试用罗尔定理证明拉式定理;③关键是构造一个函数 $F(x)$,满足罗尔条件,又包含 $f(x)$.

证明:令 $F(x) = f(x) - \dfrac{f(b)-f(a)}{b-a}(x-a)$,$x \in [a,b]$.

因为 $F(a) = f(a)$,$F(b) = f(a)$

所以 $F(a) = F(b)$

又因为 $F(x)$ 在 $[a,b]$ 上连续,(a,b) 内可导.

所以 $F(x)$ 在 $[a,b]$ 上满足罗尔条件.

存在 $\xi \in (a,b)$ 使 $F'(\xi) = f'(\xi) - \dfrac{f(b)-f(a)}{b-a} = 0$,即式(6.2)成立.

问题1 怎样找到 $F(x)$?

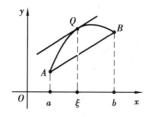

图 6.3 切线//弦 AB

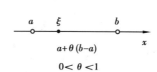

图 6.4 $\xi = a + \theta(b-a)$

1)拉格朗日中值定理的其他形式

设 $\theta=\dfrac{\xi-a}{b-a}$,则

$$\xi = a + \theta(b - a),0 < \theta < 1 \tag{6.3}$$

式(6.2)改写成如下形式:

$$f(b) - f(a) = f'(\xi)(b - a) \tag{6.4}$$
$$f(b) = f(a) + f'(\xi)(b - a) \tag{6.5}$$
$$f(b) - f(a) = f'(a + \theta(b - a))(b - a) \tag{6.6}$$
$$f'(a + \theta(b - a)) = \frac{f(b) - f(a)}{b - a} \tag{6.7}$$

2)拉格朗日中值定理的几何意义

弦 AB 的斜率 $k_{AB}=\dfrac{f(b)-f(a)}{b-a}$,所以,拉格朗日中值定理的几何意义是:若函数在闭区间 $[a,b]$ 上满足拉氏条件,则曲线上必有切线平行于过两端点的弦,如图6.5.

例1　设 $f(x)=x^3-x+0.8,a=0.2,b=1.1$.求满足式(6.2)的 ξ,并用式(6.3)表示.

解:$\dfrac{f(b)-f(a)}{b-a}=\dfrac{(1.1^3-1.1+0.8)-(0.2^3-0.2+0.8)}{1.1-0.2}=0.47$

$f'(x)=3x^2-1$

令 $f'(x)=3x^2-1=0.47$,解得 $x=-0.7$(舍去),0.7.

所以,$\xi=0.7$(如图6.6)

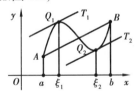

图6.5　$Q_1T_1 // AB // Q_2T_2$

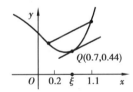

图6.6　切线//弦

因为　　$\theta=\dfrac{\xi-a}{b-a}=\dfrac{5}{9}$

所以　$\xi=a+\theta(b-a)=a+\dfrac{5}{9}(b-a)$

3)拉格朗日中值定理在证明不等式中的应用

算法——证明不等式:构造合适的函数 $y=f(x),x\in D$,将不等式问题转化成函数问题.

例2　求证:不等式 $\dfrac{h}{1+h}<\ln(1+h)<h,(h>0)$.

证明:令 $f(x)=\ln(1+x),x\in[0,h]$.

因为　$f(x)$ 在 $[0,h]$ 上满足拉氏条件.

所以　存在 $\xi\in(0,h)$ 使 $f'(\xi)=\dfrac{\ln(1+h)-\ln(1+0)}{h-0}$.

又因为 $\left[\ln(1+x)\right]'|_{\xi}=\dfrac{1}{1+\xi}$

所以 $\dfrac{1}{1+\xi}=\dfrac{\ln(1+h)-\ln(1+0)}{h-0}=\dfrac{\ln(1+h)}{h},\xi\in(0,h)$

$\ln(1+h)=\dfrac{h}{1+\xi}.$ 又 $\dfrac{h}{1+h}<\dfrac{h}{1+\xi}<\dfrac{h}{1+0}=h$

故 $\dfrac{h}{1+h}<\ln(1+h)<h,(h>0)$

证法的巧妙之处:获得等式 $\ln(1+h)=\dfrac{h}{1+\xi}$,左边是对数,右边不含对数.

思考 1 求证:不等式 $\dfrac{h}{1+h}<\ln(1+h)<h,(-1<h<0)$.

4)推论

推论 1 若函数在开区间 (a,b) 内可导,且导数总为 0,则函数在 (a,b) 内为常值.
证明:设函数为 $f(x)$,任取两点 $x_1,x_2\in(a,b)$(不妨设 $x_1<x_2$).
对 $f(x)$ 在区间 $[x_1,x_2]$ 上应用拉格朗日中值定理,得
$$f(x_1)-f(x_2)=f'(\xi)(x_2-x_1)=0(x_2-x_1)=0,\xi\in(x_1,x_2)$$
即 $f(x)$ 在区间 (a,b) 内任意两点的值总相等.
所以,$f(x)$ 在 (a,b) 内为常量.

推论 2 若 $f'(x)\equiv g'(x),x\in(a,b)$,则 $f(x)=g(x)+C(C$ 为常数$)$.
证明:设 $G(x)=f(x)-g(x),x\in(a,b)$
因为 $f'(x)\equiv g'(x),x\in(a,b)$
所以 $G'(x)=f'(x)-g'(x)\equiv0,x\in(a,b)$
由推论 1 得 $G(x)\equiv C($常数$)$,即 $f(x)=g(x)+C,x\in(a,b)$.

6.1.3 柯西中值定理

罗尔中值定理、拉格朗日中值定理都是关于一个函数的,以下定理却是关于两个函数的.

定理 6.3(柯西定理) 设函数 $f(x)$ 和 $g(x)$ 满足:
①在 $[a,b]$ 上连续;②在 (a,b) 内可导;③$g'(x)\neq0$;④$g(a)\neq g(b)$.
则存在 $\xi\in(a,b)$,使
$$\frac{f'(\xi)}{g'(\xi)}=\frac{f(b)-f(a)}{g(b)-g(a)} \tag{6.8}$$

思考 2 在什么特殊条件下,柯西中值定理就是拉格朗日中值定理了?
罗尔、拉格朗日、柯西中值定理统称为微分中值定理,它们之间是特殊与一般的关系.

6.2 洛必达法则

6.2.1 $\dfrac{0}{0}$、$\dfrac{\infty}{\infty}$型极限

当$\lim\limits_{x \to x_0} f(x) = \lim\limits_{x \to x_0} g(x) = 0$时,把$\lim\limits_{x \to x_0} \dfrac{f(x)}{g(x)}$称为$\dfrac{0}{0}$型.类似地,有$\dfrac{\infty}{\infty}$型.

6.2.2 洛必达法则

定理6.4(洛必达法则) 若函数$f(x)$和$g(x)$满足:

①$\lim\limits_{x \to x_0} f(x) = \lim\limits_{x \to x_0} g(x) = 0$;

②在点x_0附近都可导,且$g'(x) \neq 0$;

③$\lim\limits_{x \to x_0} \dfrac{f'(x)}{g'(x)} = A(A$为有限数或$\infty)$.

则

$$\lim_{x \to x_0} \frac{f(x)}{g(x)} = \lim_{x \to x_0} \frac{f'(x)}{g'(x)} = A \tag{6.9}$$

证明:构造函数$F(x) = \begin{cases} f(x) & x \neq x_0 \\ 0 & x = x_0 \end{cases}$, $G(x) = \begin{cases} g(x) & x \neq x_0 \\ 0 & x = x_0 \end{cases}$.

对$F(x), G(x)$在区间$[x, x_0]$上应用柯西中值定理得

$$\frac{F(x) - F(x_0)}{G(x) - G(x_0)} = \frac{F'(\xi)}{G'(\xi)}, \xi \in (x, x_0), 即 \frac{f(x) - 0}{g(x) - 0} = \frac{f'(\xi)}{g'(\xi)}$$

所以 $\lim\limits_{x \to x_0^-} \dfrac{f(x)}{g(x)} = \lim\limits_{x \to x_0^-} \dfrac{f'(\xi)}{g'(\xi)} = \lim\limits_{\xi \to x_0^-} \dfrac{f'(\xi)}{g'(\xi)} = A$

同理,$\lim\limits_{x \to x_0^+} \dfrac{f(x)}{g(x)} = \lim\limits_{x \to x_0^+} \dfrac{f'(x)}{g'(x)} = A$.所以,$\lim\limits_{x \to x_0} \dfrac{f(x)}{g(x)} = \lim\limits_{x \to x_0} \dfrac{f'(x)}{g'(x)} = A$.

注:①$x \to \infty$的情形,洛必达法则也成立;

②洛必达法则不仅适用于$\dfrac{0}{0}$型,也适用于$\dfrac{\infty}{\infty}$型.

例1 求极限$\lim\limits_{x \to 0} \dfrac{\ln(1+x)}{x}$.

解:$\lim\limits_{x \to 0} \dfrac{\ln(1+x)}{x} \left(\dfrac{0}{0}型 \right)$

$$= \lim_{x \to 0} \frac{[\ln(1+x)]'}{x} = \lim_{x \to 0} \frac{\frac{1}{1+x}}{1} = 1$$

例2 求极限$\lim\limits_{x \to \infty} \dfrac{7x^2 - 13x - 11}{x^2 + 5x}$.

解：$\lim\limits_{x\to\infty}\dfrac{7x^2-13x-11}{x^2+5x}\left(\dfrac{\infty}{\infty}\text{型}\right)$

$=\lim\limits_{x\to\infty}\dfrac{[7x^2-13x-11]'}{[x^2+5x]'}=\lim\limits_{x\to\infty}\dfrac{14x-13}{2x+5}\left(\dfrac{\infty}{\infty}\text{型}\right)$

$=\lim\limits_{x\to\infty}\dfrac{[14x-13]'}{[2x+5]'}=\lim\limits_{x\to\infty}\dfrac{14}{2}=7$

算法——求极限（8）：$\dfrac{0}{0}$ 型、$\dfrac{\infty}{\infty}$ 型，直接用洛必达法则.

练习 1 求极限：（1）$\lim\limits_{x\to0}\dfrac{\sin x}{x}$；（2）$\lim\limits_{x\to+\infty}\dfrac{3^x}{x^3}$.

思考 1 说明下面两个计算的错误.

（1）$\lim\limits_{x\to0}\dfrac{3x-5}{2x+1}=\lim\limits_{x\to0}\dfrac{[3x-5]'}{[2x+1]'}=\lim\limits_{x\to0}\dfrac{3}{2}=\dfrac{3}{2}$

（2）$\lim\limits_{x\to0}\dfrac{\ln(3+x)}{x}=\lim\limits_{x\to0}\left[\dfrac{\ln(3+\dot{x})}{x}\right]'=\lim\limits_{x\to0}\dfrac{\dfrac{1}{3+x}\times x-\ln(3+x)\times1}{x^2}=\infty$

6.2.3 $0\infty,1^\infty,0^0,\infty^0,\infty-\infty$ 型的算法

$0\infty,1^\infty,0^0,\infty^0,\infty-\infty$ 等形式，可以通过恒等变形，转化为 $\dfrac{0}{0},\dfrac{\infty}{\infty}$，再利用洛必达法则.

算法——求极限（9）：$0\infty=\dfrac{0}{\dfrac{1}{\infty}}$ 或 $0\infty=\dfrac{\infty}{\dfrac{1}{0}}$.

例 3 求 $\lim\limits_{x\to0^+}x\ln x$.

分析：尝试 $\lim\limits_{x\to0^+}x\ln x=\lim\limits_{x\to0^+}\dfrac{x}{\dfrac{1}{\ln x}}$ 虽然是 $\dfrac{\infty}{\infty}$ 型，但是 $\lim\limits_{x\to0^+}\dfrac{(x)'}{\left(\dfrac{1}{\ln x}\right)'}=-\lim\limits_{x\to0^+}x\ln^2x$ 更加困难了.

解：$\lim\limits_{x\to0^+}x\ln x=\lim\limits_{x\to0^+}\dfrac{\ln x}{\dfrac{1}{x}}\left(\dfrac{\infty}{\infty}\text{型}\right)$

$=\lim\limits_{x\to0^+}\dfrac{\dfrac{1}{x}}{-\dfrac{1}{x^2}}=\lim\limits_{x\to0^+}(-x)=0$

算法——求极限（10）：$1^\infty,0^0,\infty^0$ 型可以用对数转化，如 $1^\infty=\mathrm{e}^{\ln1^\infty}=\mathrm{e}^{\infty\cdot\ln1}=\mathrm{e}^{\infty\cdot0}$.

例 4 求极限 $\lim\limits_{x\to0}(\cos x)^{\frac{1}{x^2}}$.

解：因为 $\lim\limits_{x\to0}(\cos x)^{\frac{1}{x^2}}=\lim\limits_{x\to0}\mathrm{e}^{\frac{1}{x^2}\cdot\ln(\cos x)}=\mathrm{e}^{\lim\limits_{x\to0}\frac{\ln(\cos x)}{x^2}}\left(\text{指数部分是}\dfrac{0}{0}\text{型}\right)$

其中 $\lim\limits_{x \to 0} \dfrac{\ln(\cos x)}{x^2} = \lim\limits_{x \to 0} \dfrac{[\ln(\cos x)]'}{[x^2]'} = \lim\limits_{x \to 0} \dfrac{\dfrac{1}{\cos x} \times (-\sin x)}{2x} = -\dfrac{1}{2}$

所以 $\lim\limits_{x \to 0} (\cos x)^{\frac{1}{x^2}} = e^{-\frac{1}{2}}$

练习2 设 $\ln y = \dfrac{1}{x^2} \ln \cos x$，求 $\lim\limits_{x \to 0} \ln y$ 和 $\lim\limits_{x \to 0} y$.

算法——求极限(11)：$\infty - \infty$ 型，通分.

例5 求极限 $\lim\limits_{x \to 1}\left(\dfrac{1}{x-1} - \dfrac{1}{\ln x}\right)$.

解： $\lim\limits_{x \to 1}\left(\dfrac{1}{x-1} - \dfrac{1}{\ln x}\right)$ （$\infty - \infty$ 型）

$= \lim\limits_{x \to 1} \dfrac{\ln x - x + 1}{(x-1)\ln x}$ （$\dfrac{0}{0}$ 型）

$= \lim\limits_{x \to 1} \dfrac{[\ln x - x + 1]'}{[(x-1)\ln x]'} = \lim\limits_{x \to 1} \dfrac{\dfrac{1}{x} - 1}{\ln x + \dfrac{x-1}{x}} = \lim\limits_{x \to 1} \dfrac{1-x}{x \ln x + x - 1}$ （$\dfrac{0}{0}$ 型）

$= \lim\limits_{x \to 1} \dfrac{-1}{\ln x + 2} = -\dfrac{1}{2}$

6.3 函数的单调区间、极值和最值

6.3.1 确定函数单调区间

直接用单调性的定义证明函数在区间内单增(减)，一般不容易(参见1.4例).

观察单增(减)函数图像的切线变化，可以发现某些规律.

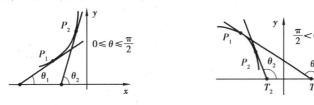

图6.7 单增与切线倾角　　　图6.8 单减与切线倾角

定理6.5 设函数 $f(x)$ 在区间 I 内可导，则 $f(x)$ 在 I 上单增的充要条件是：$f'(x) \geqslant 0, x \in I$；$f(x)$ 在 I 内单减的充要条件是：$f'(x) \leqslant 0, x \in I$.

证明：(只证明单增区间)(必要性)设函数 $f(x)$ 在区间 I 内单增，任取一点 $x_0 \in I$.

因为　当 $x \neq x_0$ 时，$f(x)-f(x_0)$ 与 $x-x_0$ 总同号.

所以　$\dfrac{f(x)-f(x_0)}{x-x_0}>0$

故　由函数极限保号性知 $f'(x_0)=\lim\limits_{x \to x_0}\dfrac{f(x)-f(x_0)}{x-x_0} \geq 0.$

（充分性）设 $f(x) \geq 0, x \in I$. 任取 $x_1,x_2 \in I$ 且 $x_1<x_2$. 在区间 $[x_1,x_2]$ 上应用拉格朗日中值定理得 $f(x_2)-f(x_1)=f'(\xi)(x_2-x_1), \xi \in (x_1,x_2).$

因为　$f'(\xi) \geq 0, (x_2-x_1)>0$

所以　$f(x_2)-f(x_1) \geq 0$，即 $f(x)$ 在区间 I 上单增.

定义 6.1　若 $f'(x_0)=0$，则称 x_0 是 $f(x)$ 的**驻点**.

可导函数单增区间的标志是 $f'(x) \geq 0$，单减区间的标志 $f'(x) \leq 0$. 二者的分界点 x_0 必定 $f'(x_0)=0(f'(x_0)$ 存在时). 即对可导函数，单增区间、单间区间的分界点 x_0 必为驻点.

例 1　求 $f(x)=3x^5-5x^3$ 的单调区间.

解：$f'(x)=15x^4-15x^2=15x^2(x+1)(x-1), x \in (-\infty,+\infty)$

令 $f'(x)=0$，即 $15x^2(x+1)(x-1)=0.$

解得（驻点）$x_1=-1, x_2=0, x_3=1.$

列表检验：

x	$(-\infty,-1)$	-1	$(-1,0)$	0	$(0,1)$	1	$(1,+\infty)$
y'	+	0	−	0	−	0	+
y	↑		↓		↓		↑

所以，$f(x)$ 的单增区间是 $(-\infty,-1)$ 和 $(1,+\infty)$；单减区间是 $(-1,1)$.

算法——求单调区间：

①求 $f(x)$ 的定义域 D；

②求 $f'(x)$；

③求不可导点；

④求解方程 $f'(x)=0$，得 $f(x)$ 的驻点；

⑤用不可导点、驻点将 D 分成小区间；

⑥列表检验.

6.3.2　利用单调性证明不等式

模型　$f(x)$ 在 $[a,b]$ 单增，则 $f(x)>f(a), x \in (a,b)$；$f(x)$ 在 $[a,b]$ 单减，则 $f(x)<f(a)$，$x \in (a,b)$.

例 2　求证：$e^x>1+x, x \neq 0.$

分析：①为了将不等式问题化成函数问题，先构造函数；②运用适当的模型.

证明：令 $f(x)=e^x-x-1$，则 $f'(x)=e^x-1, x \in (-\infty,+\infty).$

因为　$f'(x) \leqslant 0, x \in (-\infty, 0]$.

所以　$f(x)$ 在 $(-\infty, 0]$ 内单减.

$\qquad f(x) > f(0) = 0, x \in (0, +\infty)$

即　$\quad e^x - x - 1 > 0, x \in (-\infty, 0)$

$\qquad e^x > 1 + x, x \in (-\infty, 0)$

同样可证　$e^x > 1 + x, x \in (0, +\infty)$

故　$e^x > 1 + x, x \neq 0$

6.3.3　利用单调性证明根的唯一性

模型　若函数 $f(x)$ 在 (a, b) 内单调,则 $f(x) = 0$ 在 (a, b) 内最多只有一个根.

例3　求证:$x^3 + 7x^2 - 5 = 0$ 有唯一正根.

分析:①为了将根的问题化成函数问题,先构造函数;②研究函数单调性.

证明:令 $f(x) = x^3 + 7x^2 - 5, x \in [0, +\infty)$

因为　$f(0) = -5 < 0, f(1) = 3 > 0, f(x)$ 在 $[0, 1]$ 上连续.

所以　由根的存在定理知 $f(x) = 0$ 在 $(0, 1)$ 内必有根,即必有正根.

因为　$f'(x) = 3x^2 + 14x > 0, x \in (0, +\infty)$

所以　$f(x)$ 在 $(0, +\infty)$ 内单增,$f(x) = 0$ 在 $(0, +\infty)$ 内至多只有一个根.

故　$f(x) = 0$ 有唯一的正根.

6.4　函数的极值和最值

6.4.1　函数极值

定义6.2　如果 x_0 附近任意 x 都满足 $f(x) < f(x_0)$,则称 x_0 是 $f(x)$ 的一个**极大点**,$f(x_0)$ 是 $f(x)$ 的一个**极大值**;如果 x_0 附近任意 x 都满足 $f(x) > f(x_0)$,则称 x_0 是 $f(x)$ 的一个**极小点**,$f(x_0)$ 是 $f(x)$ 的一个**极小值**.

对连续函数,极点必出现在单增区间、单减区间的分界点.

于是,有如下定理:

定理6.6(极点的必要条件)　x_0 是 $f(x)$ 的极点,则 $f'(x_0) = 0$ 或者不存在 $f'(x_0)$.

证明:(只证极大点)设 x_0 是 $f(x)$ 的极点,且存在 $f'(x_0)$.

因为　x 在 x_0 的附近时,$f(x) - f(x_0) > 0$.

所以　$f'_+(x_0) = \lim\limits_{x \to x_0^+} \dfrac{f(x) - f(x_0)}{x - x_0} \geqslant 0, f'_-(x_0) = \lim\limits_{x \to x_0^-} \dfrac{f(x) - f(x_0)}{x - x_0} \leqslant 0$

又因为　$f'(x_0) = f'_+(x_0) = f'_-(x_0)$

所以 $f'(x_0) = 0$

若不存在 $f'(x_0)$,则定理已成立.

定理 6.6 可以表述为:极点仅出现在驻点和不可导点上.各种情形可参见图 3.1 至图 3.6.

那么,若已知 x_0 是驻点,怎样判别它是否为极点呢?

定理 6.7 设 $f(x)$ 在 x_0 点连续,$f(x)$ 在 x_0 附近可导,

若 $f'(x) > 0 (x < x_0)$ 且 $f'(x) < 0 (x > x_0)$,则 x_0 是极大点;

若 $f'(x) < 0 (x < x_0)$ 且 $f'(x) > 0 (x > x_0)$,则 x_0 是极小点;

若 $f'(x)$ 在 x_0 附近两侧同号,则 x_0 不是极点.

上述定理告诉我们:利用导数正负与函数增减性之间的关联性,可以判定极点.

例 1 求函数 $f(x) = (x-5)^2 x^3$ 的极值.

分析:①$f(x)$ 处处可导,所以,极点必是驻点;②先求出所有驻点,再逐一判定.

解:$f'(x) = 2x^3(x-5) + 3x^2(x-5)^2 = x^2(x-3)(x-5)$,$x \in (-\infty, +\infty)$.

令 $f'(x) = 0$,解得 $f(x)$ 驻点:$0,3,5$.

列表检验:

x	$(-\infty, 0)$	0	$(0,3)$	3	$(3,5)$	5	$(5,+\infty)$
y'	$+$	0	$+$	0	$-$	0	$+$
y	↑	75	↑	108(极大)	↓	0(极小)	↑

$x = 3$ 是 $f(x)$ 的极大点,极大值 $f(3) = 108$;$x = 5$ 是 $f(x)$ 的极小点,极小值 $f(5) = 0$.

以下定理提供一个更为简便的方法,但是,要求函数 $f(x)$ 二阶可导.

定理 6.8 设 x_0 是 $f(x)$ 的驻点,则 x_0 $\begin{cases} \text{极大点},f''(x_0) < 0 \text{ 时} \\ \text{极小点},f''(x_0) > 0 \text{ 时} \\ \text{需要讨论},f''(x_0) = 0 \text{ 时} \end{cases}$.

对于例 1.已得 $f(x)$ 驻点:$0,3,5$.

$$f''(x) = [f'(x)]' = [5x^4 - 40x^3 + 75x^2]' = 20x^3 - 120x^2 + 150x$$

列表研究驻点处二阶导数符号:

x	0	3	5
y'	0	0	0
y''	0	-90	$+250$
y	需讨论	108(极大)	0(极小)

定理 6.8 对于判定"$f''(x_0) = 0$ 这类驻点 x_0 是否为极点?"是无效的.

6.4.2 函数最值

定义 6.3 如果对任意 $x \in D$ 总有 $f(x) \leqslant f(x_0)$,则称 $f(x_0)$ 是 $f(x)$ 的**最大值**,x_0 是 $f(x)$

的一个**最大点**;类似的有**最小值**、**最小点**.

最大点可能在极大点、边界点上;最小点可能在极小点、边界点上.所以,最点可能出现在驻点、不可导点、端点上.

算法——求最值:

①求 $f(x)$ 的定义域 D;

②求 $f'(x)$;

③求不可导点:$u_1, u_2, \cdots, u_s$;

④求解方程 $f'(x)=0$,得 $f(x)$ 的驻点 $z_1, z_2, \cdots, z_t$;

⑤计算 $f(u_1), f(u_2), \cdots, f(u_s)$ 和 $f(z_1), f(z_2), \cdots, f(z_t); f(a), f(b)$.

⑥比较,获得最值和最点.

例2　求 $f(x)=-x^4+2x^3$ 在区间 $[-1, 2]$ 上的最大值、最小值.

解: $f'(x)=-4x^3+6x^2=-4x^2(x-1.5)$, $x \in [-1, 2]$

令 $f'(x)=0$,解得 $x=0, 1.5$.即 $f(x)$ 的驻点是 $0, 1.5$.

列表检验:

x	-1	2	0	1.5
y	-3	0	0	$\dfrac{27}{16}$
性质	最小			最大

$$f_{\max}=f(1.5)=\frac{27}{16}, f_{\min}=f(-1)=-3$$

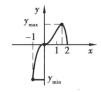

图 6.9　**最点在端点、极点**

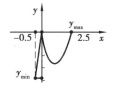

图 6.10　**最点在端点、不可导点**

例3　求 $y=(2x-5)\sqrt[3]{x^2}$ 在区间 $\left[-\dfrac{1}{2}, \dfrac{5}{2}\right]$ 上的最大值、最小值.

解: $y'=\dfrac{10}{3}x^{\frac{2}{3}}-\dfrac{10}{3}x^{-\frac{1}{3}}=\dfrac{10}{3}\dfrac{x-1}{\sqrt[3]{x}}$, $x \in \left[-\dfrac{1}{2}, 0\right) \cup \left(0, \dfrac{5}{2}\right]$

令 $y'=0$,解得 $x=1$.所以驻点:1.

列表检验:

x	$-\dfrac{1}{2}$	$\dfrac{5}{2}$	0	1
y	$-3\sqrt[3]{2}$	0	0	-3
性质	最小	最大	最大	×

$$y_{\max} = f(0) = 0, y_{\min} = f\left(-\frac{1}{2}\right) = -3\sqrt[3]{2}$$

最大值与极大值的比较:①极大值只表示点 x_0 附近 $f(x)$ 与 $f(x_0)$ 的比较关系,最大值是指定区间内所有点的函数值与 $f(x_0)$ 的比较关系.②最大值只有一个,最大点可以有多个(如例3);极大值可以有多个(如 $y = \sin x$).③极大值可能成为最大值(如例2).

6.5 凹凸区间、拐点

观察函数 $f_1(x), f_2(x)$ 的图像图 6.11,图 6.12 会发现:①两个都是增函数;②增加的方式不一样.

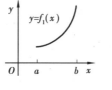

图 6.11 函数凹增

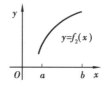

图 6.12 函数凸增

6.5.1 凹凸区间、拐点

定义 6.4 任取 $x_1, x_2 \in (a, b)$,若总有 $f\left(\dfrac{x_1 + x_2}{2}\right) < \dfrac{f(x_1) + f(x_2)}{2}$,则称 $f(x)$ 在 (a, b) 内是凹的, (a, b) 是 $f(x)$ 的**凹区间**;若总有 $f\left(\dfrac{x_1 + x_2}{2}\right) > \dfrac{f(x_1) + f(x_2)}{2}$,则称 $f(x)$ 在 (a, b) 内是凸的, (a, b) 是 $f(x)$ 的凸区间.

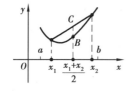

图 6.13 凹曲线

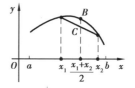

图 6.14 凸曲线

定义 6.5 若 $(a, x_0), (x_0, b)$ 分别是 $f(x)$ 的凹区间、凸区间,则称 $(x_0, f(x_0))$ 为**拐点**.

6.5.2 判定凹凸区间、拐点

判定凹区间、凸区间,可以应用定义,也可以依据图像.

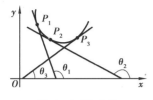

图 6.15　凹曲线

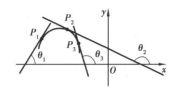

图 6.16　凸曲线

研究切线斜率变化规律,得到如下定理:

定理 6.9　任取 $x \in (a, b)$,若总有 $f''(x) < 0$,则 $f(x)$ 在 (a, b) 内是凸的;若总有 $f''(x) > 0$,则 $f(x)$ 在 (a, b) 内是凹的.

若函数在拐点 $(x_0, f(x_0))$ 处有二阶导数,则 $f''(x_0) = 0$.

所以,对处处二阶可导的函数,求凹凸区间的方法是:先求 $f''(x) = 0$ 的根,再划分区间,讨论 $f''(x)$ 的符号.

例 1　求 $f(x) = -x^4 + 2x^3$ 的凹凸区间.

解:$f'(x) = -4x^3 + 6x^2, x \in (-\infty, +\infty)$

$\quad\quad f''(x) = -12x^2 + 12x = -12x(x-1), x \in (-\infty, +\infty)$

$\quad\quad$ 令 $f''(x) = 0$,解得 $x = 0, 1$.

$\quad\quad$ 列表检验:

x	$(-\infty, 0)$	0	$(0, 1)$	1	$(1, +\infty)$
y''	$-$	0	$+$	0	$-$
y	凸	0	凹	1	凸

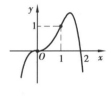

图 6.17　拐点

$f(x)$ 的凹区间是 $(0, 1)$,凸区间是 $(-\infty, 0), (1, +\infty)$,拐点是 $K_1(0, 0), K_2(1, 1)$.

6.6　作函数图像

6.6.1　渐近线

在 $x \to +\infty$ 的过程中,直线 $y = 0$ 与曲线 $y = \dfrac{1}{x^2}$ 无限接近,但又永远不相交.我们把这样的直线称为函数的**渐近线**.渐近线的计算方法如下:

①水平渐近线:若 $\lim\limits_{x \to \infty} f(x) = b$,则直线 $y = b$ 为函数 $f(x)$ 水平渐近线.

②铅直渐近线:若 $\lim\limits_{x \to a} f(x) = \infty$,则直线 $x = a$ 为函数 $f(x)$ 铅直渐近线.

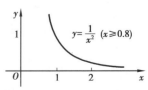

图 6.18　水平渐近线

③斜渐近线:若 $\lim\limits_{x \to \infty} \dfrac{f(x)}{x} = k(\neq 0)$,$\lim\limits_{x \to \infty}[f(x) - kx] = b$,则直线 $y = kx + b$ 为函数 $f(x)$ 的斜渐近线.

例 1 因为 $\lim\limits_{x \to +\infty}[1 + 2^{-x}] = 1$

所以 $y = 1$ 为函数 $y = 1 + 2^{-x}$ 的水平渐近线.

例 2 因为 $\lim\limits_{x \to \frac{\pi}{2}} \tan x = \infty$

所以 $x = \dfrac{\pi}{2}$ 为函数 $y = \tan x$ 的铅直渐近线(如图 6.19).

例 3 求 $y = f(x) = \dfrac{x}{3} + \dfrac{1}{x-2} + 1$,$x \in (2, +\infty)$ 的渐近线.

解:因为 $\lim\limits_{x \to +\infty} f(x) = \lim\limits_{x \to +\infty}\left[\dfrac{x}{3} + \dfrac{1}{x-2} + 1\right] = \infty$

所以 $y = f(x)$ 没有水平渐近线.

因为 $\lim\limits_{x \to 2^+} f(x) = \lim\limits_{x \to 2^+}\left[\dfrac{x}{3} + \dfrac{1}{x-2} + 1\right] = \infty$

所以 $x = 2$ 是 $y = f(x)$ 的铅直渐近线.

因为 $\lim\limits_{x \to +\infty} \dfrac{f(x)}{x} = \lim\limits_{x \to +\infty} \dfrac{1}{x}\left[\dfrac{x}{3} + \dfrac{1}{x-2} + 1\right] = \dfrac{1}{3}$

$$\lim\limits_{x \to +\infty}[f(x) - kx] = \lim\limits_{x \to +\infty}\left[\dfrac{x}{3} + \dfrac{1}{x-2} + 1 - \dfrac{1}{3}x\right] = 1.$$

所以 $y = \dfrac{1}{3}x + 1$ 是 $y = f(x)$ 的斜渐近线(如图 6.20).

图 6.19　铅直渐近线

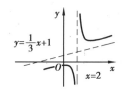

图 6.20　渐近线

练习 1　(1)求 $y = \dfrac{1}{x}$ 的渐近线.

(2)试说明 $y = x^2$ 没有渐近线.

6.6.2　作函数图像

作函数图像是研究函数的重要方法之一.

作函数图像的基本步骤:

①求 $f(x)$ 的定义域 D;

②求 $f'(x)$,求 $f''(x)$;

③求一阶、二阶不可导点;

④解方程 $f'(x) = 0$,得 $f(x)$ 的驻点;

⑤解方程 $f''(x)=0$;

⑥列表判定单调区间、凸凹区间、极点、拐点;

⑦计算特殊点函数值:不可导点、驻点、拐点等;

⑧求渐近线;

⑨描点、连线.

例4 作 $y=f(x)=\dfrac{2x^2}{3(1+x)^2}$ 的图像.

解: $D=(-\infty,-1)\cup(-1,+\infty)$

$$f'(x)=\frac{4x^3(1+x)^2-2x^2 6(1+x)}{9(1+x)^4}=\frac{4}{3}\cdot\frac{x}{(1+x)^3},(x\neq-1)$$

$$f''(x)=\left[\frac{4}{3}\cdot\frac{x}{(1+x)^3}\right]'=\frac{4}{3}\cdot\frac{1-2x}{(1+x)^4},(x\neq-1)$$

令 $f'(x)=0$,解得 $x_1=0$.

令 $f''(x)=0$,解得 $x_2=\dfrac{1}{2}$.

列表判定单调区间、凸凹区间、极点、拐点:

x	$(-\infty,-1)$	-1	$(-1,+\infty)$	0	$(0,0.5)$	0.5	$(0.5,+\infty)$
y'	+	×	−	0	+		+
y''	+	×	+		+	0	−
y	凹↑	×	凹↓	极小	凹↑	拐点	凸↑

因为 $\lim\limits_{x\to\infty}f(x)=\lim\limits_{x\to\infty}\dfrac{2x^2}{3(1+x)^2}=\dfrac{2}{3}$

所以 $y=\dfrac{2}{3}$ 为函数 $y=f(x)$ 的水平渐近线.

因为 $\lim\limits_{x\to-1}f(x)=\lim\limits_{x\to-1}\dfrac{2x^2}{3(1+x)^2}=\infty$

所以 $x=-1$ 为函数 $y=f(x)$ 的铅直渐近线.

因为 $\lim\limits_{x\to\infty}\dfrac{f(x)}{x}=\lim\limits_{x\to\infty}\dfrac{2x}{3(1+x)^2}=0$

所以 $y=f(x)$ 没有斜渐近线.

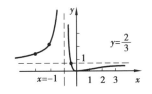

图6.21 作函数图像

计算特殊点 $f(-3)=\dfrac{3}{2}$,$f(-2)=\dfrac{8}{3}$,$f\left(-\dfrac{1}{2}\right)=\dfrac{2}{3}$,$f(0)=0$,$f\left(\dfrac{1}{2}\right)=\dfrac{2}{27}$,$f(1)=\dfrac{1}{6}$.

描点连线,如图6.21所示.

6.7 导数在经济学中的应用

导数是经济学的重要工具,在经济分析中应用广泛。本章主要介绍边际函数、函数的弹性.

6.7.1 成本、收益和利润函数

成本函数 $C(x)$,表示生产 x 单位产品时的总成本,或者生产到 x 时刻的总成本.总成本等于固定成本与变动成本之和,即

$$C(x) = C_0 + C_1(x) \tag{6.10}$$

收益函数

$$R(x) = px \quad (销量 x,单价 p)$$

利润函数

$$L(x) = R(x) - C(x) \tag{6.11}$$

平均成本

$$AC(x) = \frac{C(x)}{x}(= \overline{C}) \tag{6.12}$$

例1 设某产品的成本函数 $C(x) = 19.5 + 13\sqrt{x}$(万元/ t).销售价 $p = 6.5$(万元/ t),且全部售出,则

$$C_0 = C(0) = 19.5$$
$$R(x) = px = 6.5x$$
$$L(x) = R(x) - C(x) = 6.5x - 13\sqrt{x} - 19.5$$
$$\overline{C} = \frac{C(x)}{x} = \frac{19.5}{x} + \frac{13}{\sqrt{x}}$$

6.7.2 边际函数

依据近似公式 $\Delta C \approx \mathrm{d}C = C'(x)\mathrm{d}x$,当生产了 x 单位产品时,再多生产一个单位产品($\mathrm{d}x = 1$),成本增加 $\Delta C \approx C'(x)$;若少生产一个单位产品($\mathrm{d}x = -1$),成本减少 $\Delta C \approx C'(x)$.将 $C'(x)$ 称为边际成本,记作

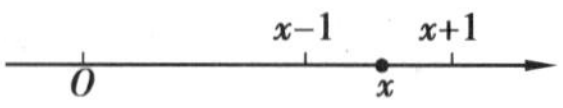

图 6.22

$$MC(x) = C'(x) \tag{6.13}$$

同样, $R'(x)$ 称为边际收益,记作

$$MR(x) = R'(x) \tag{6.14}$$

$L'(x)$ 称为边际利润,记作

$$ML(x) = L'(x) \tag{6.15}$$

例2 在例1中,(1)求 $MC(x)$, $MR(x)$, $ML(x)$;(2)求 $AC(25)$, $MC(25)$.

解:(1)$MC(x)=C'(x)=\left[19.5+13\sqrt{x}\right]'=\dfrac{13}{2\sqrt{x}}$(万元/t).

$MR(x)=R'(x)=\left[px\right]'=p=6.5$(万元/t).

$ML(x)=L'(x)=\left[R(x)-C(x)\right]'=R'(x)-C'(x)=6.5-\dfrac{13}{2\sqrt{x}}$(万元/t).

(2)$AC(25)=\dfrac{19.5}{25}+\dfrac{13}{\sqrt{25}}=3.38$(万元/t).

$MC(25)=\dfrac{13}{2\sqrt{25}}=1.3$(万元/t).

$AC(25)=3.38$ 的实际意义是:前 25 t 产品的平均成本是 3.38 万元/t.

$MC(25)=1.3$ 的实际意义是:当生产了 25 t 时,再多生产 1 t(或少生产 1 t)成本将增加(或减少)1.3 万元,即第 25 t 和第 26 t 的成本(约为)1.3 万元.

例3 求证:平均成本函数 $AC(x)$ 的驻点是方程 $MC(x)=AC(x)$ 的解.

分析:若能证明方程 $\left[AC(x)\right]'=0$ 等价于方程 $C'(x)=AC(x)$,则结论成立.

证明:因为 $\left[AC(x)\right]'=\left[\dfrac{C(x)}{x}\right]'=\dfrac{C'(x)x-C(x)}{x}=C'(x)-\dfrac{C(x)}{x}=C'(x)-AC(x)$

所以 $\left[AC(x)\right]'=0$ 等价于 $C'(x)=AC(x)$.

6.7.3 函数的弹性

某型号洗衣机销量 y(台)与价格 x(千元)的函数关系:$y=f(x)$.原价 $x_0=5$ 时,销量 $y_0=12\ 000$ 台.现价 $x=4.2$.由于价格变化 $\Delta x=-800$ 元,销量改变 $\Delta y=+1\ 600$ 台.

某型号汽车销量 q(辆)与价格 p(万元)的函数关系:$q=g(p)$.原价 $p_0=24$ 时,销量 $q_0=3\ 200$ 台.现价 $x=23$.由于价格变化 $\Delta p=-1$ 万元,销量改变 $\Delta q=+120$.

问题:洗衣机销量 $f(x)$、汽车销量 $g(p)$ 哪一个对价格变化的反映更灵敏?

如果简单地看,x 减少量(800 元)比 p 减少量(1 万元)小很多,但是,产生的效果 Δy($=+3\ 000$ 台)比 Δq($=+120$ 辆)大得多.似乎 $f(x)$ 比 $g(p)$ 对价格变化的反映更灵敏.

认原价格、原销量为参照,分析价格变化与销量变化之间的关系:洗衣机降价幅度 $K_x=\dfrac{\Delta x}{x}=16.00\%$,销量增幅 $K_q=\dfrac{\Delta y}{y}=13.33\%$.价格 x 每降 1%,销量 y 增长 $\dfrac{K_y}{K_x}=0.83$.

汽车降价幅度 $K_p=\dfrac{\Delta p}{p}=4.17\%$,销量增幅 $K_q=\dfrac{\Delta q}{q}=3.75\%$.价格 p 每降 1%,销量 q 增长 $\dfrac{K_q}{K_p}=0.90$.所以,汽车销量对价格变化反应更加灵敏.

下列公式很好地刻画了函数 y 变化对自变量 x 变化反应的灵敏程度:

$$\frac{K_y}{K_x}=\frac{\dfrac{\Delta y}{y}}{\dfrac{\Delta x}{x}}=\frac{x}{y}\cdot\frac{\Delta y}{\Delta x}$$

定义 6.6 $\eta = \lim\limits_{\Delta x \to 0} \dfrac{x}{y} \cdot \dfrac{\Delta y}{\Delta x} = \dfrac{x}{y} \cdot y'$ 称为函数的**弹性**.

弹性计算公式:

$$\eta = \frac{x}{y} \cdot y' = x[\ln y]' \tag{6.16}$$

例 4 设某商品的需求量 Q 与价格 p 的函数关系是 $Q = f(p) = \dfrac{1\,600}{4^p}$.

(1)求该商品的需求弹性 $\eta(p)$.

(2)求 $p = 10$ 时,价格增加 1%,需求量的增幅.

解:(1)$\eta(p) = p[\ln Q]' = p\left[\ln \dfrac{1\,600}{4^p}\right]' = p[\ln 1\,600 - p\ln 4]' = -2p\ln 2 \approx -1.39\,p$

(2)$\eta(10) \approx -1.39 \times 10 = -13.9$

即价格达到 10 元时,再增长 1%,需求量将会减少 13.9%.

函数的弹性与边际值之间,相同的是:设自变量增加(或减少)一定数量,考察函数的增减状况;不同的是:函数的边际值是一个绝对量,函数的弹性是两个相对量的对比(仍是相对量).

思考 1 导数、弹性都刻画函数对自变量变化的灵敏程度,二者有什么不同? (以 $f(x) = x^3$,$g(x) = e^x$,$x_0 = 3$ 为例).

6.7.4 最大利润问题

例 5 设销量为 x(m)时的单价是 $p(x) = 10 - 0.01x$(百元/m),总成本为 $C(x) = 4x + 100$(百元).一批的产量是多少时利润最大? 求最大利润.

解:因为 $R(x) = px = 10x - 0.01x^2$

所以 $L(x) = R(x) - C(x) = -0.01x^2 + 6x - 100 \quad x \in [0, +\infty)$

$L'(x) = -0.02x + 6$

令 $L'(x) = 0$,得 $x_0 = 300$($L(x)$ 的唯一驻点).

因为 $L''(x_0) = -0.02 < 0$

所以 $x_0 = 300$ 是 $L(x)$ 的最大点.

$L_{\max} = L(300) = 800$

即一批的产量达到 300 m 时,总利润达到最大,即 80 000 元.

算法——求最值:实际问题中求最值,若函数若只有一个驻点,且是极大点,则是最大点;若只有一个驻点,且是极小点,则是最小点.

本章要点小结

1.罗尔(Rolle)中值定理

注意理解:(1)罗尔条件(三条);(2)结论的几何意义.

2.拉格朗日(Lagrange)中值定理

注意理解:(1)拉格朗日条件(两条);(2)结论的几何意义;(3)ξ 的表示方法;(4)等式的多种写法和相对应的意义;(5)拉氏定理在证明不等式中的应用.

3.洛必达法则

(1) $\dfrac{0}{0}$ 型、$\dfrac{\infty}{\infty}$ 型极限算法(直接应用洛必达法则).

(2) 0∞,1^{∞},0^{0},∞^{0},$\infty-\infty$ 型极限算法(先转化成 $\dfrac{0}{0}$ 型或 $\dfrac{\infty}{\infty}$ 型,再应用洛必达法则).

4.函数单调区间

(1)函数驻点算法.

(2)函数单调区间算法.

注意:应用函数单调性研究不等式、研究根的唯一性的方法.

5.函数极值和最值.

(1)函数极点算法.

注意理解:①极点可能在驻点、不可导点上;

②当驻点有二阶导数时,判别是极点的方法.

(2)函数最点算法.

注意理解:①最点可能在驻点、不可导点、端点上;

②实际问题中,若只有一个驻点,一般就是所求最点.

6.函数凹凸性

(1)函数凹(凸)区间算法.

(2)拐点算法.

7.函数作图

(1)渐近线算法:水平渐近线、铅直渐近线、斜渐近线3种类型.

(2)函数作图的基本步骤.

8.边际函数

注意理解:(1)边际成本、边际收益、边际利润的算法;

(2)边际值与总值、平均值的区别.

9.函数的弹性

注意理解:(1)函数弹性的算法;

(2)函数弹性的意义,它与边际值的区别.

练习 6

1.判断下列函数:(1)是否满足罗尔条件;(2)是否存在 ξ 使 $f'(\xi)=0$(若存在,请算出 ξ).

① $y=f(x)=x^2-6x+1,x\in[1,5]$;　　　② $y=f(x)=x\sqrt{3-x},x\in[0,3]$;

③ $y=f(x)=|x|,x\in[-1,1]$;　　　④ $y=f(x)=x^2,x\in[-1,2]$.

2.判断下列函数:(1)是否满足拉格朗日条件;(2)是否存在 ξ 使 $f'(\xi)=\dfrac{f(b)-f(a)}{b-a}$(若存在,请算出 ξ).

① $y=f(x)=x^2-6x+10,x\in[0,4]$;　　　② $y=f(x)=x\ln x,x\in[1,e]$;

③ $y=f(x)=4x^3-6x^2-2,x\in[0,1]$.

3.求证恒等式: $\operatorname{arccot} x+\operatorname{arccot} x=\dfrac{\pi}{2}$.

4.求证不等式: $|\operatorname{arccot} x-\operatorname{arccot} y|\leqslant|x-y|$.

5.求证方程 $x^3+x-1=0$ 有且仅有一个根.

6.求证: $f(x)=x(x-1)(x-2)(x-3)$ 恰有 3 个驻点.

(提示:① n 次多项式函数的导数是 $n-1$ 次多项式;② n 次多项式最多有 n 个实根.)

7.说明下面的证明过程是错误的.

设 $f(x),g(x)$ 在 $[a,b]$ 满足柯西中值定理条件.

求证:存在 $\xi\in(a,b)$ 使 $\dfrac{f'(\xi)}{g'(\xi)}=\dfrac{f(b)-f(a)}{g(b)-g(a)}$.

证明:因为 $f(x)$ 在 $[a,b]$ 满足柯西中值定理条件.

所以 $f(x)$ 在 $[a,b]$ 满足拉氏中值定理条件.

存在 $\xi\in(a,b)$,使 $f'(\xi)=\dfrac{f(b)-f(a)}{b-a}$.

同理,存在 $\xi\in(a,b)$,使 $g'(\xi)=\dfrac{g(b)-g(a)}{b-a}$.

以上两等式相除得 $\dfrac{f'(\xi)}{g'(\xi)}=\dfrac{f(b)-f(a)}{g(b)-g(a)}$. 证毕.

8.求极限.

(1) $\lim\limits_{x\to 0}\dfrac{\sin x^2}{x^2}$;　　　(2) $\lim\limits_{x\to 0}\dfrac{\ln(1+x^2)}{x^2}$;　　　(3) $\lim\limits_{x\to 0}\dfrac{x^3}{x-\sin x}$;

(4) $\lim\limits_{x\to 1}\dfrac{x^3-3x+2}{x^3-2x^2+x}$;　　　(5) $\lim\limits_{x\to\infty}\dfrac{\ln(1+x^4)}{x^2}$;　　　(6) $\lim\limits_{x\to+\infty}\dfrac{x^3}{3^x}$;

(7) $\lim\limits_{x\to 0}\dfrac{x^5-a}{x^3-b}$;　　　(8) $\lim\limits_{x\to 0}\dfrac{e^x-e^{-x}}{\sin x}$;　　　(9) $\lim\limits_{x\to\frac{\pi}{2}}\dfrac{\ln\sin x}{(\pi-2x)^2}$;

$(10)\lim\limits_{x\to 0}\dfrac{\ln(1+x^2)}{\sec x-\cos x}$; $\qquad(11)\lim\limits_{x\to\frac{\pi}{2}}\dfrac{\ln\sin x}{(\pi-2x)^2}$.

9.求极限.

$(1)\lim\limits_{x\to 0}\left[\dfrac{1}{x}-\dfrac{1}{\ln(1+x)}\right]$; $\quad(2)\lim\limits_{x\to 1}\left(\dfrac{1}{x^2-1}-\dfrac{1}{x-1}\right)$; $\quad(3)\lim\limits_{x\to 0}\left(\dfrac{1}{x}-\dfrac{1}{e^x-1}\right)$;

$(4)\lim\limits_{x\to 0}x\cot 3x$; $\qquad(5)\lim\limits_{x\to\infty}x\ln\left(1+\dfrac{3}{x}\right)$; $\qquad(6)\lim\limits_{x\to 0^+}x^x$;

$(7)\lim\limits_{x\to 0^+}x^{\tan x}$; $\qquad(8)\lim\limits_{x\to 1}x^{\frac{x}{x-1}}$; $\qquad(9)\lim\limits_{x\to +\infty}x^{\frac{1}{x}}$;

$(10)\lim\limits_{x\to 0}(1+\sin x)^{\frac{1}{x}}$; $\quad(11)\lim\limits_{x\to 0^+}\left(\ln\dfrac{1}{x}\right)^x$.

10.求极限:$\lim\limits_{x\to\infty}\dfrac{x+\sin x}{x}$.

   提示:这里不可以用洛必达法则.

11.求函数的单调区间.

$(1)f(x)=x^3-3x$; $\qquad(2)f(x)=2x+\dfrac{8}{x}(x>0)$; $\qquad(3)f(x)=x^2e^x$;

$(4)f(x)=\ln(x+\sqrt{4+x^2})$; $\quad(5)f(x)=x+\sin x$.

12.求证不等式.

$(1)x>0$ 时,$1+\dfrac{1}{2}x>\sqrt{1+x}$.

$(2)x>0$ 时,$e^x>\dfrac{x^2}{2}+x+1$.(提示:应用 6.3 例 2 的结论)

$(3)x>0$ 时,$\sin x<x$;$x<0$ 时,$\sin x>x$.

$(4)0<x<\dfrac{\pi}{2}$时,$\sin x>x-\dfrac{x^3}{6}$.

13.讨论方程根的存在性、唯一性.

(1)求证:$\ln(1+x^2)=x$ 有唯一的根.

(2)求证:$\sin x=x$ 有唯一的根.

(3)求证:$\ln x=\dfrac{1}{3}x$ 恰有两个根.

14.求函数极值.

$(1)y=f(x)=x^3-3x^2+7$; $\quad(2)y=f(x)=-x^4+2x^2+6$; $\quad(3)y=f(x)=x+\sqrt{1-x}$;

$(4)y=f(x)=3-(x-2)^{\frac{2}{3}}$; $\quad(5)y=f(x)=x-\ln(1+x)$; $\quad(6)y=f(x)=2e^x\cos x,x\in(0,2\pi)$

15.利用二阶导数求函数极值.

$(1)y=f(x)=x^3-3x$; $\qquad(2)y=f(x)=(x^2-1)^3$;

$(3)y=f(x)=2e^x+e^{-x}$; $\qquad(4)y=f(x)=2x-\ln(16x^2)$.

16.求函数最值.

(1) $y=f(x)=x^4-2x^2+5,x\in[-2,2]$.   (2) $y=f(x)=\dfrac{x^2}{1+x},x\in\left[-\dfrac{1}{2},1\right]$.

(3) $y=f(x)=x+\sqrt{x},x\in[0,4]$.   (4) $y=f(x)=\ln(1+x^2),x\in[-1,2]$.

17.求函数的凹凸区间、拐点.

(1) $y=f(x)=x^4-2x^3+1$；   (2) $y=f(x)=x^{\frac{1}{3}}$；

(3) $y=f(x)=xe^{-x}$；   (4) $y=f(x)=\ln(1+x^2)$.

18.求 a,b,使 $A(1,3)$ 是 $y=f(x)=ax^3+bx^2$ 的拐点.

19.求函数的渐近线.

(1) $y=e^x$；   (2) $y=x+e^{-x}$；   (3) $y=\dfrac{e^x}{1+x}$.

20.作函数图像(对函数特征进行全面讨论).

(1) $y=f(x)=x^4-6x^2+8x$；   (2) $y=f(x)=\dfrac{2x}{1+x^2}$；

(3) $y=f(x)=x^2+\dfrac{1}{x}$；   (4) $y=f(x)=\dfrac{(x-3)^2}{4(x-1)}$.

21.函数最值的应用问题.

(1)某厂需建造一个(竖直)圆柱体无盖水池,容积为 686 m³.池底每平方米造价是池壁每平方米造价的 2 倍.设池壁每平方米造价为 a 元.如何确定水池尺寸,才能使总造价最小?

(2)某商品销量 q 与价格 p 的函数关系是: $q=75-p^2$.如何定价,才能使总收益最大?

(3)某产品每日成本中,固定成本为 200 元,每多生产一件产品成本增加 10 元.本产品销量 q 与价格 p 的函数关系是: $q=50-2p$.如何定价格、日产量,才能使总利润最大?

22.工厂日产量上限是 1 000 t,每日总成本 C(元)与日产量 q(t)的函数关系:

$$C=7q+50\sqrt{q}+1\,000 \quad q\in[0,1\,000]$$

(1)求边际成本 MC.

(2)求日产达 100 t 时的边际成本 $MC(100)$,并说明实际意义.

(3)求平均成本 AC.

(4)求日产达 100 t 时的平均成本 $MC(100)$,并说明实际意义.

23.某商品需求量 q 与价格 p 的函数关系是: $q=10-\dfrac{p}{2}$.

(1)需求弹性 $\eta(p)$.

(2)求 $p=12$ 时的需求弹性 $\eta(12)$,并说明实际意义.

第7章 不定积分

7.1 不定积分的概念

7.1.1 导函数 $f'(x)$ 的原函数 $f(x)$

定义 7.1 若 $F'(x)=f(x)$，$x \in (a,b)$，则称 $F(x)$ 是 $f(x)$ 的一个**原函数**.

例 1 设 $f'(x)=-\sin x$，求 $f(x)$.

解：因为 $[\cos x]'=-\sin x$，所以 $f(x)=\cos x$；又因为 $[\cos x+7]'=-\sin x$，所以 $f(x)=\cos x+7$.

这个例子表明"已知导函数 $f'(x)$，求原函数 $f(x)$"的答案是一系列函数.

7.1.2 不定积分的定义

定义 7.2 $f(x)$ 的所有原函数（组成的集合）称为 $f(x)$ 的不定积分，记作 $\int f(x)\mathrm{d}x$，称 $f(x)$ 为被积函数，x 为积分变量.

例如：$\int(-\sin x)\mathrm{d}x$ 就包含 $\cos x$，$\cos x+7$，$\cos x-7$ 等，但不包括 $-\cos x$，$\sin x$，x^2.

定理 7.1 若 $F'(x)=f(x)$，则 $\int f(x)\mathrm{d}x=F(x)+C$（$C$ 是任意常数）.

证明：因为 $[F(x)+C]'=F'(x)=f(x)$

所以 $F(x)+C \in \int f(x)\mathrm{d}x$

因为 任取 $H(x) \in \int f(x)\mathrm{d}x$，则 $H'(x)=f(x)=F'(x)$.

所以 $H(x)=F(x)+C$ （依据 6.1 推论 2）

故 $\int f(x)\mathrm{d}x=F(x)+C$ （C 是任意常数）.

算法——求不定积分（1）：只需找出一个原函数.

例 2 求不定积分 $\int(-\sin x)\mathrm{d}x$.

解:因为　　$[\cos x]' = -\sin x$

　　所以　　$\int(-\sin x)\mathrm{d}x = \cos x + C$

例 3 求不定积分 $\int 0\mathrm{d}x$.

解:因为　　$[5]' = 0$

　　所以　　$\int 0\mathrm{d}x = 5 + C_1 = C$　（C_1, C 是任意常数）.

练习 1 求不定积分.

(1) $\int \cos x\mathrm{d}x$;　　　(2) $\int C\mathrm{d}x$;　　　(3) $\int x\mathrm{d}x$;　　　(4) $\int x^2\mathrm{d}x$;　　　(5) $\int e^x\mathrm{d}x$.

定理 7.1 可以写成:

$$\int F'(x)\mathrm{d}x = \int \mathrm{d}(F(x)) = F(x) + C \quad （C \text{ 是任意常数}）\tag{7.1}$$

例 4 (1) $\int [x\sin x]'\mathrm{d}x = x\sin x + C$.

　　(2) $\int x\mathrm{d}x = \int \mathrm{d}\left(\dfrac{1}{2}x^2\right) = \dfrac{1}{2}x^2 + C$.

练习 2 求不定积分:(1) $\int [\sqrt[3]{1-x^2}]'\mathrm{d}x$;(2) $\int [1 - x^2\arcsin x]'\mathrm{d}x$;(3) $\int \mathrm{d}(\arcsin x)$.

7.1.3　不定积分的几何意义

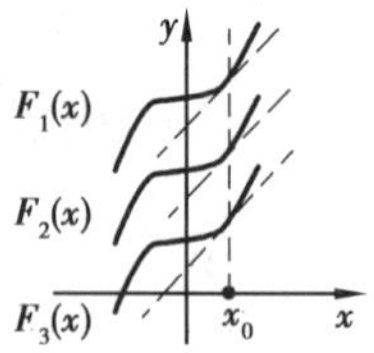

以 $\int 3x^2\mathrm{d}x = x^3 + C$ 为例,包括了 $x^3, x^3 - 1, x^3 + 1, x^3 + 5, \cdots$

如图 7.1,① 所有曲线都是某一条曲线上下平移的结果;② 所有曲线在 x_0 的切线都是平行的.

图 7.1　积分曲线簇

思考 1 以下两个结果对吗:(1) $\int 2x\mathrm{d}x = x^2 - 5C$;　(2) $\int 2x\mathrm{d}x = x^2 - \ln 3 + C$.

7.2　不定积分的性质

7.2.1　不定积分与求导的关系

简单计算得:$\left[\int x^3\mathrm{d}x\right]' = \left[\dfrac{1}{4}x^4 + C\right]' = x^3$.一般地,有如下定理.

定理7.2 $\quad \left[\int f(x)\,dx\right]' = f(x)$ $\qquad\qquad$ (7.2)

证明:设 $F(x)$ 是 $f(x)$ 的一个原函数,则 $[F(x)]' = f(x)$. 由 6.1 推论 2 知 $\int f(x)\,dx = F(x) + C$. 所以, $\left[\int f(x)\,dx\right]' = [F(x) + C]' = f(x)$.

定理揭示了不定积分与求导互为逆运算.

练习1 求导数 $\left[\int \sin x\,dx\right]'$.

例1 设 $\int f(x)\,dx = x\ln x + C$,求 $f(x)$.

解: $f(x) = \left[\int f(x)\,dx\right]' = [x\ln x + C]' = \ln x + 1$

7.2.2 不定积分的性质

性质1 $\int kf(x)\,dx = k\int f(x)\,dx\,(k\text{ 是常数}).$ $\qquad$ (7.3)

证明:因为 $\left[k\int f(x)\,dx\right]' = k\left[\int f(x)\,dx\right]' = kf(x)\left(\text{即 } k\int f(x)\,dx \text{ 是 } kf(x) \text{ 的原函数}\right)$

所以 $\int kf(x)\,dx = k\int f(x)\,dx$

性质2 $\int[f(x) \pm g(x)]\,dx = \int f(x)\,dx \pm \int g(x)\,dx.$ $\qquad$ (7.4)

证明:因为 $\left[\int f(x)\,dx \pm \int g(x)\,dx\right]' = \left[\int f(x)\,dx\right]' \pm \left[\int g(x)\,dx\right]' = f(x) \pm g(x)$

所以 $\int[f(x) \pm g(x)]\,dx = \int f(x)\,dx \pm \int g(x)\,dx$

练习2 求不定积分:(1) $\int[4x^3 - 10x + 7]\,dx$;(2) $\int[\sin x - 3\cos x]\,dx$.

7.3 基本积分公式

7.3.1 基本积分公式

算法——求不定积分(2):利用不定积分与求导互逆,对照求导公式表可得下列基本公式:

常数积分: $\int k\,dx = kx + C$

幂函数积分：$\int x^{\alpha} dx = \dfrac{1}{\alpha+1} x^{\alpha+1} + C \quad (\alpha \neq -1)$

x 倒数积分：$\int \dfrac{1}{x} dx = \ln|x| + C$

指数函数积分：$\int a^x dx = \dfrac{1}{\ln a} a^x + C$

$$\int e^x dx = e^x + C$$

正弦积分：$\int \sin x\, dx = -\cos x + C$

余弦积分：$\int \cos x\, dx = \sin x + C$

正割平方积分：$\int \sec^2 x\, dx = \tan x + C$

余割平方积分：$\int \csc^2 x\, dx = -\cot x + C$

$$\int \dfrac{1}{\sqrt{1-x^2}} dx = \arcsin x + C = -\arccos x + C$$

$$\int \dfrac{1}{1+x^2} dx = \arctan x + C = -\text{arccot}\, x + C$$

$$\int \sec x \tan x\, dx = \sec x + C$$

$$\int \csc x \cot x\, dx = -\csc x + C$$

这些公式需要像9×9乘法口诀表一样牢记！

例1 求证：$\int \dfrac{1}{x} dx = \ln|x| + C$.

证明：因为 $[\ln|x|]' = \begin{cases} [\ln x]' = \dfrac{1}{x} & x>0 \\[2mm] [\ln(-x)]' = \dfrac{(-x)'}{-x} = \dfrac{1}{x} & x<0 \end{cases}$

所以 $\int \dfrac{1}{x} dx = \ln|x| + C$

7.3.2 不定积分的直接算法

算法——求不定积分(3).直接积分法:化成一个或多个可以直接用基本公式的形式.

例2 求 $\int \tan^2 x\, dx$.

分析:①积分公式中没有$\tan^2 x$的积分公式,却有$\sec^2 x$的积分公式;②尝试把$\tan^2 x$的积分转化成$\sec^2 x$的积分.

解：$\int \tan^2 x dx = \int [\sec^2 x - 1] dx = \int \sec^2 x dx - \int 1 dx = \tan x - x + C$

例 3　求 $\int \dfrac{x^4}{1+x^2} dx.$

分析：①形似 $\int \dfrac{1}{1+x^2} dx$，但分子不是 1；②尝试用代数公式，把分式拆开.

解：$\int \dfrac{x^4}{1+x^2} dx = \int \dfrac{x^4 - 1 + 1}{1+x^2} dx = \int \left[\dfrac{x^4-1}{1+x^2} + \dfrac{1}{1+x^2} \right] dx$　　（拆项）

$\qquad = \int \dfrac{x^4-1}{1+x^2} dx + \int \dfrac{1}{1+x^2} dx$

$\qquad = \int [x^2 - 1] dx + \arctan x = \dfrac{1}{3} x^3 - x + \arctan x + C$

初等代数变形技巧对于积分运算十分重要！

例 4　求 $\int \left[\dfrac{5}{\sqrt{1-x^2}} + \dfrac{1-x}{\sqrt{x}} \right] dx.$

分析：①可拆开成两部分；②第一部分可直接用公式；③尝试将第二部分再拆开.

解：$\int \left[\dfrac{5}{\sqrt{1-x^2}} + \dfrac{1-x}{\sqrt{x}} \right] dx = \int \dfrac{5}{\sqrt{1-x^2}} dx + \int \dfrac{1-x}{\sqrt{x}} dx$

$\qquad = 5\int \dfrac{1}{\sqrt{1-x^2}} dx + \int \left[\dfrac{1}{\sqrt{x}} - \dfrac{x}{\sqrt{x}} \right] dx$

$\qquad = 5 \arcsin x + \int \dfrac{1}{\sqrt{x}} dx - \int \dfrac{x}{\sqrt{x}} dx$

$\qquad = 5 \arcsin x + \int x^{-\frac{1}{2}} dx - \int x^{\frac{1}{2}} dx$

$\qquad = 5 \arcsin x + 2x^{\frac{1}{2}} - \dfrac{2}{3} x^{\frac{3}{2}} + C$

练习 1　求不定积分：(1) $\int u(2-3u) du$；　　(2) $\int \left[\dfrac{1}{x} - \dfrac{x+1}{\sqrt{x}} \right] dx$；

$\qquad\qquad$ (3) $\int \cot^2 x dx$；　　(4) $\int \dfrac{\cos 2v}{\sin v - \cos v} dv.$

例 5　求 $\int \left[\sqrt{\dfrac{1-x}{1+x}} + \sqrt{\dfrac{1+x}{1-x}} \right] dx.$

分析：①若直接拆开成两部分，每一部分都找不到对应的基本公式；②尝试分母有理化.

解：$\int \left[\sqrt{\dfrac{1-x}{1+x}} + \sqrt{\dfrac{1+x}{1-x}} \right] dx = \int \left[\sqrt{\dfrac{1-x^2}{(1+x)^2}} + \sqrt{\dfrac{1-x^2}{(1-x)^2}} \right] dx$

$\qquad = \int \left[\dfrac{\sqrt{1-x^2}}{1+x} + \dfrac{\sqrt{1-x^2}}{1-x} \right] dx$　　（分母有理化）

$$= \int \left[\sqrt{1-x^2} \left(\frac{1}{1+x} + \frac{1}{1-x} \right) \right] \mathrm{d}x$$

$$= \int \left[\sqrt{1-x^2} \, \frac{2}{1-x^2} \right] \mathrm{d}x$$

$$= 2\int \frac{1}{\sqrt{1-x^2}} \mathrm{d}x = 2\arcsin x + C$$

7.4 第一换元积分法

例 1 求 $\int \cos 7x \mathrm{d}x$.

分析:①公式 $\int \cos x \mathrm{d}x = \sin x + C$ 中要求"角 $=x$(积分变量)";②本例中,角 $=7x \neq$ 积分变量 x;③关键:怎样把积分变量化成 $7x$?

由微分公式知 $\mathrm{d}x = \dfrac{1}{7}\mathrm{d}(7x)$

所以 $\int \cos 7x \mathrm{d}x = \int (\cos 7x)\dfrac{1}{7}\mathrm{d}(7x) = \dfrac{1}{7}\int \cos 7x \mathrm{d}(7x)$ (凑微分)

$$\xlongequal{u=7x} \frac{1}{7}\int \cos u \mathrm{d}u \qquad\qquad (换元)$$

$$= \frac{1}{7}\sin u + C = \frac{1}{7}\sin 7x + C \qquad (换回)$$

定理 7.3 $\int f(u(x))u'(x)\mathrm{d}x = \int f(u)\mathrm{d}u$.

例 2 求 $\int x^2 \sqrt[5]{x^3+7}\mathrm{d}x$.

分析: $x^2\mathrm{d}x = \dfrac{1}{3}\mathrm{d}(x^3)$,可以使被积函数"减少一个因式".

解: $\int x^2 \sqrt[5]{x^3+7}\mathrm{d}x = \int \sqrt[5]{x^3+7}\left(\dfrac{1}{3}\mathrm{d}x^3\right) = \dfrac{1}{3}\int \sqrt[5]{x^3+7}\mathrm{d}(x^3)$ (吸收 x^2)

$$\xlongequal{u=x^3} \frac{1}{3}\int (u+7)^{\frac{1}{5}}\mathrm{d}u \qquad (换元)$$

$$= \frac{1}{3}\int (u+7)^{\frac{1}{5}}\mathrm{d}(u+7) \qquad (\mathrm{d}u=\mathrm{d}(u+7))$$

$$\xlongequal{v=u+7} \frac{1}{3}\int v^{\frac{1}{5}}\mathrm{d}v \qquad (换元)$$

$$= \frac{1}{3} \times \frac{5}{6} v^{\frac{6}{5}} + C$$

$$= \frac{5}{18}(x^3+7)^{\frac{6}{5}} + C \qquad （换回）$$

$x^2 dx = \frac{1}{3}dx^3$ 形式上如同"x^2 被吸收到 d 里面去了"，可以形象地称为"吸收法".

常用吸收公式(1):

①$dx = \frac{1}{a}d(ax) = \frac{1}{a}d(ax+b) = -\frac{1}{a}d(b-ax)$;　　②$\frac{1}{x}dx = d(\ln x)$;

③$xdx = \frac{1}{2}dx^2 = \frac{1}{2}d(x^2+b)$;　　④$\frac{1}{x^2}dx = -d\left(\frac{1}{x}\right)$;

⑤$\sqrt{x}\,dx = \frac{2}{3}d\left(x^{\frac{3}{2}}\right)$;　　⑥$\frac{1}{\sqrt{x}}dx = 2d\sqrt{x}$.

算法——求不定积分(4):利用吸收法,先吸收,再换元.

练习1　求不定积分:①$\int x^4(x^5-9)^7 dx$;②$\int x^4(11-3x^5)^7 dx$;③$\int \frac{\ln^3 x}{x}dx$.

例3　求$\int \frac{1}{\sqrt{a^2-x^2}}dx(a>0)$.

分析:①与$\int \frac{1}{\sqrt{1-x^2}}dx$"相似";②根底被减数不是1;③关键:"化1".

解:$\int \frac{1}{\sqrt{a^2-x^2}}dx = \int \frac{1}{\sqrt{a^2\left[1-\left(\frac{x}{a}\right)^2\right]}}dx = \int \frac{1}{a}\frac{1}{\sqrt{1-\left(\frac{x}{a}\right)^2}}dx \qquad （化1）$

$$= \int \frac{1}{\sqrt{1-\left(\frac{x}{a}\right)^2}}d\left(\frac{x}{a}\right)$$

$$\xlongequal{u=\frac{x}{a}} \int \frac{1}{\sqrt{1-u^2}}du$$

$$= \arcsin u + C = \arcsin \frac{x}{a} + C$$

练习2　求①$\int \frac{1}{9+x^2}dx$;②$\int \frac{x}{\sqrt{5^2-x^2}}dx$.

常用吸收公式(2):

⑦$\sin x dx = -d(\cos x)$;　　⑧$\cos x dx = d(\sin x)$;

⑨$\frac{1}{\cos^2 x}dx = d(\tan x)$;　　⑩$\frac{1}{\sin^2 x}dx = -d(\cot x)$;

⑪ $\dfrac{1}{1+x^2}dx = d(\arctan x)$;   ⑫ $\dfrac{1}{\sqrt{1-x^2}}dx = d(\arcsin x)$.

例4 求 $\int \sin 2x dx$.

解（1）：$\int \sin 2x dx = \int \sin 2x\left[\dfrac{1}{2}d(2x)\right] = \dfrac{1}{2}\int \sin 2x d(2x)$ （吸收）

$$\xlongequal{u = 2x} \dfrac{1}{2}\int \sin u du$$

$$= \dfrac{1}{2}(-\cos u) + C = -\dfrac{1}{2}\cos 2x + C$$

解（2）：$\int \sin 2x dx = \int 2\sin x \cos x dx = 2\int \sin x d(\sin x)$

$$\xlongequal{u = \sin x} 2\int u du$$

$$= u^2 + C = \sin^2 x + C$$

思考1 两个结果形式不同,都对吗?

例5   求 $\int \dfrac{x - 6\arcsin^5 x}{\sqrt{1-x^2}}dx$.

解：$\int \dfrac{x - 6\arcsin^5 x}{\sqrt{1-x^2}}dx = \int\left[\dfrac{x}{\sqrt{1-x^2}} - \dfrac{6\arcsin^5 x}{\sqrt{1-x^2}}\right]dx$ （拆项）

$$= \int \dfrac{x}{\sqrt{1-x^2}}dx - \int \dfrac{6\arcsin^5 x}{\sqrt{1-x^2}}dx$$ （吸收）

$$= \int \dfrac{1}{\sqrt{1-x^2}}\left(-\dfrac{1}{2}\right)d(1-x^2) - 6\int \arcsin^5 x d(\arcsin x)$$

因为 $\int \dfrac{1}{\sqrt{1-x^2}}\left(-\dfrac{1}{2}\right)d(1-x^2) \xlongequal{u = 1-x^2} \int \dfrac{1}{\sqrt{u}}\left(-\dfrac{1}{2}\right)du$ （凑微分）

$$= -\sqrt{u} + C = -\sqrt{1-x^2} + C$$

$$6\int \arcsin^5 x d(\arcsin x) \xlongequal{u = \arcsin x} 6\int u^5 du$$

$$= u^6 + C = \arcsin^6 x + C$$

所以 $\int \dfrac{x - 6\arcsin^5 x}{\sqrt{1-x^2}}dx = -\sqrt{1-x^2} - \arcsin^6 x + C$

练习3   求：① $\int \cot\theta d\theta$;   ② $\int \cos^3\theta d\theta$;③ $\int \dfrac{x + x^3 - 3\arctan^2 x}{1+x^2}dx$.

例6   求 $\int \sec x dx$.

解（1）：$\int \sec x dx = \int \dfrac{1}{\cos x}dx = \int \dfrac{\cos x}{\cos x \cos x}dx$

$$= \int \frac{1}{\cos^2 x} \mathrm{d}(\sin x) = \int \frac{1}{1 - \sin^2 x} \mathrm{d}(\sin x)$$

$$\xlongequal{u = \sin x} \int \frac{1}{1 - u^2} \mathrm{d}u$$

$$= \int \frac{1}{(1 - u)(1 + u)} \mathrm{d}u = \frac{1}{2} \int \left[\frac{1}{1 - u} + \frac{1}{1 + u} \right] \mathrm{d}u \qquad （拆项）$$

$$= \frac{1}{2} \ln \left| \frac{1 + u}{1 - u} \right| + C = \frac{1}{2} \ln \left| \frac{1 + \sin x}{1 - \sin x} \right| + C$$

解（2）：$\displaystyle\int \sec x \mathrm{d}x = \int \frac{1}{\cos x} \mathrm{d}x = \int \frac{1}{\cos^2 \frac{x}{2} - \sin^2 \frac{x}{2}} \mathrm{d}x \qquad$ （倍角的余弦）

$$= \int \frac{1}{\cos^2 \frac{x}{2} - \sin^2 \frac{x}{2}} 2 \mathrm{d}\left(\frac{x}{2} \right) \qquad （吸收）$$

$$\xlongequal{u = \frac{x}{2}} \int \frac{1}{\cos^2 u - \sin^2 u} 2 \mathrm{d}u$$

$$= 2 \int \left[\frac{1}{1 - \tan^2 u} \times \frac{1}{\cos^2 u} \right] \mathrm{d}u$$

$$= 2 \int \frac{1}{1 - \tan^2 u} (\sec^2 u \mathrm{d}u) = 2 \int \frac{1}{1 - \tan^2 u} \mathrm{d}(\tan u)$$

$$\xlongequal{v = \tan u} 2 \int \frac{1}{1 - v^2} \mathrm{d}v$$

$$= 2 \int \frac{1}{(1 - v)(1 + v)} \mathrm{d}v = \int \left[\frac{1}{1 - v} + \frac{1}{1 + v} \right] \mathrm{d}v \qquad （拆项）$$

$$= \ln \left| \frac{1 + v}{1 - v} \right| + C = \ln \left| \frac{1 + \tan \frac{x}{2}}{1 - \tan \frac{x}{2}} \right| + C$$

$$= \ln | \sec x + \tan x | + C$$

解法的巧妙之处：解法（1），代数变形技巧；解法（2），三角公式技巧.

练习4　试用解法（1）的方法求 $\displaystyle\int \frac{1}{e^x + 1} \mathrm{d}x$.

问题1　把解法（1）、（2）的结果化成同一形式.

问题2　求 $\displaystyle\int \frac{1}{\sin x} \mathrm{d}x$.

在例6中的拆项公式：$\dfrac{1}{(1-x)(1+x)} = \dfrac{1}{2} \left(\dfrac{1}{1-x} + \dfrac{1}{1+x} \right)$ 很常用.

另外，如 $\dfrac{1}{(a-x)(b-x)} = \dfrac{-1}{a-b} \left(\dfrac{1}{a-x} - \dfrac{1}{b-x} \right)$ 也十分常用.

算法——求不定积分(5):拆项.

练习5 求 $\int \dfrac{1}{25-x^2}\mathrm{d}x$.

7.5 第二换元积分法

7.5.1 根式换元

例1 求 $\int x\sqrt{7-3x}\,\mathrm{d}x$.

分析:①若尝试吸收 $x\mathrm{d}x = \dfrac{1}{2}\mathrm{d}x^2$,但没办法换元;②尝试直接去根号.

解:令 $t = \sqrt{7-3x}$,则 $x = \dfrac{7}{3} - \dfrac{t^2}{3}$,$\mathrm{d}x = \mathrm{d}\left(\dfrac{7}{3} - \dfrac{t^2}{3}\right) = \left[\dfrac{7}{3} - \dfrac{t^2}{3}\right]'\mathrm{d}t = -\dfrac{2t}{3}\mathrm{d}t$.

$$\int x\sqrt{7-3x}\,\mathrm{d}x = \int\left(\dfrac{7}{3} - \dfrac{t^2}{3}\right)t\left(-\dfrac{2t}{3}\mathrm{d}t\right)$$

$$= -\dfrac{2}{9}\int(7t^2 - t^4)\mathrm{d}t = -\dfrac{2}{9}\left(\dfrac{7}{3}t^3 - \dfrac{1}{5}t^5\right) + C$$

$$= -\dfrac{14}{27}(7-3x)^{\frac{3}{2}} + \dfrac{2}{45}(7-3x)^{\frac{5}{2}} + C$$

换元的目的: $t = \sqrt{g(x)}$,就是为了去掉根号.

练习1 求不定积分:(1) $\int x\sqrt[3]{x-1}\,\mathrm{d}x$;(2) $\int \dfrac{1}{\sqrt{x} + \sqrt[5]{x}}\mathrm{d}x$.

算法——求不定积分(6):当根底内 x 次数为 1 时,可尝试根式换元.

定理7.4 设 $x = h(t)$ 可导,有可导的反函数 $t = h^{-1}(x)$,$h'(x)$ 连续,若 $\int f(h(t))h'(t)\mathrm{d}t = F(t) + C$,则

$$\int f(x)\mathrm{d}x = \int f(h(t))h'(t)\mathrm{d}t = F(t) + C = F(h^{-1}(x)) + C. \tag{7.5}$$

7.5.2 三角换元

例2 求 $\int \dfrac{1}{\sqrt{1+x^2}}\mathrm{d}x$.

分析:①尝试根式代换 $t = \sqrt{1+x^2}$,则 $\mathrm{d}x = \dfrac{t}{\sqrt{t^2-1}}\mathrm{d}t$,产生了新的根号;②注意 $\sqrt{1+x^2}$ 的结

构,若能找到"$1+A^2=B^2$",就既可以去掉根号,又不会产生新根号;③关键:找到"A"和"B";④联想 $1+\tan^2\theta=\sec^2\theta$,…⑤尝试代换 $x=\tan\theta$.

解:令 $x=\tan\theta$,则

$$\sqrt{1+x^2}=\sqrt{1+\tan^2\theta}=\sec\theta$$

$$\mathrm{d}x=\mathrm{d}(\tan x)=[\tan x]'\mathrm{d}\theta=\sec^2\theta\mathrm{d}\theta$$

$$\int\frac{1}{\sqrt{1+x^2}}\mathrm{d}x=\int\frac{1}{\sqrt{1+\tan^2\theta}}[\sec^2\theta\mathrm{d}\theta]=\int\frac{1}{\sqrt{\sec^2\theta}}[\sec^2\theta\mathrm{d}\theta]$$

$$=\int\sec x\mathrm{d}x=\ln|\sec\theta+\tan\theta|+C$$

$$=\ln\left|\sqrt{1+x^2}+x\right|+C \qquad\qquad (\text{换回})$$

作对应的直角三角形(图7.2)帮助我们直接"换回",很直观.

练习2 求 $\displaystyle\int\frac{1}{\sqrt{a+x^2}}\mathrm{d}x,(a>0)$.

算法——求不定积分(7):三角换元.

①$\sqrt{a^2+x^2}$,令 $x=\tan\theta$;   ②$\sqrt{a^2-x^2}$,令 $x=\sin x$;   ③$\sqrt{x^2-a^2}$,令 $x=\sec x$.

例3 求 $\displaystyle\int\frac{1}{x^2\sqrt{a^2-x^2}}\mathrm{d}x,(a>0)$.

解(1):$\displaystyle\int\frac{1}{x^2\sqrt{a^2-x^2}}\mathrm{d}x\xrightarrow{x=a\sin\theta}\int\frac{1}{(a\sin\theta)^2\sqrt{a^2-(a\sin^2\theta)}}\mathrm{d}(a\sin\theta)$

$\qquad\qquad\qquad\qquad\qquad\qquad\qquad\qquad\qquad\qquad (\text{正弦换元})$

$$=\int\frac{1}{a^2\sin^2\theta\sqrt{a^2\cos^2\theta}}a\cos\theta\mathrm{d}\theta$$

$$=\frac{1}{a^2}\int\frac{1}{\sin^2\theta\cos\theta}\cos\theta\mathrm{d}\theta=\int\frac{1}{\sin^2\theta}\mathrm{d}\theta$$

$$=-\frac{1}{a^2}\cot x+C=-\frac{\sqrt{a^2-x^2}}{a^2x}+C \qquad (\text{换回})$$

图7.2 正切变换对应直角三角形　　图7.3 正弦变换对应直角三角形

解(2):$\displaystyle\int\frac{1}{x^2\sqrt{a^2-x^2}}\mathrm{d}x=\int\frac{1}{\left(\dfrac{a}{t}\right)^2\sqrt{a^2-\left(\dfrac{a}{t}\right)^2}}\mathrm{d}\left(\frac{a}{t}\right)$

$$\xrightarrow{u=\frac{a}{t}}\frac{1}{a^2}\int\frac{-t}{\sqrt{t^2-1}}\mathrm{d}t \qquad\qquad (\text{倒数换元})$$

$$= -\frac{1}{2}\frac{1}{a^2}\int\frac{1}{\sqrt{t^2-1}}dt^2 = -\frac{1}{2}\frac{1}{a^2}\int\frac{1}{\sqrt{t^2-1}}d(t^2-1)$$

$$\xlongequal{u=t^2-1} -\frac{1}{2}\frac{1}{a^2}\int\frac{1}{\sqrt{u}}du = -\frac{1}{2}\frac{1}{a^2}2\sqrt{u}+C$$

$$= -\frac{1}{a^2}\sqrt{u}+C = -\frac{\sqrt{a^2-x^2}}{a^2 x}+C$$

计算不定积分,需要多种方法,还需要各种方法的有机结合.

练习 3 (1)求 $\int\frac{1}{\sqrt{x^2-a^2}}dx,(a>0)$;(2)用两种换元法求 $\int x\sqrt{9-x^2}dx$

7.6　分部积分法

7.6.1　分部积分公式及其特点

乘积的求导公式:$[u(x)v(x)]' = u'(x)v(x)+u(x)v'(x)$

简记作　　　　　$[uv]' = u'v+uv'$

两边积分得　　　$\int[uv]'dx = \int u'vdx + \int uv'dx$

$$uv = \int u'vdx + \int uv'dx$$

$$\int u'vdx = uv - \int uv'dx$$

定理 7.5 分部积分公式:

$$\int u'vdx = uv - \int uv'dx \tag{7.6}$$

公式特点①:当 $\int u'vdx$ 不易计算时,可以转向求 $\int uv'dx$.

例 1 求 $\int xe^x dx$.

解:$\int xe^x dx \xlongequal[u'=1,v=e^x]{u=x,v'=e^x} uv - \int uv'dx = xe^x - \int(x)'e^x dx$

$$= xe^x - \int e^x dx = xe^x - e^x + C.$$

分析:取 $u=e^x,v'=x$,则 $u'=e^x,v=\frac{1}{2}x^2$.

$$\int xe^x dx \xlongequal[u'=e^x,v=\frac{1}{2}x^2]{u=e^x,v'=x} uv - \int uv'dx = e^x\frac{x^2}{2} - \int(e^x)'\frac{x^2}{2}dx$$

$$= \frac{1}{2}x^2 e^x - \frac{1}{2}\int x^2 e^x dx \cdots 反而更难了！$$

公式特点②:恰当选择 u, v' 十分关键.

7.6.2　分部积分公式的用途

算法——求不定积分(8).分部积分降 u 的次.

例2　求 $\int x^2 \sin x dx$.

解: $\int x^2 \sin x dx \xrightarrow[u'=2x, v=-\cos x]{u=x^2, v'=\sin x} uv - \int uv' dx = x^2(-\cos x) - \int 2x(-\cos x)dx$

$$= -x^2\cos x + 2\int x \cos x dx$$

$$\xrightarrow[u'=1, v=\sin x]{u=x, v'=\cos x} -x^2\cos x + 2\left(x\sin x - \int \sin x dx\right)$$

$$= -x^2\cos x + 2x\sin x + 2\cos x + C.$$

练习1　求不定积分:(1) $\int x^2 \cos x dx$; (2) $\int x^2 e^x dx$.

问题1　分部积分法是换元法吗?

算法——求不定积分(9):分部积分改变 u 的结构.

例3　求 $\int x^2 \ln x dx$.

解: $\int x^2\ln x dx \xrightarrow[u'=\frac{1}{x}, v=\frac{1}{3}x^3]{u=\ln x, v'=x^3} uv - \int uv' dx = \ln x\left(\frac{1}{3}x^3\right) - \int \frac{1}{x}\frac{1}{3}x^3 dx$

$$= \frac{1}{3}x^3\ln x - \frac{1}{3}\int x^2 dx = \frac{1}{3}x^3\ln x - \frac{1}{9}x^3 + C$$

从 $v'=x^2$,到 $v=x^3$,形式上变复杂了.但是,把 $u=\ln x$ 从对数变成了 $u'=\frac{1}{x}$ 是分式,发生了"结构变化"(是质变).

一般地,由幂函数构成的初等函数,比对数函数、三角函数、反三角函数等易于计算.

若取 $u=x^2, v'=\ln x$,则 $v=?$ 难以解决.我们把 v' 到 $v=?$ 的过程称为"小积分",则这时小积分做不出来.

练习2　求不定积分:(1) $\int \ln x dx$; (2) $\int \arcsin x dx$;(3) $\int \arctan x dx$.

算法——求不定积分(10):分部积分建立方程.

例4　求 $\int e^x \cos x dx$.

分析:① 不论怎样取 u, v',既不能降次,又不能改变函数结构;② 大胆地试两步,会发现某种奥妙.

解:因为 $\int e^x \cos x dx \xrightarrow[u'=e^x, v=\sin x]{u=e^x, v'=\cos x} uv - \int uv' dx = e^x\sin x - \int e^x\sin x dx$

$$\underline{\underline{u = e^x, v' = \sin x \atop u' = e^x, v = -\cos x}} \, e^x \sin x - e^x(-\cos x) - \int e^x(-\cos x)\mathrm{d}x$$

$$= e^x \sin x + e^x \cos x - \int e^x \cos x \mathrm{d}x$$

所以　$2\int e^x \cos x \mathrm{d}x = e^x \sin x + e^x \cos x$

$$\int e^x \cos x \mathrm{d}x = \frac{1}{2}e^x(\sin x + \cos x) + C$$

练习3　求:(1)$\int e^x \sin x \mathrm{d}x$;　(2)$\int \sec^3 x \mathrm{d}x$.

7.7　有理分式积分

7.7.1　有理分式及其性质

1)多项式和有理分式

x 的 n 次多项式:　　$a_n x^n + a_{n-1}x^{n-1} + \cdots + a_1 x^1 + a_0 (= P_n(x))$.　　　　　　　($*$)

其中,a_k 称为 k 次项系数(与 x 无关)($k = 0, 1, \cdots, n$),a_0 称为常数项;且 $a_n \neq 0$ 时,n 称为多项式 $P_n(x)$ 的次,记作 $\partial(P_n(x)) = n$.例如 $\partial(5x^3 - 4x^2 - 1) = 3$.

x 的有理分式:　　$\dfrac{a_n x^n + a_{n-1}x^{n-1} + \cdots + a_1 x + a_0}{b_m x^m + b_{m-1}x^{m-1} + \cdots + b_1 x + b_0}\left(= \dfrac{P_n(x)}{P_m(x)}\right)$　　　　　($**$)

例如,$\dfrac{x^3+7x^2}{5x^3-1}, \dfrac{3x-2}{x^2-1}, \dfrac{x^4-1}{x^3+2x^2-x-2}$ 都是有理分式;$\dfrac{\sqrt{x}-3}{x^2-1}, \dfrac{x-1}{2\sin x-1}$ 不是有理分式.

2)有理分式分类

定义7.3　式($**$)中,若 $n<m$,则 $\dfrac{P_n(x)}{P_m(x)}$ 称为**真分式**;若 $n \geq m$,则 $\dfrac{P_n(x)}{P_m(x)}$ 称为**假分式**.

3)有理分式性质

定理7.6　假分式可以写成一个多项式与一个真分式的和.

算法——化假分式为"多项式+真分式":多项式除法.

例1　把 $f(x) = \dfrac{x^4-2x^3-13x^2-9x-1}{x^2+3x+2}$ 拆开成"多项式+真分式".

解:用多项式除法得 $f(x) = (x^2-5x) + \dfrac{x-1}{x^2+3x+2}$.

练习1　把 $g(x) = \dfrac{x^3+5x-7}{x^2+1}$ 改写成"多项式+真分式".

定理7.7 真分式可以写成若干个分母不超过二次的真分式的和.

算法——化真分式为"分母不超过二次的真分式的和":用待定系数法.

例2 把 $f(x) = \dfrac{3x+1}{(1-2x)(1+x^2)}$ 拆开成"分母不超过二次的真分式的和".

解:假设 $f(x) = \dfrac{A}{1-2x} + \dfrac{Bx+C}{x^2+1}$. （$A, B, C$ 称为待定系数）

因为 $\dfrac{3x+1}{(1-2x)(1+x^2)} = \dfrac{A}{1-2x} + \dfrac{Bx+C}{x^2+1} = \dfrac{(A-2B)x^2 + (B-2C)x + (A+C)}{(1-2x)(1+x^2)}$

所以 $\begin{cases} A-2B=0 \\ B-2C=3, \\ A+C=1 \end{cases}$ 解得 $A=2, B=1, C=-1$.

故 $\dfrac{3x+1}{(1-2x)(1+x^2)} = \dfrac{2}{1-2x} + \dfrac{x-1}{1+x^2}$

练习2 把 $g(x) = \dfrac{5x-2}{(3+x)(1-2x^2)}$ 改写成"分母不超过二次的真分式的和".

算法——求不定积分(11)(有理分式积分):先化成"多项式+真分式",再把真分式化成"分母不超过二次的真分式的和".

7.7.2 积分 $\displaystyle\int \dfrac{1}{x^2+bx+c} dx$

1）$b=0$ 时

例3 求 $\displaystyle\int \dfrac{x-1}{1+x^2} dx$.

解: $\displaystyle\int \dfrac{x-1}{1+x^2} dx = \int \dfrac{x}{1+x^2} dx - \int \dfrac{1}{1+x^2} dx$

$\displaystyle = \int \dfrac{1}{1+x^2} \dfrac{1}{2} d(1+x^2) - \arctan x$

$\displaystyle = \dfrac{1}{2}\ln(1+x^2) - \arctan x + C$

练习3 求 $\displaystyle\int \dfrac{3x+1}{(1-2x)(1+x^2)} dx$.

2）$b^2 - 4c > 0, b \neq 0$ 时

例4 求 $\displaystyle\int \dfrac{1}{x^2-3x-28} dx$

解: $\displaystyle\int \dfrac{1}{x^2-3x-28} dx = \int \dfrac{1}{(x+4)(x-7)} dx$ （分解分母）

$\displaystyle = \int \left[\dfrac{1}{x-7} - \dfrac{1}{x+4} \right] \dfrac{1}{11} dx$ （拆项）

$$= \frac{1}{11} \left[\int \frac{1}{x-7} \mathrm{d}x - \int \frac{1}{x+4} \mathrm{d}x \right] = \frac{1}{11} \ln \left| \frac{x-7}{x+4} \right| + C$$

练习4　求 $\displaystyle\int \frac{1}{3x^2 + 9x + 6} \mathrm{d}x$.

3）$b^2 - 4c = 0, b \neq 0$ 时

例5　求 $\displaystyle\int \frac{1}{x^2 - 10x + 25} \mathrm{d}x$.

解：$\displaystyle\int \frac{1}{x^2 - 10x + 25} \mathrm{d}x = \int \frac{1}{(x-5)^2} \mathrm{d}x$　　　　（分母化为完全平方式）

$$= \int \frac{1}{(x-5)^2} \mathrm{d}(x-5) = \frac{1}{5-x} + C$$

练习5　求 $\displaystyle\int \frac{1}{4x^2 + 12x + 9} \mathrm{d}x$.

4）$b^2 - 4c < 0, b \neq 0$ 时

例6　求 $\displaystyle\int \frac{1}{x^2 - 6x + 34} \mathrm{d}x$.

解：$\displaystyle\int \frac{1}{x^2 - 6x + 34} \mathrm{d}x = \int \frac{1}{(x^2 - 6x + 9) + 25} \mathrm{d}x$

$$= \int \frac{1}{(x-3)^2 + 25} \mathrm{d}x$$　　　（配方，消去一次项 $6x$）

$$= \int \left[\frac{1}{25} \frac{1}{\left(\frac{x-3}{5}\right)^2 + 1} \right] \mathrm{d}x = \frac{1}{25} \int \frac{1}{\left(\frac{x-3}{5}\right)^2 + 1} 5 \mathrm{d}\left(\frac{x-3}{5}\right)$$

$$= \frac{1}{5} \arctan \frac{x-3}{5} + C$$

练习6　求 $\displaystyle\int \frac{1}{x^2 + 2x + 2} \mathrm{d}x$.

算法——求不定积分（12）：$\displaystyle\int \frac{1}{x^2 + bx + c} \mathrm{d}x$ 的算法：

$b^2 - 4c > 0$ 时，拆开成两个一次分母分式的和；

$b^2 - 4c = 0$ 时，分母化为完全平方式；

$b^2 - 4c < 0$ 时，配方，消去一次项.

7.7.3　积分 $\displaystyle\int \frac{px + q}{x^2 + bx + c} \mathrm{d}x \, (p \neq 0)$

解法：第1种，用待定系数法（或其他方法）拆成两个一次分母分式的和；

　　　　第2种，凑微分拆项.

例7 求 $\int \dfrac{3x+7}{x^2+2x-15}dx$.

分析:因为 $\Delta = b^2-4c = 2^2-4\times(-15) = 64 > 0$,所以分母可以分解.即被积分式可以拆成两个一次分母的真分式之和.

解: $\dfrac{3x+7}{x^2+2x-15} = \dfrac{3x+7}{(x+5)(x-3)}$

令 $\dfrac{3x+7}{(x+5)(x-3)} = \dfrac{A}{x+5} + \dfrac{B}{x-3}$

则 $\dfrac{A}{x+5} + \dfrac{B}{x-3} = \dfrac{(A+B)x+(-3A+5B)}{(x+5)(x-3)} = \dfrac{3x+7}{(x+5)(x-3)}$

建立方程组,解得 $A=1, B=2$.

所以 $\int \dfrac{3x+7}{x^2+2x-15}dx = \int \dfrac{1}{x+5}dx + \int \dfrac{2}{x-3}dx = \ln[|x+5|(x-3)^2] + C$

例8 求 $\int \dfrac{5x+1}{x^2+6x+10}dx$.

分析:①因为 $\Delta = b^2-4c = 6^2-4\times10 = -4 < 0$,所以分母不可以分解.所以,被积分式不可以拆成两个一次分母分式的和.

②可以尝试另一种拆项方法:凑微分.

解:因为 $\int \dfrac{5x+1}{x^2+6x+10}dx = 5\int \dfrac{x+\dfrac{1}{5}}{x^2+6x+10}dx = 5\times\dfrac{1}{2}\int \dfrac{2x+\dfrac{2}{5}}{x^2+6x+10}dx$

$= \dfrac{5}{2}\int \dfrac{2x+6-6+\dfrac{2}{5}}{x^2+6x+10}dx$

$= \dfrac{5}{2}\int \dfrac{2x+6}{x^2+6x+10}dx + \dfrac{5}{2}\int \dfrac{-6+\dfrac{2}{5}}{x^2+6x+10}dx$

$= \dfrac{5}{2}\int \dfrac{d(x^2+6x+10)}{x^2+6x+10}dx - 14\int \dfrac{1}{x^2+6x+10}dx$

$= \dfrac{5}{2}\ln|x^2+6x+10| - 14\int \dfrac{1}{x^2+6x+10}dx$

其中, $\int \dfrac{1}{x^2+6x+10}dx = \int \dfrac{dx}{(3+x)^2+1} = \arctan(3+x) + C$.

所以 $\int \dfrac{5x+1}{x^2+6x+10}dx = \dfrac{5}{2}\ln|x^2+6x+10| - 14\arctan(3+x) + C$

思考1 在例9中,拆开后的第一个分式分子必须是 $2x+6$,为什么?

练习7 求 $\int \dfrac{3x-1}{x^2+10x+26}dx$.

7.7.4 积分方法综合运用

积分运算有多种方法,这些方法需要综合运用.

例 9 求 $\int e^{\sqrt{x}} dx$.

分析:指数 $\sqrt{x}$ 是根式,不可以直接积分.所以,首先要根式代换.

解:令 $t = \sqrt{x}$,则 $x = t^2$,$dx = 2t dt$.

$$\int e^{\sqrt{x}} dx = \int 2t e^t dt \qquad\qquad (\text{根式换元})$$

$$\xrightarrow[u' = 1, v = e^t]{u = t, v' = e^t} 2t e^t - 2\int 1 e^t dt = 2t e^t - 2e^t + C \qquad (\text{分部积分})$$

$$= 2\sqrt{x} e^{\sqrt{x}} - 2e^{\sqrt{x}} + C = 2(\sqrt{x} - 1) e^{\sqrt{x}} + C$$

例 10 求 $\int \dfrac{\sqrt{1 - \arcsin x}}{\arcsin x \sqrt{1 - x^2}} dx$.

分析:① 这里有根式 $\sqrt{1 - x^2}$,似乎需要三角代换 $x = \tan x$,但是其他部分难以计算;
② 尝试 吸收.

解:$\int \dfrac{\sqrt{1 - \arcsin x}}{\arcsin x \sqrt{1 - x^2}} dx = \int \dfrac{\sqrt{1 - \arcsin x}}{\arcsin x} d(\arcsin x) \qquad (\text{吸收})$

$$\xrightarrow{u = \arcsin x} \int \dfrac{\sqrt{1 - u}}{u} du \qquad\qquad (\text{换元})$$

$$\xrightarrow{t = \sqrt{1 - u}} \int \dfrac{t}{1 - t^2}(-2t) dt \qquad\qquad (\text{根式换元})$$

$$= -2\int \dfrac{t^2}{1 - t^2} dt \qquad\qquad (\text{有理分式积分})$$

$$= -2\int \dfrac{t^2 - 1 + 1}{1 - t^2} dt = -2\int (-1) dt - 2\int \dfrac{1}{1 - t^2} dt \qquad (\text{拆项})$$

$$= 2t - 2\int \dfrac{1}{(1 - t)(1 + t)} dt = 2t - \int \left[\dfrac{1}{1 + t} + \dfrac{1}{1 - t} \right] dt$$

$$= 2t + \ln \left| \dfrac{1 + t}{1 - t} \right| + C$$

$$= 2\sqrt{1 - \arcsin x} + \ln \dfrac{|1 - \sqrt{1 - \arcsin x}|}{1 + \sqrt{1 - \arcsin x}} + C$$

积分运算,还需要创造性.大胆尝试,往往是成功之路.

例 11 求 $\int \dfrac{dx}{1 + e^x}$.

分析:① 表面上,什么方法都似乎难以着手计算;② 尝试吸收,需要创造条件.

解(1)：$\int \dfrac{dx}{1+e^x} = \int \left[\dfrac{e^x}{e^x} \times \dfrac{1}{1+e^x}\right] dx$ （1乘）

$\qquad = \int \dfrac{1}{e^x(1+e^x)} de^x$ （吸收）

$\qquad \xlongequal{u=e^x} \int \dfrac{1}{u(1+u)} du$ （有理分式积分）

$\qquad = \int \left[\dfrac{1}{u} - \dfrac{1}{1+u}\right] du = \ln \left|\dfrac{u}{1+u}\right| + C$

$\qquad = \ln \dfrac{e^x}{1+e^x} + C$

分析：③ 尝试直接拆项，也需要创造条件.

解(2)：$\int \dfrac{dx}{1+e^x} = \int \dfrac{1}{1+e^x} dx$

$\qquad = \int \dfrac{1+e^x-e^x}{1+e^x} dx$ （0加）

$\qquad = \int \left[1 - \dfrac{e^x}{1+e^x}\right] dx = \int 1 dx - \int \dfrac{e^x}{1+e^x} dx$ （拆项）

$\qquad = x - \int \dfrac{1}{1+e^x} de^x = x - \ln(1+e^x) + C$

练习8 求(1)$\int \dfrac{dx}{\sqrt{e^x-1}}$；(2)$\int \dfrac{d\theta}{1+\sin\theta}$.

积分表

积分成为实际应用、科学研究中十分重要的计算. 长积分表包含的积分超过千个. 这里列举了极少量最常用的积分，请同学们务必**牢记**. 同时，还要根据自己的计算，不断**扩充**.

(1) $\int k\,dx = kx + C$；（常数积分）

(2) $\int x^\alpha dx = \dfrac{1}{\alpha+1} x^{\alpha+1} + C$；（幂函数积分 $\alpha \neq -1$）

(3) $\int \dfrac{1}{x} dx = \ln|x| + C$；（$x$倒数积分） (4) $\int a^x dx = \dfrac{1}{\ln a} a^x + C$；（指数函数积分）

(5) $\int e^x dx = e^x + C$； (6) $\int \sin x\,dx = -\cos x + C$；（正弦积分）

(7) $\int \cos x\,dx = \sin x + C$；（余弦积分）

（8）$\int \sec^2 x \, dx = \tan x + C$；（正割平方积分）

（9）$\int \csc^2 x \, dx = -\cot x + C$；（余割平方积分）

（10）$\int \dfrac{1}{\sqrt{1-x^2}} dx = \arcsin x + C = -\arccos x + C$；

（11）$\int \dfrac{1}{1+x^2} dx = \arctan x + C = -\operatorname{arccot} x + C$；

（12）$\int \sec x \tan x \, dx = \sec x + C$；　　　　（13）$\int \csc x \cot x \, dx = -\csc x + C$；

（14）$\int \dfrac{1}{(a-x)(b-x)} dx = \dfrac{1}{a-b} \ln \left| \dfrac{a-x}{b-x} \right| + C$；

（15）$\int \dfrac{1}{\sqrt{x^2 \pm a^2}} dx = \ln | x + \sqrt{x^2 \pm a^2} | + C$；

（16）$\int \sqrt{a^2 - x^2} \, dx = \dfrac{a^2}{2} \arcsin \dfrac{x}{a} + \dfrac{x}{2} \sqrt{a^2 - x^2} + C$；

（17）$\int \sin^2 x \, dx = \dfrac{x}{2} - \dfrac{\sin 2x}{4} + C$；　　　　（18）$\int \cos^2 x \, dx = \dfrac{x}{2} + \dfrac{\sin 2x}{4} + C$；

（19）$\int \tan x \, dx = \ln | \sec x | + C$；　　　　（20）$\int \cot x \, dx = -\ln | \csc x | + C$；

（21）$\int \sec x \, dx = \ln | \sec x + \tan x | + C$；　　　　（22）$\int \csc x \, dx = -\ln | \csc x + \cot x | + C$；

（23）$\int \ln x \, dx = x \ln x - x + C$；

（24）$\int \arcsin x \, dx = x \arcsin x + \sqrt{1-x^2} + C$；

（25）$\int \arccos x \, dx = x \arccos x - \sqrt{1-x^2} + C$；

（26）$\int \arctan x \, dx = x \arctan x - \ln \sqrt{1+x^2} + C$；

（27）$\int \operatorname{arccot} x \, dx = x \operatorname{arccot} x + \ln \sqrt{1+x^2} + C$；

（28）$\int x \sin x \, dx = -x \cos x + \sin x + C$；　　　　（29）$\int x \cos x \, dx = x \sin x + \cos x + C$；

（30）$\int \sec^3 x \, dx = \dfrac{1}{2} \sec x \tan x + \dfrac{1}{2} \ln | \sec x + \tan x | + C$；

（31）$\int \csc^3 x \, dx = -\dfrac{1}{2} \csc x \cot x + \dfrac{1}{2} \ln | \csc x - \cot x | + C.$

本章要点小结

1.不定积分的概念

（1）$\int f(x)\,\mathrm{d}x$ 是一个集合（一个函数簇）。这些函数的共同性质是：导函数都是 $f(x)$.

（2）不定积分是一个算法：已知导函数，求原函数——与求导互逆.

2.不定积分的性质

熟练掌握：定理 7.1、定理 7.2 和性质 1、性质 2.

3.不定积分的算法

本章列举了 12 种算法：

（1）依据求导公式猜原函数；

（2）应用基本积分公式；

（3）应用性质化一个复杂积分为多个较简单积分；

（4）吸收法，先吸收再换元；

（5）拆项；

（6）根式代换：当根底内 x 次数为 1 时，根式代换较方便；

（7）三角换元法（3 种形式）：

① $\sqrt{a^2+x^2}$，令 $x=a\tan x$；　② $\sqrt{a^2-x^2}$，令 $x=a\sin x$；　③ $\sqrt{x^2-a^2}$，令 $x=a\sec x$.

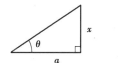

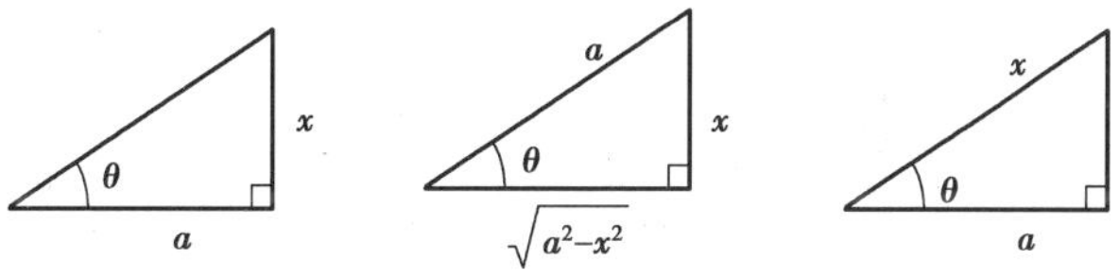

图 7.4　3 种形式对应的直角三角形

（8）分部积分法降次；

（9）分部积分法改变函数结构；

（10）分部积分法建立方程；

（11）（有理分式）先化成"多项式+真分式"，再把真分式化成"分母不超过二次的真分式的和"；

（12）$\int \dfrac{1}{x^2+bx+c}\,\mathrm{d}x$ 的算法：

$$\begin{cases} b^2-4c>0 \text{ 时} & \text{拆开成两个一次分母分式的和}\\ b^2-4c=0 \text{ 时} & \text{分母化为完全平方式}\\ b^2-4c<0 \text{ 时} & \text{配方，消去一次项} \end{cases}$$

注意：

①计算不定积分，是高等数学中最为重要的计算之一；

②计算不定积分，往往具有较高难度，需要一定的技巧.

建议:

做扎实的训练,积累有效算法;

积累和记忆一定数量的积分公式.

练习 7

1.求不定积分.

(1) $\int \left[\ln(1 + \sqrt{x}) + \dfrac{x^2}{\arctan x} \right]' \mathrm{d}x$;　　　　(2) $\int \mathrm{d}\left(\dfrac{x^3 + 5}{x + \cos x} \right)$;

(3) $\left[\int \dfrac{5}{x^2 - x + \cos x} \mathrm{d}x \right]'$;

2.验证下列计算(正确或错误).

(1) $\int (1 + \ln x) \mathrm{d}x = x \ln x + C$;　　　　(2) $\int \arcsin x \mathrm{d}x = \arcsin x + \sqrt{1 - x^2} + C$;

(3) $\int \left(\dfrac{1}{x} - \sin x \right) \mathrm{d}x = \ln x + \cos x + C$;　　　　(4) $\int \left(\dfrac{1}{x} - \sin x \right) \mathrm{d}x = \ln 7x + \cos x + C$.

3.指出下列计算中的错误.

(1) 因为 $\quad \left[\dfrac{1}{x} + \arcsin x \right]' = -\dfrac{1}{x^2} + \dfrac{1}{\sqrt{1 - x^2}}$

所以 $\quad \int \left(-\dfrac{1}{x^2} + \dfrac{1}{\sqrt{1 - x^2}} \right) \mathrm{d}x = \dfrac{1}{x} + \arcsin x$.

(2) $\int x \sin x \mathrm{d}x = x \int \sin x \mathrm{d}x = -x \cos x + C$.

(3) $\int (2x - 1)(5 - x^2) \mathrm{d}x = \int (2x - 1) \mathrm{d}x \int (5 - x^2) \mathrm{d}x$

$$= (x^2 - x)\left(5x - \dfrac{1}{3}x^3 \right) + C.$$

4.求不定积分.

(1) $\int x^{-7} \mathrm{d}x$;　　　　(2) $\int \dfrac{3}{x^5} \mathrm{d}x$;　　　　(3) $\int t^3 \sqrt[5]{t} \, \mathrm{d}t$;

(4) $\int (5x^4 + 15x^2 - x + 7) \mathrm{d}x$;　　(5) $\int \dfrac{16}{x^3 \sqrt[5]{x}} \mathrm{d}x$;　　(6) $\int \sqrt{\sqrt{y}} \, \mathrm{d}y$;

(7) $\int x^{\frac{m}{n}} \mathrm{d}x$ (m, n 是正整数常数);　　　　(8) $\int (5 - 3x)^2 \mathrm{d}x$;

(9) $\int (x^3 + \sqrt{x})^2 \mathrm{d}x$;　　(10) $\int \sqrt{x}(3x + 2\sqrt{x}) \mathrm{d}x$;　　(11) $\int (u + 1)(3u^2 - 1) \mathrm{d}u$;

$(12) \int (\sqrt[3]{x} - 1)(\sqrt{x} + 1) \mathrm{d}x;$

$(13) \int \frac{(1 - \sqrt{x})^2}{x} \mathrm{d}x;$

$(14) \int \frac{(1 + x^3)^2}{x^4} \mathrm{d}x;$

$(15) \int \frac{y^3 - y^2 + 1}{\sqrt{y}} \mathrm{d}y;$

$(16) \int \frac{x^2}{1 + x^2} \mathrm{d}x;$

$(17) \int \frac{x^4}{x^2 - 1} \mathrm{d}x;$

$(18) \int \frac{7 - \sqrt{1 - w^2}}{\sqrt{1 - w^2}} \mathrm{d}w;$

$(19) \int \frac{\mathrm{e}^{2x} - 1}{\mathrm{e}^x - 1} \mathrm{d}x;$

$(20) \int \left(\frac{3}{x} - \mathrm{e}^x \right) \mathrm{d}x;$

$(21) \int \sqrt{x} \left(3 - \frac{3^x}{\sqrt{x}} \right) \mathrm{d}x;$

$(22) \int 3^{2x} \mathrm{d}x;$

$(23) \int 5^{-3x} \mathrm{d}x;$

$(24) \int \sqrt{\mathrm{e}^x} \mathrm{d}x;$

$(25) \int \frac{2^x - 7 \cdot 3^x}{5^x} \mathrm{d}x;$

$(26) \int \mathrm{e}^{x-2} \mathrm{d}x;$

$(27) \int 5^x \cdot 3^x \mathrm{d}x;$

$(28) \int 3^x \mathrm{e}^{2x} \mathrm{d}x;$

$(29) \int \frac{(\mathrm{e}^x - 1)^2}{\mathrm{e}^x} \mathrm{d}x;$

$(30) \int \frac{(\mathrm{e}^x + 1)^2}{5^x} \mathrm{d}w.$

5.求不定积分.

$(1) \int \frac{\cos 2x}{\cos x - \sin x} \mathrm{d}x;$

$(2) \int \frac{\sin 2\theta}{\cos \theta} \mathrm{d}\theta;$

$(3) \int \frac{\tan x}{\tan 2x} \mathrm{d}x;$

$(4) \int \frac{\cos 2x}{\sin^2 x \cos^2 x} \mathrm{d}x;$

$(5) \int \frac{\mathrm{d}\theta}{1 + \cos 2\theta};$

$(6) \int \frac{\mathrm{d}\theta}{1 - \cos 2\theta};$

$(7) \int \cos^2 \frac{\theta}{2} \mathrm{d}\theta;$

$(8) \int \cos \left(\frac{\pi}{2} + \theta \right) \mathrm{d}\theta;$

$(9) \int \sin \left(\frac{\pi}{3} + \theta \right) \mathrm{d}\theta;$

$(10) \int \frac{1}{\cos^2 x \sin^2 x} \mathrm{d}x;$

$(11) \int \frac{\cos \theta - \sin \theta}{\cos \theta + \sin \theta} \mathrm{d}\theta.$

6.求不定积分.

$(1) \int 24 (5 + 3x)^7 \mathrm{d}x;$

$(2) \int (5 + 3x)^7 \mathrm{d}x;$

$(3) \int (5 - 3x)^7 \mathrm{d}x;$

$(4) \int \frac{20}{(3 + 5x)^5} \mathrm{d}x;$

$(5) \int \frac{20}{(3 - 5x)^5} \mathrm{d}x;$

$(6) \int \frac{3x^2}{2 + x^3} \mathrm{d}x;$

$(7) \int \frac{21x^2}{5 - 7x^3} \mathrm{d}x;$

$(8) \int 6x (1 - 3x^2)^{13} \mathrm{d}x;$

$(9) \int x^2 \sqrt{3 + 5x^3} \mathrm{d}x;$

$(10) \int \frac{\mathrm{d}x}{(x - 5)(x - 2)};$

$(11) \int \frac{\mathrm{d}x}{x(7 - x)};$

$(12) \int \frac{1}{x(1 + x^2)} \mathrm{d}x;$

$(13) \int \frac{1}{x^2 (1 + x)} \mathrm{d}x;$

$(14) \int \frac{\mathrm{d}x}{\sqrt{x + 1} - \sqrt{x - 1}};$

$(15) \int \frac{1}{x \ln x} \mathrm{d}x;$

$(16) \int \frac{1}{x \ln x \ln (\ln x)} \mathrm{d}x;$

$(17) \int \frac{1}{x(3 - 5 \ln x)} \mathrm{d}x;$

$(18) \int \frac{\mathrm{e}^x}{1 - 3\mathrm{e}^x} \mathrm{d}x;$

$(19) \int \mathrm{e}^x (2 - 5\mathrm{e}^x)^8 \mathrm{d}x;$

$(20) \int \frac{1}{9 + v^2} \mathrm{d}v;$

$(21) \int \frac{1}{\sqrt{25 - v^2}} \mathrm{d}v;$

$(22) \int \dfrac{1 - \sin x}{(x + \cos x)^5} \mathrm{d}x$；

$(23) \int \dfrac{(1 + \arctan x)^5}{1 + x^2} \mathrm{d}x$；$(24) \int \dfrac{1 - 3\arcsin x}{\sqrt{1 - x^2}} \mathrm{d}x$；

$(25) \int \dfrac{\sqrt[3]{2 - \arcsin x}}{\sqrt{1 - x^2}} \mathrm{d}x$；

$(26) \int \mathrm{e}^x (2 - 5\mathrm{e}^x)^8 \mathrm{d}x$；$(27) \int \dfrac{\mathrm{d}v}{9 + v^2}$；

$(28) \int \dfrac{\mathrm{d}v}{\sqrt{25 - v^2}}$；

$(29) \int x \cos(1 - 3x^2) \mathrm{d}x$；$(30) \int \tan \theta \mathrm{d}\theta$；

$(31) \int \tan 5\theta \mathrm{d}\theta$；

$(32) \int \sin^2 \theta \mathrm{d}\theta$；$(33) \int \sin^3 \theta \mathrm{d}\theta$；

$(34) \int \tan^3 \theta \mathrm{d}\theta$；

$(35) \int \tan^3 \theta \sec^2 \theta \mathrm{d}\theta$；$(36) \int \sin^2 \theta \cos^5 \theta \mathrm{d}\theta$；

$(37) \int \cos^2 2\theta \mathrm{d}\theta$；

$(38) \int \cos \theta \sqrt{3 - 2 \sin \theta} \mathrm{d}\theta$；

$(39) \int \dfrac{\mathrm{d}x}{1 + \tan x}$.

7. 求不定积分.

$(1) \int \dfrac{\sin^2 \theta + 1}{\sin \theta}$；

$(2) \int \dfrac{\tan \theta + 1}{\sin \theta}$；

$(3) \int \dfrac{\sin \theta + 1}{\tan \theta}$；

$(4) \int \dfrac{\cot^2 \theta + 1}{\cot \theta} \mathrm{d}\theta$；

$(5) \int \dfrac{\mathrm{d}\theta}{\cos \theta \sin \theta}$.

8. 求不定积分.

$(1) \int \dfrac{3\mathrm{e}^x - 1}{2\mathrm{e}^x - 1} \mathrm{d}x$；

$(2) \int \dfrac{\mathrm{e}^x + 1}{\mathrm{e}^x - 1} \mathrm{d}x$；

$(3) \int \dfrac{\mathrm{d}x}{(x^2 - 2)(x^2 + 3)}$；

$(4) \int \dfrac{3 - x^2}{x^2(1 + x^2)} \mathrm{d}x$；

$(5) \int \dfrac{1 - x^3}{1 - x} \mathrm{d}x$；

$(6) \int \dfrac{\mathrm{d}x}{x^4 - 1}$；

$(7) \int \dfrac{\sqrt{x^4 + x^{-4} + 2}}{x^3} \mathrm{d}x$；

$(8) \int \dfrac{\sqrt{1 - x^2}}{\sqrt{1 - x^4}} \mathrm{d}x$；

$(9) \int \dfrac{\cos 2\theta}{\sqrt{1 + \sin 2\theta}} \mathrm{d}\theta$；

$(10) \int \sec^3 \theta \mathrm{d}\theta$.

9. 求不定积分.

$(1) \int x \sqrt[3]{2 - x} \mathrm{d}x$；

$(2) \int (x^2 - x + 1) \sqrt{x - 3} \mathrm{d}x$；$(3) \int \dfrac{1}{\sqrt{x}} \mathrm{e}^{\sqrt{x}} \mathrm{d}x$；

$(4) \int \dfrac{\sin \sqrt{t}}{\sqrt{t}} \mathrm{d}t$；

$(5) \int \dfrac{(x - 5)^2}{\sqrt{1 + x}} \mathrm{d}x$；$(6) \int \dfrac{1}{1 + \sqrt{x}} \mathrm{d}x$；

$(7) \int \dfrac{\mathrm{d}x}{x(1 + \sqrt{x})}$；

$(8) \int \dfrac{\mathrm{d}t}{\sqrt{t} + \sqrt[4]{t}}$；$(9) \int \dfrac{\mathrm{d}t}{\sqrt{t} + \sqrt[3]{t}}$.

10.求不定积分.

$(1) \int \dfrac{\mathrm{d}x}{\sqrt{1+x^2}}$;

$(2) \int \dfrac{\mathrm{d}x}{\sqrt{9+x^2}}$;

$(3) \int \dfrac{\mathrm{d}x}{\sqrt{1+3x^2}}$;

$(4) \int \dfrac{\mathrm{d}x}{x\sqrt{1+x^2}}$;

$(5) \int \dfrac{\mathrm{d}x}{\sqrt{x^2-1}}$;

$(6) \int \dfrac{\mathrm{d}x}{\sqrt{2x^2-5}}$;

$(7) \int \dfrac{\mathrm{d}x}{\sqrt{1-25x^2}}$;

$(8) \int \dfrac{\mathrm{d}x}{\sqrt{x^2-6x+10}}$;

$(9) \int \dfrac{\mathrm{d}x}{(1+x^2)^{\frac{3}{2}}}$;

$(10) \int \dfrac{x^2}{(1+x^2)^{\frac{3}{2}}}\mathrm{d}x$;

$(11) \int \dfrac{\sqrt{x^2-1}}{x}\mathrm{d}x$;

$(12) \int \dfrac{\mathrm{d}x}{1+\sqrt{1-x^2}}$.

11.求不定积分.

$(1) \int x\cos x\,\mathrm{d}x$;

$(2) \int x^2\sin x\,\mathrm{d}x$;

$(3) \int x\cos \dfrac{x}{3}\mathrm{d}x$;

$(4) \int x\sin x\cos x\,\mathrm{d}x$;

$(5) \int x\cos^2 x\,\mathrm{d}x$;

$(6) \int x^2\mathrm{e}^x\,\mathrm{d}x$;

$(7) \int x\mathrm{e}^{-3x}\,\mathrm{d}x$;

$(8) \int x3^x\,\mathrm{d}x$;

$(9) \int \dfrac{x}{\cos^2 x}\mathrm{d}x$;

$(10) \int x\ln(1+x)\,\mathrm{d}x$;

$(11) \int \ln x\,\mathrm{d}x$;

$(12) \int x^3\ln x\,\mathrm{d}x$;

$(13) \int \arcsin x\,\mathrm{d}x$;

$(14) \int x^3\arctan x\,\mathrm{d}x$;

$(15) \int \mathrm{e}^{\sqrt{x}}\,\mathrm{d}x$;

$(16) \int \sin\sqrt{x}\,\mathrm{d}x$;

$(17) \int \dfrac{\ln(3-2\sqrt{x})}{\sqrt{x}}\mathrm{d}x$;

$(18) \int \cos\theta\,\mathrm{d}\mathrm{e}^{\cos\theta}\,\mathrm{d}\theta$;

$(19) \int \mathrm{e}^x\cos x\,\mathrm{d}x$;

$(20) \int \sqrt{1-x^2}\,\mathrm{d}x$;

$(21) \int \sqrt{x^2-1}\,\mathrm{d}x$;

$(22) \int \sqrt{x^2+1}\,\mathrm{d}x$.

12.求不定积分.

$(1) \int \dfrac{\mathrm{d}x}{x^2+x-6}$;

$(2) \int \dfrac{\mathrm{d}x}{x^2+2x-2}$;

$(3) \int \dfrac{\mathrm{d}x}{x^2-10x+25}$;

$(4) \int \dfrac{\mathrm{d}x}{x^2+2x+2}$;

$(5) \int \dfrac{\mathrm{d}x}{x^2-6x+13}$;

$(6) \int \dfrac{3x+18}{x^2+x-2}\mathrm{d}x$;

$(7) \int \dfrac{x+13}{x^2-2x-10}\mathrm{d}x$;

$(8) \int \dfrac{x+5}{x^2+2x+2}\mathrm{d}x$;

$(9) \int \dfrac{3-5x}{x^2-12x+37}\mathrm{d}x$;

$(10) \int \dfrac{x^3-x^2-11x+3}{x^2-2x-10}\mathrm{d}x$;

$(11) \int \dfrac{x^4+2x^3+x^2-x+3}{x^2+2x+2}\mathrm{d}x$.

13.某产品生产 q t 产品时总成本为 $C(q)$,其中固定成本 $C(0)$ 为 11(万元).已知边际成本是：$MC = 2q - 0.14\mathrm{e}^{0.2q}$（万元/t），求总成本函数 $C(q)$.

14.计算不定积分.

（1）设 $f(x-1) = x^2(x-1)$，求 $\int f(x)\,\mathrm{d}x$.

（2）设 $v(x) \neq 0, u'(x), v'(x)$ 均连续，求 $\int \left[u(x) - \dfrac{v'(x)}{v(x)} \right] \mathrm{d}x$.

（3）设 $\int g(x)\,\mathrm{d}x = G(x) - 13$，且 $G(x) > 0$，求 $\int \dfrac{g(x)}{G(x)}\,\mathrm{d}x$.

（4）设 $\int h(x)\,\mathrm{d}x = \dfrac{x^2 - 5}{x^4 - 3x^2 + 1} + C$，求 $\int \dfrac{h(\sqrt{x})}{\sqrt{x}}\,\mathrm{d}x$.

（5）设 $f''(x)$ 连续，求 $\int x f''(x)\,\mathrm{d}x$.

第8章　定积分

8.1　分割、求和算法

8.1.1　曲边梯形面积

曲边梯形:如图8.1,由线段 AB、BC、AD 和曲线 CD 所构成的区域 $ABCD$.

设曲边 CD 由函数 $y=f(x)$,$x\in[a,b]$表示. 下面研究曲边梯形 $ABCD$ 的面积 S.

基本思路:①不会算曲边梯形面积 S;②会算矩形面积 $S_{矩形}$ =长×宽;③尝试:曲边梯形$\xrightarrow{转化}$矩形;④测试:用 1~2 个矩形代替曲边梯形 $ABCD$,会发现误差太大了;⑤尝试用多个、无穷多小矩形.

第1步,分割. 如图8.2,$x_0=a<x_1<x_2<\cdots<x_{n-1}<x_n=b$.

设第 k 个小段长 $\Delta x_k=x_k-x_{k-1}$,对应的小曲边梯形面积为 $S_k(k=1,2,\cdots,n)$,如图8.3,则

$$S = S_1 + S_2 + \cdots + S_k + \cdots + S_n = \sum_{k=1}^{n} S_k$$

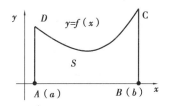

图 8.1　曲边梯形

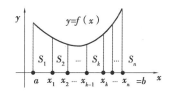

图 8.2　分割

第2步,近似(以第 k 个小曲边梯形为代表). 如图8.4,任取 $\xi_k\in[x_{k-1},x_k]$,以 $[x_{k-1},x_k]$ 为底,$f(\xi_k)$ 为高作矩形,设矩形面积 $\overline{S}_k$,则 $\overline{S}_k=f(\xi_k)\Delta x_k$.

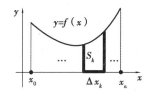

图 8.3　小曲边梯形

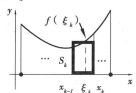

图 8.4　小矩形

Δx_k 很小时,

$$S_k \approx \overline{S}_k = f(\xi_k)\Delta x_k , (k=1,2,\cdots,n) \qquad (*)$$

$$S = \sum_{k=1}^{n} S_k \approx \sum_{k=1}^{n} \overline{S}_k = \sum_{k=1}^{n} f(\xi_k)\Delta x_k \qquad (**)$$

第 3 步,取极限.

研究($**$):①关键是"怎样才能使近似的效果好?"结论是当每个 Δx_k 都很小时.②新问题:"怎样才能使每个 Δx_k 都很小?"

令 $\lambda = \max\{\Delta x_k | k = 1,2,\cdots,n\}$,称为细度. λ 越小,则所有 Δx_k 都越小,($**$)近似的效果就越好. 极限情形 $\lambda \to 0$ 时,($**$)的近似效果最好. 所以

$$S = \lim_{\lambda \to 0} \sum_{k=1}^{n} f(\xi_k)\Delta x_k \qquad (8.1)$$

8.1.2 路程

1)时刻、时段、时间

(体验:打开手机,秒表)

时刻:$4''$末,$9''$末;时段:$4''$末到$9''$末;时间:5 秒钟($4''$末到$9''$末).

时刻:$t_1 = 4, t_2 = 9$;时段:$[t_1, t_2] = [4,9]$;时间:$T = t_2 - t_1 = 5$.

2)设速度函数为 $v = v(t)$

下面研究:时刻 a 到时刻 b 物体所走过的路程 S.

基本思路:①假如匀速运动,则路程 $S_{匀速} = v \times (b-a)$;②$v = v(t)$ 是变化的,路程怎么算?③尝试:变速$\overset{转化}{\to}$匀速.

第 1 步,分割. 把整时段 $[a,b]$ 分割成 n 个小时段 $[t_0,t_1]$,$[t_1,t_2]$,$\cdots$,$[t_{n-1},t_n]$,各小段时间为 $\Delta t_k = t_k - t_{k-1}$,$(k=1,2,\cdots,n)$.

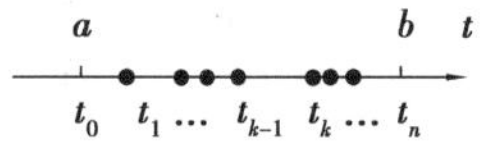

图 8.5　分割$[a,b]$ 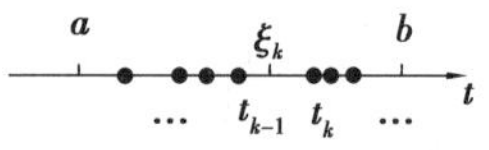　　　　图 8.6　时段$[t_{k-1},t_k]$

设第 k 个时段 $[t_{k-1},t_k]$ 内路程为 S_k,则 $S = \sum_{k=1}^{n} S_k$.

第 2 步,近似(以时段 $[t_{k-1},t_k]$ 为代表). 任取时刻 $\xi_k \in [t_{k-1},t_k]$,把在 $[t_{k-1},t_k]$ 内的运动近似成匀速 $v(\xi_k)$ 的运动,则 $S_k \approx v(\xi_k)\Delta t_k$,所以 $S = \sum_{k=1}^{n} S_k \approx \sum_{k=1}^{n} v(\xi_k)\Delta t_k$.

第 3 步,取极限. 令 $\lambda = \max\{\Delta t_k | k = 1,2,\cdots,n\}$,则 λ 越小,所有 $[t_{k-1},t_k]$ 都越短,近似效果就越好.$\lambda \to 0$ 时,近似效果最好,所以

$$S = \lim_{\lambda \to 0} \sum_{k=1}^{n} v(\xi_k)\Delta t_k \qquad (8.2)$$

8.1.3　比较式(8.1)与式(8.2)

比较式(8.1)与式(8.2)发现:第一,计算的量不同. 一个是"面积",另一个是"路程".第二,算法相同,都是"和的极限". 可见,"和的极限"是一种十分重要的算法!

思考1　在第3步中,$n \to +\infty$能保证"所有Δx_k都趋于0"吗? 为什么?

问题1　试说明式(8.1)的合理性.

8.2　定积分的定义

8.2.1　定积分的定义

定义8.1　设$y = f(x)$在$[a,b]$上有定义,$x_0 = a < x_1 < x_2 < \cdots < x_{n-1} < x_n = b, \Delta x_k = x_k - x_{k-1}, k = 1, 2, \cdots, n, \lambda = \max\{\Delta x_k \mid k = 1, 2, \cdots, n\}$. 任取$\xi_k \in [x_{k-1}, x_k]$,若$\lim\limits_{\lambda \to 0} \sum\limits_{k=1}^{n} f(\xi_k) \Delta x_k$存在,且与$x_k, \xi_k$的取法无关,则记作

$$\int_a^b f(x) \, dx = \lim_{\lambda \to 0} \sum_{k=1}^{n} f(\xi_k) \Delta x_k \qquad (8.3)$$

称为$f(x)$在$[a,b]$上的定积分,并称$f(x)$在$[a,b]$上可积. 其中,$f(x)$称为被积函数,x称为积分变量,$[a,b]$称为积分区间,a称为积分下限,b称为积分上限.

定理8.1　(可积的充分条件)　若$f(x)$在$[a,b]$上连续,则在$[a,b]$上可积.

8.2.2　依据定义计算定积分

例1　求定积分$\int_9^{18} 6 \, dx$.

解:被积函数$f(x) = 6$,即曲边是水平线段(如图8.7). 所以,依据定积分定义得

$$\int_9^{18} 6 \, dz = S_1 = 6(18 - 9) = 54$$

例2　求$2x$在$[3,6]$的定积分.

解:被积函数$g(x) = 2x$,即曲边是斜线段(如图8.7). 所以,依据定积分定义得

$$\int_3^6 2x \, dx = S_2 = (2 \times 3 + 2 \times 6)(6 - 3) \frac{1}{2} = 27$$

例3　求定积分$\int_0^1 x^2 \, dx$.

解:因为$y = f(x) = x^2$在$[0,1]$上连续,所以可积. 采

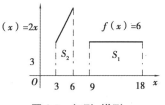

图8.7　矩形,梯形

取(较简单的)等分分割法(如图 8.8),把 $[0,1]$ 分割成 n 等份,则

$$\Delta x_k = x_k - x_{k-1} = \frac{1}{n}, k = 1, 2, \cdots, n, \lambda = \frac{1}{n}. \text{ 取 } \xi_k = x_k = \frac{k}{n}.$$

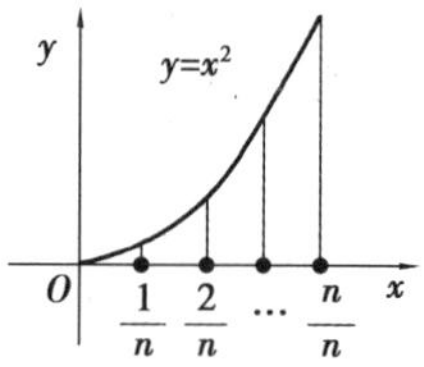

图 8.8 将 $[0,1]n$ 等分

因为
$$\sum_{k=1}^{n} f(\xi_k) \Delta x_k = \sum_{k=1}^{n} f\left(\frac{k}{n}\right) \Delta x_k = \sum_{k=1}^{n} \left(\frac{k}{n}\right)^2 \frac{1}{n}$$

$$= \frac{1}{n}\left[\left(\frac{1}{n}\right)^2 + \left(\frac{2}{n}\right)^2 + \cdots + \left(\frac{n}{n}\right)^2\right]$$

$$= \frac{1}{n^3}\left[1^2 + 2^2 + \cdots + n^2\right]$$

$$= \frac{1}{n^3} \frac{n(n+1)(2n+1)}{6}$$

且 $\lambda = \frac{1}{n} \to 0$,等价于 $n \to \infty$.

所以
$$\int_0^1 x^2 \mathrm{d}x = \lim_{\lambda \to 0} \frac{1}{n^3} \frac{n(n+1)(2n+1)}{6} = \frac{1}{6} \lim_{n \to \infty}\left[\left(1 + \frac{1}{n}\right)\left(2 + \frac{1}{n}\right)\right] = \frac{1}{3}$$

练习 1 用等分分割法求定积分.(1) $\int_{-1}^{2} 1 \mathrm{d}x$;(2) $\int_0^1 (x + 1) \mathrm{d}x$.

思考 1 在例 3 中,应用了正整数平方和公式 $1^2 + 2^2 + \cdots + n^2 = \frac{n(n+1)(2n+1)}{6}$.若要计算 $\int_0^1 x^{10} \mathrm{d}x$,将需要什么公式?有难度吗?

思考 2 试比较 $\left[\int_0^1 x^2 \mathrm{d}x\right]'$ 与 $\left[\int x^2 \mathrm{d}x\right]'$.

问题 1 "若 $f(x)$ 在 $[a,b]$ 上可积,则 $\frac{\mathrm{d}}{\mathrm{d}x}\left[\int_a^b f(x) \mathrm{d}x\right] = 0$" 成立吗?

8.3 定积分的基本性质

8.3.1 定积分的性质

性质 1 $\int_a^a f(x) \mathrm{d}x = 0$ (8.4)

性质 2 $\int_a^b 1 \mathrm{d}x = b - a$ (1 的积分值等于区间长度) (8.5)

性质 3 $\int_b^a f(x) \mathrm{d}x = -\int_a^b f(x) \mathrm{d}x$ (交换上下限,积分值反号) (8.6)

性质 4 $\int_a^b f(x) \mathrm{d}x = \int_a^b f(t) \mathrm{d}t$ (更换积分变量,积分值不变) (8.7)

性质5　$\int_a^b k\mathrm{d}x = k(b-a)$　　　（常数的定积分,等于区间长的常数倍）　　　(8.8)

证明:令 $f(x)=k$,则

$$\int_a^b k\mathrm{d}x = \lim_{\lambda \to 0}\sum_{k=1}^n f(\xi_k)\Delta x_k = \lim_{\lambda \to 0}\sum_{k=1}^n k\Delta x_k = \lim_{\lambda \to 0}k\sum_{k=1}^n \Delta x_k = \lim_{\lambda \to 0}k(b-a) = k(b-a)$$

性质6　$\int_a^b kf(x)\mathrm{d}x = k\int_b^a f(x)\mathrm{d}x$　　　（常系数可以在积分号内外穿行）　　　(8.9)

证明:$\int_a^b kf(x)\mathrm{d}x = \lim_{\lambda \to 0}\sum_{k=1}^n kf(\xi_k)\Delta x_k = \lim_{\lambda \to 0}k\sum_{k=1}^n f(\xi_k)\Delta x_k$

$$= k\lim_{\lambda \to 0}\sum_{k=1}^n f(\xi_k)\Delta x_k = k\int_a^b f(x)\mathrm{d}x$$

性质7　若在 $[a,b]$ 上 $f(x)\le g(x)$,则 $\int_a^b f(x)\mathrm{d}x \le \int_a^b g(x)\mathrm{d}x$.

证明:因为 $\sum_{k=1}^n f(\xi_k)\Delta x_k \le \sum_{k=1}^n g(\xi_k)\Delta x_k$,

所以,由数列极限的性质知 $\lim_{\lambda \to 0}\sum_{k=1}^n f(\xi_k)\Delta x_k \le \lim_{\lambda \to 0}\sum_{k=1}^n g(\xi_k)\Delta x_k$

即 $\int_a^b f(x)dx \le \int_a^b g(x)dx$

性质8　若在 $[a,b]$ 上 $f(x)>0$,则 $\int_a^b f(x)\mathrm{d}x > 0$;若在 $[a,b]$ 上 $f(x)<0$,则 $\int_a^b f(x)\mathrm{d}x < 0$.
（可利用性质7证明性质8）

性质9　$\int_a^b [f(x)\pm g(x)]\mathrm{d}x = \int_a^b f(x)\mathrm{d}x \pm \int_a^b g(x)\mathrm{d}x$　　　（和的积分等于积分的和）

(8.10)

证明:$\int_a^b [f(x)\pm g(x)]\mathrm{d}x = \lim_{\lambda \to 0}\sum_{k=1}^n [f(\xi_k)+g(\xi_k)]\Delta x_k$

$$= \lim_{\lambda \to 0}\sum_{k=1}^n f(\xi_k)\Delta x_k \pm \lim_{\lambda \to 0}\sum_{k=1}^n g(\xi_k)\Delta x_k$$

$$= \int_a^b f(x)\mathrm{d}x \pm \int_a^b g(x)\mathrm{d}x$$

性质10　$\int_a^c f(x)\mathrm{d}x = \int_a^b f(x)\mathrm{d}x + \int_b^c f(x)\mathrm{d}x$　　　（可以分段积分）　　　(8.11)

性质11　（积分中值定理）若 $f(x)$ 在 $[a,b]$ 上可积,则存在 $\xi \in [a,b]$,使得

$$\int_a^b f(x)\mathrm{d}x = f(\xi)(b-a)$$　　　(8.12)

8.3.2　定积分与面积的关系

(1)在 $[a,b]$ 上,$y=f(x)\ge 0$ 时,$\mathrm{d}\int_a^b f(x)\mathrm{d}x = S$(曲边梯形面积)　　　(8.13)

(2)在 $[a,b]$ 上,$y=f(x)\le 0$ 时,$\mathrm{d}\int_a^b f(x)\mathrm{d}x = -S$(面积相反数)　　　(8.14)

设在 $[a,b]$ 上,$y=f(x)\le 0$(如图8.9),则 $\int_a^b f(x)\mathrm{d}x = -\int_a^b [-f(x)]\mathrm{d}x = -S_1 = -S$.

（3）一般地，$\int_a^b f(x)\,\mathrm{d}x =$ 上侧面积和－下侧面积和.

如图 8.10 所示，$\int_a^b f(x)\,\mathrm{d}x = \int_a^{c_1} f(x)\,\mathrm{d}x + \int_{c_1}^{c_2} f(x)\,\mathrm{d}x + \int_{c_2}^{c_3} f(x)\,\mathrm{d}x + \int_{c_3}^b f(x)\,\mathrm{d}x$

$$= S_1 + (-S_2) + S_3 + (-S_4) = (S_1 + S_3) - (S_2 + S_4) \quad (8.15)$$

练习 1　如图 8.10，$S = S_1 + S_2 + S_3 + S_4$ 如何用定积分表示？

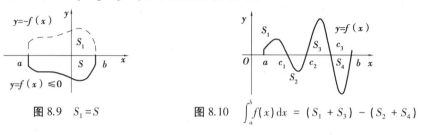

图 8.9　$S_1 = S$　　　　图 8.10　$\int_a^b f(x)\,\mathrm{d}x = (S_1 + S_3) - (S_2 + S_4)$

8.4　变限积分

8.4.1　变限积分的概念

如图 8.11，设 $APQB$ 的面积为 S，则 $S = \int_a^x f(x)\,\mathrm{d}x$. 为了把积分变量 x 与积分上限 x 区别开，依据性质 4 改写为 $S = \int_a^x f(t)\,\mathrm{d}t$.

x 的每一个取值，都产生唯一积分值 S. 所以 $S = \int_a^x f(t)\,\mathrm{d}t$ 是 x 的函数.

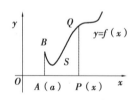

图 8.11　变限积分几何意义

定义 8.2　$\int_a^x f(t)\,\mathrm{d}t, x \in I$，称为变上限积分；

$\int_x^b f(t)\,\mathrm{d}t, x \in I$，称为变下限积分；

$\int_{u(x)}^{v(x)} f(t)\,\mathrm{d}t, x \in I$，称为变限积分.

事实上，依据性质 3、性质 10，变限积分都可以转化成变上限积分.

思考 1　试用变上限积分表示下列变限积分：

（1）$\int_x^5 \sin t\,\mathrm{d}t$；　　　　　（2）$\int_{2x-1}^{5x} (t^3 - t)\,\mathrm{d}t$.

8.4.2　变限积分的性质

定理 8.2　如果 $f(x)$ 在 $[a,b]$ 上连续，则 $F(x) = \int_a^x f(t)\,\mathrm{d}t$ 在 $[a,b]$ 上可导，且

$$F'(x) = \frac{\mathrm{d}}{\mathrm{d}x}\int_a^x f(t)\,\mathrm{d}t = f(x), x \in [a,b] \qquad (8.16)$$

证明：$F'(x) = \dfrac{\mathrm{d}}{\mathrm{d}x}\displaystyle\int_a^x f(t)\,\mathrm{d}t = \lim_{\Delta x \to 0}\dfrac{\Delta F}{\Delta x}$

$$= \lim_{\Delta x \to 0}\frac{\displaystyle\int_a^{x+\Delta x} f(t)\,\mathrm{d}t - \int_a^x f(t)\,\mathrm{d}t}{\Delta x} = \lim_{\Delta x \to 0}\frac{\displaystyle\int_x^{x+\Delta x} f(t)\,\mathrm{d}t}{\Delta x} = \lim_{\Delta x \to 0}\frac{\Delta x f(\xi)}{\Delta x}$$

$$= \lim_{\Delta x \to 0} f(\xi) = f(x) \qquad (\xi\text{ 在 }x\text{ 和 }x + \Delta x\text{ 之间},\text{如图 8.12}).$$

推论 1　如果 $f(x)$ 在 $[a,b]$ 上连续,则

$$\frac{\mathrm{d}}{\mathrm{d}x}\int_x^b f(t)\,\mathrm{d}t = -f(x), x \in [a,b] \qquad (8.17)$$

推论 2　如果 $f(x)$ 在 $[a,b]$ 上连续,则

$$\frac{\mathrm{d}}{\mathrm{d}x}\int_{u(x)}^{v(x)} f(t)\,\mathrm{d}t = f(v(x))v'(x) - f(u(x))u'(x) \qquad (8.18)$$

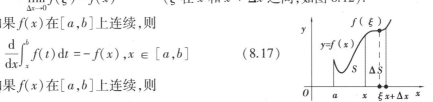

图 8.12　变限积分的导数

例 1　求 $\dfrac{\mathrm{d}}{\mathrm{d}x}\displaystyle\int_a^x (5 + \sqrt{1 + t^2} + \sin t)\,\mathrm{d}t.$

解:由定理 8.2 得

$$\frac{\mathrm{d}}{\mathrm{d}x}\int_a^x (5 + \sqrt{1 + t^2} + \sin t)\,\mathrm{d}t = 5 + \sin x - \sqrt{1 + x^2}$$

例 2　求 $\dfrac{\mathrm{d}}{\mathrm{d}y}\displaystyle\int_{2\sqrt{y}}^5 \ln(1 + t^2)\,\mathrm{d}t.$

解:由推论 2 得

$$\frac{\mathrm{d}}{\mathrm{d}y}\int_{2\sqrt{y}}^5 \ln(1 + t^2)\,\mathrm{d}t = \ln(1 + 5^2)[5]' - \ln[1 + (2\sqrt{y})^2][2\sqrt{y}]' = \frac{-1}{\sqrt{y}}\ln(1 + 4y)$$

练习 1　求:(1) $\dfrac{\mathrm{d}}{\mathrm{d}\theta}\displaystyle\int_{-2}^u \sin t\,\mathrm{d}t;$　(2) $\dfrac{\mathrm{d}}{\mathrm{d}x}\displaystyle\int_{-1}^{5x^2} (7 + t^6)\,\mathrm{d}t.$

思考 2　$\displaystyle\int_a^x f(t)\,\mathrm{d}t$ 是 $f(x)$ 的一个原函数,还是所有原函数?

例 3　求 $\displaystyle\lim_{x \to 0}\dfrac{\displaystyle\int_0^x \arctan t\,\mathrm{d}t}{x^2}.$

分析:① 由定理 8.2 知 $f(x) = \displaystyle\int_0^x \arctan t\,\mathrm{d}t$ 可导,所以连续;② $\displaystyle\lim_{x \to 0}\int_0^x \arctan t\,\mathrm{d}t = \int_0^0$

$\arctan t\,\mathrm{d}t = 0;$ ③ $\displaystyle\lim_{x \to 0}\dfrac{\displaystyle\int_0^x \arctan t\,\mathrm{d}t}{x^2}$ 是 $\dfrac{0}{0}$ 型.

解:应用洛必达法则,得

$$\lim_{x \to 0} \frac{\int_0^x \arctan t \, dt}{x^2} = \lim_{x \to 0} \frac{\frac{d}{dx}\int_0^x \arctan t \, dt}{\frac{d}{dx}x^2} = \lim_{x \to 0} \frac{\arctan x}{2x} = \frac{1}{2}$$

练习 2　求 $\displaystyle\lim_{x \to 0} \frac{\int_0^x (1 - \cos\theta) \, d\theta}{x^3}$.

问题 1　如果用记号" $\left[\int_a^x f(t) \, dt\right]'$ "代替" $\dfrac{d}{dx}\int_a^x f(t) \, dt$ ",有什么不妥吗?

8.5　定积分与不定积分的关系

8.5.1　微积分学基本定理

定理 8.3(微积分学基本定理;牛顿-莱布尼茨定理)　如果 $f(x)$ 在 $[a,b]$ 上连续,且有原函数 $F(x)$,则

$$\int_a^b f(x) \, dx = F(b) - F(a) \tag{8.19}$$

证明:由定理 8.2 知 $\dfrac{d}{dx}\int_a^x f(t) \, dt = f(x)$,即 $\int_a^x f(t) \, dt$, $F(x)$ 都是 $f(x)$ 的原函数.

所以　 $F(x) = \int_a^x f(t) \, dt + C$

取 $x = a$,得 $F(a) = \int_a^a f(t) \, dt + C = 0 + C = C$,即 $C = F(a)$;

取 $x = b$,得 $F(b) = \int_a^b f(x) \, dx + C.$

所以　 $\int_a^b f(x) \, dx = F(b) - C = F(b) - F(a)$

定理的意义:①揭示了定积分与不定积分的关系;②给出了定积分的算法:"要算定积分,先算不定积分"(找出一个原函数就可以了).

例 1　求 $\int_0^1 x^{10} \, dx$.

分析:①按照微积分学基本定理,只需求出 x^{10} 的一个原函数 $F(x)$;② x^{10} 的原函数都在 $\int x^{10} \, dx$ 当中,所以先要算 $\int x^{10} \, dx$.

解:因为　 $\int x^{10} \, dx = \dfrac{1}{11}x^{11} + C$

所以　取 $F(x) = \dfrac{1}{11}x^{11} + C$

故 $\displaystyle\int_0^1 x^{10}\mathrm{d}x = F(1) - F(0) = \left(\frac{1}{11} \times 1^{11} + C\right) - \left(\frac{1}{11} \times 0^{11} + C\right) = \frac{1}{11}$

练习1 求 $\displaystyle\int_1^2 x^5 \mathrm{d}x$.

思考1 计算定积分时,为什么不定积分结果中的 C 可以被省略?

8.5.2 简捷格式

例2 求 $\displaystyle\int_0^\pi \sin x \mathrm{d}x$.

解: $\displaystyle\int_0^\pi \sin x \mathrm{d}x = \left[\int \sin x \mathrm{d}x\right]_0^\pi = \left[-\cos x\right]_0^\pi = (-\cos \pi) - (-\cos 0) = 2$

练习2 求 $\displaystyle\int_0^1 \frac{1}{1+x^2}\mathrm{d}x$.

例3 求 $\displaystyle\int_0^5 |2-x|\,\mathrm{d}x$.

分析:①在$[0,2)$和$(2,5]$内,$|2-x|$分别去掉绝对值符号后的解析式不同;②要分二段计算,如图 8.14.

解: $\displaystyle\int_0^5 |2-x|\,\mathrm{d}x = \int_0^2 |2-x|\,\mathrm{d}x + \int_2^5 |2-x|\,\mathrm{d}x$

$\displaystyle\qquad\qquad\qquad\ = \int_0^2 (2-x)\,\mathrm{d}x + \int_2^5 (x-2)\,\mathrm{d}x$

$\displaystyle\qquad\qquad\qquad\ = \left[\int(2-x)\,\mathrm{d}x\right]_0^2 + \left[\int(x-2)\,\mathrm{d}x\right]_2^5$

$\displaystyle\qquad\qquad\qquad\ = \left[2x - \frac{1}{2}x^2\right]_0^2 + \left[\frac{1}{2}x^2 - 2x\right]_2^5 = \frac{13}{2}$

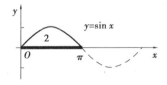

图 8.13 $\displaystyle\int_0^\pi \sin x \mathrm{d}x$ 的几何意义

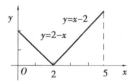

图 8.14 $|2-x|, x\in[0,5]$

练习3 设 $f(x)=\begin{cases}-1+x & 0\leq x\leq 1\\ 3-x & 1< x\leq 3\end{cases}$,求 $\displaystyle\int_0^3 f(x)\,\mathrm{d}x$.

思考2 上面练习中,积分值的几何意义是什么?

问题1 下面的计算符合牛顿-莱布尼茨定理吗?

$$\int_{-1}^2 \frac{1}{x^2}\mathrm{d}x = \left[\int \frac{1}{x^2}\mathrm{d}x\right]_{-1}^2 = \left[-\frac{1}{x}\right]_{-1}^2 = \left(-\frac{1}{2}\right) - \left(-\frac{1}{1}\right) = \frac{1}{2}$$

8.6 定积分的换元法

8.6.1 定积分的换元法

定理 8.4 设 $f(x)$ 在 $[a,b]$ 上连续，$x=\varphi(t)$ 在 $[c,d]$ 上单调且值域为 $[a,b]$，$\varphi'(t)$ 连续，若 $\varphi(c)=a,\varphi(d)=b$，则

$$\int_a^b f(x)\,\mathrm{d}x = \int_c^d f(\varphi(t))\varphi'(t)\,\mathrm{d}t \qquad (8.20)$$

若 $\varphi(c)=b,\varphi(d)=a$，则

$$\int_a^b f(x)\,\mathrm{d}x = \int_d^c f(\varphi(t))\varphi'(t)\,\mathrm{d}t. \qquad (8.21)$$

证明：设 $f(x)$ 的一个原函数 $F(x)$，则 $\int_a^b f(x)\,\mathrm{d}x = F(b)-F(a)$.

因为 $\quad F'(\varphi(t)) = \dfrac{\mathrm{d}}{\mathrm{d}x}F(x)\dfrac{\mathrm{d}x}{\mathrm{d}t} = f(x)\varphi'(t) = f(\varphi(t))\varphi'(t)$

所以 $\quad F(\varphi(t))$ 是 $f(\varphi(t))\varphi'(t)$ 的一个原函数.

当 $\varphi(c)=a,\varphi(d)=b$ 时，

$\int_c^d f(\varphi(t))\varphi'(t)\,\mathrm{d}t = F(\varphi(d))-F(\varphi(c)) = F(b)-F(a) = \int_a^b f(x)\,\mathrm{d}x$

当 $\varphi(c)=b,\varphi(d)=a$ 时，

$\int_d^c f(\varphi(t))\varphi'(t)\,\mathrm{d}t = F(\varphi(c))-F(\varphi(d)) = F(b)-F(a) = \int_a^b f(x)\,\mathrm{d}x.$

例 1 求 $\int_0^4 x\sqrt{2x+1}\,\mathrm{d}x$.

解：令 $t=\sqrt{2x+1}$，则 $x=\dfrac{1}{2}t^2-\dfrac{1}{2}$.

$x=0$ 时，$t=1$；$x=4$ 时，$t=3$.

$$\int_0^4 x\sqrt{2x+1}\,\mathrm{d}x = \int_1^3 \left(\frac{1}{2}t^2-\frac{1}{2}\right)t\,\mathrm{d}\left(\frac{1}{2}t^2-\frac{1}{2}\right) \text{（换元换限）}$$

$$= \int_1^3 \left[\left(\frac{1}{2}t^2-\frac{1}{2}\right)t\times t\right]\mathrm{d}t = \frac{1}{2}\int_1^3(t^4-t^2)\,\mathrm{d}t = \frac{1}{2}\left[\frac{x^5}{5}-\frac{x^3}{3}\right]_1^3 = \frac{298}{15}.$$

图 8.15 定积分换元换限

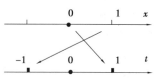

图 8.16 定积分换元换限

例2　求 $\int_0^1 x\sqrt[3]{1-2x}\,\mathrm{d}x$.

解：令 $t=\sqrt[3]{1-2x}$，则 $x=\dfrac{1}{2}(1-t^3)$.

$x=0$ 时，$t=1$；$x=1$ 时，$t=-1$.

$$\int_0^1 x\sqrt[3]{1-2x}\,\mathrm{d}x=\int_1^{-1}\frac{1}{2}(1-t^3)t\,\mathrm{d}\left[\frac{1}{2}(1-t^3)\right]\ (\text{换元换限})$$

$$=\frac{3}{4}\int_1^{-1}(t^3-1)t\,t^2\mathrm{d}t=\frac{3}{4}\left[\int(t^6-t^3)\,\mathrm{d}t\right]_1^{-1}$$

$$=\frac{3}{4}\left[\frac{t^7}{7}-\frac{t^4}{4}\right]_1^{-1}=-\frac{3}{14}$$

练习1　求 $\int_7^{12}\sqrt{16-x}\,\mathrm{d}x$.

例3　求 $\int_0^{\sqrt3}\dfrac{\arctan^2 x}{1+x^2}\mathrm{d}x$.

解：$\int_0^{\sqrt3}\dfrac{\arctan^2 x}{1+x^2}\mathrm{d}x=\int_0^{\sqrt3}\arctan^2 x\,\mathrm{d}(\arctan x)\ (\text{吸收})$

令 $u=\arctan x$，则 $x=\tan u$.

$x=0$ 时，$u=0$；$x=\sqrt3$ 时，$u=\dfrac{\pi}{3}$.

$$\int_0^{\sqrt3}\frac{\arctan^2 x}{1+x^2}\mathrm{d}x=\int_0^{\frac{\pi}{3}}u^2\mathrm{d}u\ (\text{换元换限})$$

$$=\left[\frac{1}{3}u^3\right]_0^{\frac{\pi}{3}}=\frac{1}{81}\pi^3$$

练习2　求：(1) $\int_0^{\frac{1}{2}}\dfrac{1}{(1+\arcsin x)\sqrt{1-x^2}}\mathrm{d}x$；(2) $\int_0^{\frac{\pi}{4}}\cos^5 x\mathrm{d}x$.

例4　求 $\int_0^3\sqrt{9-x^2}\,\mathrm{d}x$.

解：令 $x=3\sin\theta$，则 $x=0$ 时，$\theta=0$；$x=3$ 时，$\theta=\dfrac{\pi}{2}$.

$$\int_0^3\sqrt{9-x^2}\,\mathrm{d}x=\int_0^{\frac{\pi}{2}}\sqrt{9-(3\sin\theta)^2}\,\mathrm{d}(3\sin\theta)\ (\text{换元换限})$$

$$=9\int_0^{\frac{\pi}{2}}\cos^2\theta\mathrm{d}\theta=9\int_0^{\frac{\pi}{2}}\frac{1}{2}(1+\cos 2\theta)\mathrm{d}\theta$$

$$=\frac{9}{2}\left[\left(\theta+\frac{1}{2}\sin 2\theta\right)\right]_0^{\frac{\pi}{2}}=\frac{9\pi}{4}$$

练习3　求 $\int_0^2\sqrt{4-x^2}\,\mathrm{d}x$.

例 5 求证：$\displaystyle\int_0^{\frac{\pi}{2}} \sin^n x \mathrm{d}x = \int_0^{\frac{\pi}{2}} \cos^n x \mathrm{d}x.$

分析：①对比等式两侧，关键在 $\sin x$ 换成 $\cos x$；②尝试公式 $\sin\left(\dfrac{\pi}{2}-x\right) = \cos x$.

证明：令 $x = \dfrac{\pi}{2} - \theta$，则 $x = 0$ 时，$\theta = \dfrac{\pi}{2}$；$x = \dfrac{\pi}{2}$ 时，$\theta = 0$.

$$\int_0^{\frac{\pi}{2}} \sin^n x \mathrm{d}x = \int_{\frac{\pi}{2}}^0 \left[\sin\left(\frac{\pi}{2} - \theta\right)\right]^n x \mathrm{d}\left(\frac{\pi}{2} - \theta\right) \text{（换元换限）}$$

$$= \int_{\frac{\pi}{2}}^0 \cos^n \theta (-1) \mathrm{d}\theta = -\int_{\frac{\pi}{2}}^0 \cos^n \theta \mathrm{d}\theta$$

$$= \int_0^{\frac{\pi}{2}} \cos^n x \mathrm{d}x$$

8.6.2 奇、偶函数在 $[-a, a]$ 上积分

例 6 设 $f(x), g(x)$ 在 $[-a, a]$ 上连续，$f(x)$ 是偶函数，$g(x)$ 是奇函数，求证：

(1) $\displaystyle\int_{-a}^a f(x)\mathrm{d}x = 2\int_0^a f(x)\mathrm{d}x;$ (8.22)

(2) $\displaystyle\int_{-a}^a g(x)\mathrm{d}x = 0.$ (8.23)

分析：对于问题 (1)，$\displaystyle\int_{-a}^a f(x)\mathrm{d}x = \int_{-a}^0 f(x)\mathrm{d}x + \int_0^a f(x)\mathrm{d}x$，只需证明 $\displaystyle\int_{-a}^0 f(x)\mathrm{d}x = \int_0^a f(x)\mathrm{d}x.$

证明：（只证明 (1)）在 $\displaystyle\int_{-a}^0 f(x)\mathrm{d}x$ 中，令 $x = -t$，则 $x = -a$ 时，$t = a$；$x = 0$ 时，$t = 0$.

$$\text{因为} \quad \int_{-a}^0 f(x)\mathrm{d}x = \int_a^0 f(-t)\mathrm{d}(-t) \text{（换元换限）}$$

$$= \int_a^0 f(t)(-1)\mathrm{d}t = -\int_a^0 f(t)\mathrm{d}t = \int_0^a f(x)\mathrm{d}x$$

$$\text{所以} \quad \int_{-a}^a f(x)\mathrm{d}x = \int_{-a}^0 f(x)\mathrm{d}x + \int_0^a f(x)\mathrm{d}x = 2\int_0^a f(x)\mathrm{d}x$$

练习 4 (1) 求证例 6(2)； (2) 求 $\displaystyle\int_{-1}^1 (3x^2 + \pi x^3 + x^6 \sin x)\mathrm{d}x.$

8.7 定积分的分部积分法

由不定积分分部积分公式得

$$\int_a^b uv' \mathrm{d}x = \left[\int [uv']\mathrm{d}x\right]_a^b = \left[uv - \int u'v \mathrm{d}x\right]_a^b = [uv]_a^b - \left[\int u'v \mathrm{d}x\right]_a^b$$

定积分分部积分公式

$$\int_a^b uv' \mathrm{d}x = [\,uv\,]_a^b - \left[\int u'v \mathrm{d}x\right]_a^b \tag{8.24}$$

例 1 求 $\int_0^1 x\mathrm{e}^x \mathrm{d}x$.

解: $\int_0^1 x\mathrm{e}^x \mathrm{d}x \xlongequal[u'=1,v=\mathrm{e}^x]{u=x,v'=\mathrm{e}^x} [\,uv\,]_0^1 - \left[\int u'v \mathrm{d}x\right]_0^1 = [\,x\mathrm{e}^x\,]_0^1 - \left[\int (x)'\mathrm{e}^x \mathrm{d}x\right]_0^1$

$\qquad = (1\mathrm{e}^1 - 0\mathrm{e}^0) - \left[\int \mathrm{e}^x \mathrm{d}x\right]_0^1 = \mathrm{e} - [\,\mathrm{e}^x\,]_0^1 = 1$

练习 1 求 $\int_1^{\mathrm{e}} \ln x \mathrm{d}x$.

思考 1 分部积分法求定积分时，为什么不换限？

例 2 求 $\int_0^{\frac{\pi}{2}} x^2 \sin x \mathrm{d}x$.

解: $\int_0^{\frac{\pi}{2}} x^2 \sin x \mathrm{d}x \xlongequal[u'=2x,v=-\cos x]{u=x^2,v'=\sin x} [\,uv\,]_0^{\frac{\pi}{2}} - \left[\int u'v \mathrm{d}x\right]_0^{\frac{\pi}{2}}$

$\qquad = [\,x^2(-\cos x)\,]_0^{\frac{\pi}{2}} - \left[\int 2x(-\cos x)\mathrm{d}x\right]_0^{\frac{\pi}{2}} = 2\left[\int x\cos x \mathrm{d}x\right]_0^{\frac{\pi}{2}}$

$\qquad \xlongequal[u'=1,v=\sin x]{u=x,v'=\cos x} 2[\,x\sin x\,]_0^{\frac{\pi}{2}} - 2\left[\int 1\sin x \mathrm{d}x\right]_0^{\frac{\pi}{2}} = \pi - 2[\,-\cos x\,]_0^{\frac{\pi}{2}}$

$\qquad = \pi - 2$

例 3 求 $\int_1^{\mathrm{e}} \sqrt{x} \ln x \mathrm{d}x$.

分析: ①关键在根式 $\sqrt{x}$; ②尝试根式换元 $t=\sqrt{x}$.

解: 令 $t=\sqrt{x}$, 则 $x=t^2$.

$\quad x=1$ 时, $t=1$; $x=\mathrm{e}$ 时, $t=\sqrt{\mathrm{e}}$.

$\quad \int_1^{\mathrm{e}} \sqrt{x} \ln x \mathrm{d}x = \int_1^{\sqrt{\mathrm{e}}} t\ln t^2 \mathrm{d}t^2 = 4\int_1^{\sqrt{\mathrm{e}}} t^2\ln t \mathrm{d}t \text{(换元换限)}$

$\quad$ 因为 $\int_1^{\sqrt{\mathrm{e}}} t^2\ln t \mathrm{d}t \xlongequal[u'=\frac{1}{t},v=\frac{1}{3}t^3]{u=\ln t,v'=t^2} [\,uv\,]_1^{\sqrt{\mathrm{e}}} - \left[\int u'v \mathrm{d}t\right]_1^{\sqrt{\mathrm{e}}}$

$\qquad = \left[\frac{1}{3}t^3\ln t\right]_1^{\sqrt{\mathrm{e}}} - \left[\int\left(\frac{1}{t}\times\frac{1}{3}t^3\right)\mathrm{d}t\right]_1^{\sqrt{\mathrm{e}}}$

$\qquad = \frac{\mathrm{e}\sqrt{\mathrm{e}}}{6} - \frac{1}{3}\left[\int t^2 \mathrm{d}t\right]_1^{\sqrt{\mathrm{e}}} = \frac{\mathrm{e}\sqrt{\mathrm{e}}}{6} - \frac{1}{3}\left[\frac{1}{3}t^3\right]_1^{\sqrt{\mathrm{e}}} = \frac{\mathrm{e}\sqrt{\mathrm{e}}}{18} + \frac{1}{9}$

$\quad$ 所以 $\int_1^{\mathrm{e}} \sqrt{x} \ln x \mathrm{d}x = 4\left(\frac{\mathrm{e}\sqrt{\mathrm{e}}}{18} + \frac{1}{9}\right) = \frac{2}{9}(\mathrm{e}\sqrt{\mathrm{e}} + 2)$

练习 2 求 $\int_0^1 \mathrm{e}^{\sqrt{x}} \mathrm{d}x$.

计算定积分需要综合运用多种方法.

例 4　求 $I_n = \int_0^{\frac{\pi}{2}} \sin^n x \mathrm{d}x$.

分析:尝试分部积分法,使 $\sin^n x$ 降次;在尝试中寻找规律性.

证明:因为　$I_n = \int_0^{\frac{\pi}{2}} \sin^n x \mathrm{d}x$

$$\xrightarrow[u' = (n-1)\sin^{n-2}x\cos x, v = -\cos x]{u = \sin^{n-1}x, v' = \sin x} [\sin^{n-1}x(-\cos x)]_0^{\frac{\pi}{2}} -$$

$$\left[\int (n-1)\sin^{n-2}x\cos x(-\cos x)\mathrm{d}x\right]_0^{\frac{\pi}{2}}$$

$$= 0 + (n-1)\left[\int \sin^{n-2}x\cos^2 x \,\mathrm{d}x\right]_0^{\frac{\pi}{2}}$$

$$= (n-1)\left[\int \sin^{n-2}x(1-\sin^2 x)\mathrm{d}x\right]_0^{\frac{\pi}{2}}$$

$$= (n-1)\left\{\left[\int \sin^{n-2}x\mathrm{d}x\right]_0^{\frac{\pi}{2}} - \left[\int \sin^n x\mathrm{d}x\right]_0^{\frac{\pi}{2}}\right\}$$

$$= (n-1)(I_{n-2} - I_n)$$

所以　$I_n = \dfrac{n-1}{n}I_{n-2}$

因为　$I_0 = \int_0^{\frac{\pi}{2}} \sin^0 x\mathrm{d}x = \dfrac{\pi}{2}, I_1 = \int_0^{\frac{\pi}{2}} \sin x\mathrm{d}x = 1$

所以　当 $n = 2m$ 时, $I_n = \dfrac{n-1}{n}I_{n-2} = \cdots = \dfrac{n-1}{n}\dfrac{n-3}{n-2}\cdots\dfrac{1}{2}I_0$

$$= \dfrac{1 \cdot 3 \cdot \cdots \cdot (2m-1)}{2 \cdot 4 \cdot \cdots \cdot 2m}\dfrac{\pi}{2};$$

当 $n = 2m - 1$ 时, $I_n = \dfrac{2 \cdot 4 \cdot \cdots \cdot 2m}{3 \cdot 5 \cdot \cdots \cdot (2m-1)}$.

所以　$\int_0^{\frac{\pi}{2}} \sin^{2m}x\mathrm{d}x = \dfrac{1 \cdot 3 \cdot \cdots \cdot (2m-1)}{2 \cdot 4 \cdot \cdots \cdot 2m}\dfrac{\pi}{2}$

$$\int_0^{\frac{\pi}{2}} \sin^{2m-1}x\mathrm{d}x = \dfrac{2 \cdot 4 \cdot \cdots \cdot 2m}{3 \cdot 5 \cdot \cdots \cdot (2m-1)}$$

8.8　定积分计算面积和体积

8.8.1　平面图形面积

1)求 $y = f(x)$ 和 x 轴在 $[a,b]$ 上所围区域面积

参见图 8.10, $y = f(x)$ 和 x 轴在 $[a,b]$ 上所围区域面积为 S,则

$$S = S_1 + S_2 + S_3 + S_4$$
$$= \int_a^{c_1} f(x)\,dx - \int_{c_1}^{c_2} f(x)\,dx + \int_{c_2}^{c_3} f(x)\,dx - \int_{c_3}^{b} f(x)\,dx$$

例 1　求由 $y = \cos x$ 和 x 轴在 $\left[\dfrac{\pi}{6}, \pi\right]$ 上所围图形的面积 S.

分析:如图 8.17,$S = S_1 + S_2$;S_1 在 x 轴上侧,故 $S_1 = \int_{\frac{\pi}{6}}^{\frac{\pi}{2}} \cos x\,dx$;$S_2$ 在 x 轴下侧,故 $S_2 = -\int_{\frac{\pi}{2}}^{\pi} \cos x\,dx$.

解:作 $y = \cos x$ 图像. 由定积分与面积的关系知
$$S = S_1 + S_2$$
$$= \int_{\frac{\pi}{6}}^{\frac{\pi}{2}} \cos x\,dx - \int_{\frac{\pi}{2}}^{\pi} \cos x\,dx = [\sin x]_{\frac{\pi}{6}}^{\frac{\pi}{2}} - [\sin x]_{\frac{\pi}{2}}^{\pi} = \frac{3}{2}$$

练习 1　求由 $y = x - 2$ 和 x 轴在 $[0, 3]$ 上所围图形的面积 S.

算法——$y = f(x)$ 和 x 轴在 $[a, b]$ 上所围区域面积:按 x 轴上侧、下侧分段计算.

2) 求 $y = f(x)$ 和 $y = g(x)$ 所围区域面积

例 2　求由 $y = x^2$ 和 $y = x + 2$ 所围图形的面积 S.

分析:如图 8.18,在 $[-1, 2]$ 上,直线下侧面积(梯形)记作 $S_大$;抛物线线下侧面积(曲边梯形)记作 $S_小$;则 $S = S_大 - S_小$.

解:令 $x^2 = x + 2$,解得,$x_1 = -1, x_2 = 2$.　　（建立方程,求两曲线交点）

作图 8.18,$x^3 < x + 2, x \in [-1, 2]$　　（作图,明确曲线高低）

$$S = S_大 - S_小 = \int_{-1}^{2} (x + 2)\,dx - \int_{-1}^{2} x^2\,dx$$
$$= \int_{-1}^{2} [(x + 2) - x^2]\,dx = \frac{9}{2}$$

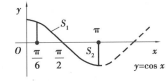

图 8.17　$S = S_1 + S_2$

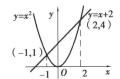

图 8.18　$S = S_大 - S_小$

练习 2　求由 $y = x^2$ 和 $y = x^3$ 在第一象限内所围图形的面积 S.

例 3　求由 $y = \sin x$ 和 $y = \cos x$,铅直线 $x = 0$ 和 $x = \pi$ 所围图形的面积 S.

解:令 $\sin x = \cos x, x \in [0, \pi]$,解得,$x = \dfrac{\pi}{4}$.（建立方程,求交点）

如图 8.19,$\sin x \leqslant \cos x, x \in \left[0, \dfrac{\pi}{4}\right]$;$\sin x \geqslant \cos x, x \in \left[\dfrac{\pi}{4}, \pi\right]$.　（作图,明确高低）

$$S = \int_0^{\frac{\pi}{4}} [\cos x - \sin x]\,dx + \int_{\frac{\pi}{4}}^{\pi} [\sin x - \cos x]\,dx = 2\sqrt{2}$$

算法——$f(x)$, $g(x)$ 所围区域面积:①建方程,求两曲线交点;②作草图,明确曲线高低.

3)求封闭曲线 $F(x,y)=0$ 所围区域面积

例 4 求由 $\dfrac{x^2}{a^2}+\dfrac{y^2}{b^2}=1$ 所围图形的面积 S.

分析:如图 8.20,椭圆所围图形可以理解成 $y=f_1(x)$ 和 $f_2(x)$ 围成;由椭圆的对称性知,第一象限的那部分=椭圆面积 S 的 1/4.

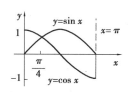

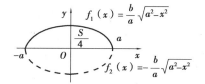

图 8.19　$\sin x, \cos x, x=0,$
$x=\pi$ 所围图形

图 8.20　椭圆

解:设椭圆面积 S. 令 $y=f_1(x)=\dfrac{b}{a}\sqrt{a^2-x^2}$, $x\in[-4,4]$.

因为　$\dfrac{1}{4}S=\displaystyle\int_0^a f_1(x)\,\mathrm{d}x$

所以　$S=4\displaystyle\int_0^a f_1(x)\,\mathrm{d}x=\dfrac{4b}{a}\displaystyle\int_0^a\sqrt{a^2-x^2}\,\mathrm{d}x$

令 $x=a\sin x$,则 $x=0$ 时,$\theta=0$;$x=a$ 时,$\theta=\dfrac{\pi}{2}$.

所以　$\displaystyle\int_0^a\sqrt{a^2-x^2}\,\mathrm{d}x=\displaystyle\int_0^{\frac{\pi}{2}}\sqrt{a^2-(a\sin\theta)^2}\,\mathrm{d}(a\sin\theta)$　　　（换元换限）

$$=a^2\int_0^{\frac{\pi}{2}}\cos^2\theta\,\mathrm{d}\theta=a^2\left[\int\cos^2\theta\,\mathrm{d}\theta\right]_0^{\frac{\pi}{2}}=a^2\left[\dfrac{1}{2}\left(\theta+\dfrac{1}{2}\sin 2\theta\right)\right]_0^{\frac{\pi}{2}}$$

$$=\dfrac{\pi}{4}a^2$$

故　　$S=ab\pi$

4)求 $x=h(y)$ 和 y 轴所围区域面积

例 5 求由 $y^2=x-1$, y 轴和水平线 $y=-2$, $y=1$ 所围图形的面积 S.

分析:如图 8.21,把 $y^2=x-1$ 看作 $x=h(y)=y^2+1$;求面积的区域就是 $x=h(y)$ 和 y 轴在 $[-2,1]$ 上所围区域.

解:令 $x=h(y)=y^2+1$, $x\in[-2,1]$.

$$S=\int_{-2}^1 h(y)\,\mathrm{d}y=\int_{-2}^1(y^2+1)\,\mathrm{d}y=\left[\dfrac{1}{3}y^3+y\right]_{-2}^1=6$$

算法——$x=h(y)$ 和 y 轴在所围区域面积:对 y 积分.

练习 3 求由 $y^2=x-1$, $y=x-3$ 所围图形(如图 8.22)的面积 S.

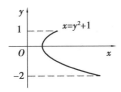

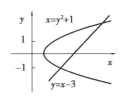

图 8.21　$y^2=x-1,y$ 轴和 $y=-2,y=1$ 所围图形　　　图 8.22　$y^2=x-1,y=x-3$ 所围图形

问题 1　用对 x 积分的方法求解例 5.

8.8.2　旋转体体积

如图 8.23,设立体在 x 轴方向上占据 $[a,b]$. 任取 $x\in[a,b]$,过 x 作平面 $\pi_x\perp x$ 轴. π_x 在立体上产生截口(一条封闭曲线).

定理 8.5　若垂直于 x 轴的平面在立体上的截面面积为 $S=S(x),x\in[a,b]$,则立体体积为

$$V=\int_a^b S(x)\,\mathrm{d}x \tag{8.25}$$

定理 8.6　$y=f(x),x\in[a,b]$ 图像绕 x 轴旋转一周所成旋转体体积

$$V_x=\pi\int_a^b f^2(x)\,\mathrm{d}x \tag{8.26}$$

证明:如图 8.24,任取 $x\in[a,b]$,过 x 作平面 $\pi_x\perp x$ 轴. π_x 在立体上截口恰好是 PQ 绕 x 轴旋转所生成的圆,面积为 $S=\pi f^2(x)$. 所以,$V_x=\int_a^b S(x)\,\mathrm{d}x=\pi\int_a^b f^2(x)\,\mathrm{d}x$.

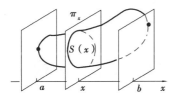

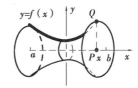

图 8.23　截面面积 $S(x)$ 的立体　　　　图 8.24　曲线绕 x 轴的旋转体

例 6　求由 $y=\dfrac{1}{4}x^2+1$, $x\in[1,2]$ 绕 x 轴旋转一周所立体的体积 V(如图 8.25).

解:$V=\pi\displaystyle\int_1^2 y^2\mathrm{d}x=\pi\int_1^2\left(\dfrac{1}{4}x^2+1\right)^2\mathrm{d}x$

$=\pi\displaystyle\int_1^2\left(\dfrac{1}{16}x^4+\dfrac{1}{2}x^2+1\right)\mathrm{d}x$

$=\pi\left[\dfrac{1}{16}\cdot\dfrac{1}{5}x^5+\dfrac{1}{2}\cdot\dfrac{1}{3}x^3+x\right]_1^2=\dfrac{613}{240}\pi$

练习 4　求由 $y=\dfrac{1}{2}x$, $x\in[2,4]$ 绕 x 轴旋转一周所立体的体积 V(即圆台的体积).

例 7　求圆球体积 V(半径为 r)(如图 8.26).

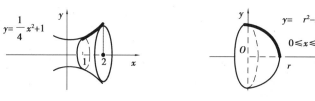

图 8.25　旋转体体积　　　　　图 8.26　圆球体积

分析：①设球心在原点，只需求出半球的体积 $\frac{1}{2}V$；②右半球可以认为是函数 $y=\sqrt{r^2-x^2}$，$x\in[0,r]$ 的图像 $\left(\frac{1}{4}$ 圆弧 $\right)$ 绕 x 轴旋转的结果.

解：令 $y=f(x)=\sqrt{r^2-x^2}$，$x\in[0,r]$.

因为　$\dfrac{1}{2}V=\pi\displaystyle\int_0^r f^2(x)\,\mathrm{d}x$

$$=\pi\int_0^r(r^2-x^2)\,\mathrm{d}x=\pi\left[r^2x-\frac{1}{3}x^3\right]_0^r=\pi\,\frac{2}{3}r^3$$

所以　$V=\dfrac{4}{3}\pi r^3$.

练习 5　椭圆 $\dfrac{x^2}{a^2}+\dfrac{y^2}{b^2}=1$ 绕 x 轴旋转一周形成旋转椭球. 求旋转椭球体积 V.

8.9　定积分在经济学中的简单应用

8.9.1　由边际函数求总量函数

算法——边际函数的定积分得总量函数：

总成本函数　　　　　　　　　　$C(x)=C_0+\displaystyle\int_0^x C'(x)\,\mathrm{d}x$　　　　　　　　（8.27）

总利润函数　　　　　　　　　　$L(x)=\displaystyle\int_0^x L'(x)\,\mathrm{d}x$　　　　　　　　　　（8.28）

例 1　设某产品的边际成本 $C'(x)=3x^2-14x+100$，固定成本 $C_0=10\,000$. 求总成本函数.

解：$C(x)=C_0+\displaystyle\int_0^x C'(x)\,\mathrm{d}x$

$$=10\,000+\int_0^x(3x^2-14x+100)\,\mathrm{d}x=x^3-7x^2+100x+10\,000$$

练习 1　设边际利润为 $L'(x)=78-2x$，求总利润函数 $L(x)$.

8.9.2　求增量

算法 —— 成本增量：
$$\Delta C = \int_{x_1}^{x_2} C'(x)\, \mathrm{d}x$$

利润增量：
$$\Delta L = \int_{x_1}^{x_2} L'(x)\, \mathrm{d}x$$

产量增量：
$$\Delta Q = \int_{t_1}^{t_2} Q'(t)\, \mathrm{d}t \quad (Q'(t) \text{ 为产量变化率})$$

例2　某矿山 t 时刻总产量变化率为 $Q'(t) = 12t + 50\,(t/h)$，$t \in [0, 24]$. 求上午 4 时至 6 时的产量.

解：$Q = \int_{t_1}^{t_2} Q'(t)\, \mathrm{d}t = \int_4^6 (12t + 50)\, \mathrm{d}t = 220\,(t)$

例3　某城市当个人收入为 x(元)时，消费支出变化率为 $W'(x) = \dfrac{25}{\sqrt{x}}$. 该市 2015 年人均收入由上一年的 2 300 元升至 2 500 元. 求该市 2015 年的消费支出增量为多少?

解：$W = \int_{x_1}^{x_2} W'(t)\, \mathrm{d}t$

$\quad = \int_{2\,300}^{2\,500} \dfrac{25}{\sqrt{x}}\, \mathrm{d}t = 500(5 - \sqrt{23}) \approx 102$ （元）

练习2　某商品当价格为 p(百元/t)时，销量变化率为 $Q'(p) = -5\,000 e^{-0.04p}$. 由于工艺改进、配送优化等因素使价格由上年底的 78 (百元/t)降到今年的 75(百元/t). 求销量改变量.

8.9.3　经济学中的最值

例4　某油井的边际成本函数与边际收益函数分别是 $C'(t) = t^2 + 1.2$，$R'(x) = -0.2t^2 + 12$. t：年，C 和 R：百万元. 求油井最佳停产时刻，以及油井的最大利润.

分析：①油井经过一段时间后，石油资源逐渐减少；②某时刻之后，利润 $L(t)$ 递减；③只有适时关停，才能获得最大利润 $L_{\max}$.

解：因为　$L(t) = R(t) - C(t)$，$t \in [0, +\infty)$

所以　$L'(t) = R'(t) - C'(t)$

令 $L'(t) = 0$，得 $R'(t) = C'(t)$，即 $-0.2t^2 + 12 = t^2 + 1.2$.

解得 $t_0 = 3$，即 $L(x)$ 有唯一的驻点.

因为　$L''(t) = R''(t) - C''(t)$

$\qquad = (-0.2t^2 + 10)' - (t^2 + 1.2)' = -2.4t$

所以　$L''(3) = -2.4 \times 3 < 0$

$t_0 = 3$ 是 $L(t)$ 的最大点.

故　$L_{\max} = L(3) = \int_0^3 L'(t)\, \mathrm{d}t = \int_0^3 (10.8 - 1.2t^2)\, \mathrm{d}t = 21.6$(百万元)

结论：生产到第三年末关停，取得最大利润 21.6 百万元.

思考1　研究图 8.27 发现：第 3 年末之后 $L'(t)$ 的符号是什么? $L(t)$ 如何变化?

例 5 一种产品的固定成本为 0.5 万元,一日内生产 $x(t)$ 时的边际成本为 $C'(x) = 0.8x + 3$,设售价为 5(万元/t)且全部售出. 求:(1)总利润函数;(2)日产量多少时利润最大,日最大利润为多少?

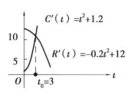

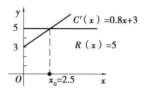

图 8.27 利润函数的驻点   图 8.28 利润函数的驻点

解:因为 $R(x) = 5x$

$$C(x) = C_0 + \int_0^x C'(x)\,\mathrm{d}x$$

$$= 1.5 + \int_0^x (0.6u + 2)\,\mathrm{d}u = 0.4x^2 + 3x + 0.5$$

所以 $L(x) = R(x) - C(x)$

$$= -0.4x^2 + 2x - 0.5, \ x \in [0, +\infty)$$

$$L'(x) = -0.8x + 2$$

令 $L'(x) = 0$,解得 $x_0 = 2.5$. 即 $L(x)$ 有唯一的驻点.

因为 $L''(x) = -0.8$

所以 $L''(2.5) = -0.8 < 0$

$x_0 = 2.5$ 是 $L(x)$ 的最大点.

$$L_{\max} = L(2.5) = -0.4 \times 2.5^2 + 2 \times 2.5 - 0.5 = 2$$

结论:日产量 2.5 t 时,取得最大利润 2 万元.

8.10 广义积分

8.10.1 无穷限积分

例 1 求 $\lim\limits_{b \to +\infty} \int_1^b \dfrac{1}{x^2}\,\mathrm{d}x$ 和 $\lim\limits_{b \to +\infty} \int_1^b \dfrac{1}{x}\,\mathrm{d}x$.

解: $\lim\limits_{b \to +\infty} \int_1^b \dfrac{1}{x^2}\,\mathrm{d}x = \lim\limits_{b \to +\infty} \left[\int \dfrac{1}{x^2}\,\mathrm{d}x\right]_1^b = \lim\limits_{b \to +\infty} \left[-\dfrac{1}{x}\right]_1^b = \lim\limits_{b \to +\infty} \left[-\dfrac{1}{b} + 1\right] = 1$

$\lim\limits_{b \to +\infty} \int_1^b \dfrac{1}{x}\,\mathrm{d}x = \lim\limits_{b \to +\infty} \left[\int \dfrac{1}{x}\,\mathrm{d}x\right]_1^b = \lim\limits_{b \to +\infty} \left[\ln |x|\right]_1^b = \lim\limits_{b \to +\infty} \left[\ln |b| - 0\right] = +\infty$

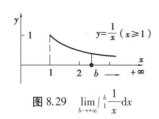

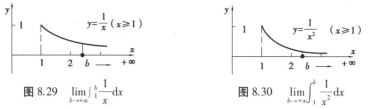

图8.29　$\lim\limits_{b\to+\infty}\int_1^b\dfrac{1}{x}\mathrm{d}x$ 　　　　　　图8.30　$\lim\limits_{b\to+\infty}\int_1^b\dfrac{1}{x^2}\mathrm{d}x$

定义8.3　设 $y=f(x)$ 在 $[a,+\infty)$ 内有意义,若存在 $\lim\limits_{b\to+\infty}\int_a^b f(x)\mathrm{d}x$,则称此极限为 $f(x)$ 在 $[a,+\infty)$ 内的无穷上限积分.记作

$$\int_a^{+\infty}f(x)\mathrm{d}x=\lim_{b\to+\infty}\int_a^b f(x)\mathrm{d}x \tag{8.29}$$

且称 $\int_a^{+\infty}f(x)\mathrm{d}x$ 是收敛的. 否则,称无穷限积分 $\int_a^{+\infty}f(x)\mathrm{d}x$ 是发散的.

类似地,定义无穷下限积分 $\int_{-\infty}^b f(x)\mathrm{d}x$ 的收敛和发散性.

若 $\int_c^{+\infty}f(x)\mathrm{d}x,\int_{-\infty}^c f(x)\mathrm{d}x$ 同时收敛,则称 $f(x)$ 在 $(-\infty,+\infty)$ 内的无穷限积分收敛.记作

$$\int_{-\infty}^{+\infty}f(x)\mathrm{d}x=\int_{-\infty}^c f(x)\mathrm{d}x+\int_c^{+\infty}f(x)\mathrm{d}x \tag{8.30}$$

3种无穷限积分都是广义积分,且都可以表示成无穷上限积分的形式,如

$$\int_{-\infty}^b f(x)\mathrm{d}x \xlongequal{x=-t} \int_{+\infty}^{-b}f(-t)\mathrm{d}(-t)=\int_{-b}^{+\infty}f(-x)\mathrm{d}x$$

$$\int_{-\infty}^{+\infty}f(x)\mathrm{d}x=\int_{-c}^{+\infty}f(-x)\mathrm{d}x+\int_c^{+\infty}f(x)\mathrm{d}x$$

8.10.2　无穷限积分的算法

例2　求 $\int_0^{+\infty}\mathrm{e}^{-3x}\mathrm{d}x$.

解:$\int_0^{+\infty}\mathrm{e}^{-3x}\mathrm{d}x=\lim\limits_{b\to+\infty}\int_0^b\mathrm{e}^{-3x}\mathrm{d}x=\lim\limits_{b\to+\infty}\left[-\dfrac{1}{3}\mathrm{e}^{-3x}\right]_0^b=\left(-\dfrac{1}{3}\right)\lim\limits_{b\to+\infty}\left[\mathrm{e}^{-3b}-\mathrm{e}^{-3\times0}\right]$

$=\left(-\dfrac{1}{3}\right)\lim\limits_{b\to+\infty}\left[\left(\dfrac{1}{\mathrm{e}}\right)^{3b}-1\right]=\dfrac{1}{3}$

练习1　求:(1) $\int_0^{+\infty}\mathrm{e}^{-x}\mathrm{d}x$;　(2) $\int_0^{+\infty}\mathrm{e}^x\mathrm{d}x$.

无穷限积分的实质就是"定积分与极限的复合".

算法——求无穷限积分. 先计算定积分,再算极限.

例3　求 $\int_{-\infty}^{+\infty}\dfrac{1}{1+x^2}\mathrm{d}x$.

解:$\int_{-\infty}^{+\infty}\dfrac{1}{1+x^2}\mathrm{d}x=\int_{-\infty}^0\dfrac{1}{1+x^2}\mathrm{d}x+\int_0^{+\infty}\dfrac{1}{1+x^2}\mathrm{d}x=\lim\limits_{a\to-\infty}\int_a^0\dfrac{1}{1+x^2}\mathrm{d}x+\lim\limits_{b\to+\infty}\int_0^b\dfrac{1}{1+x^2}\mathrm{d}x$

$$= \lim_{a \to -\infty} \big[\arctan x \big]_a^0 + \lim_{b \to +\infty} \big[\arctan x \big]_0^b$$

$$= \lim_{a \to -\infty} \big[\arctan 0 - \arctan a \big] + \lim_{b \to +\infty} \big[\arctan b - \arctan 0 \big]$$

$$= - \lim_{a \to -\infty} \arctan a + \lim_{b \to +\infty} \arctan b = - \left(- \frac{\pi}{2} \right) + \frac{\pi}{2} = \pi$$

例 4 讨论无穷上限积分 $\int_1^{+\infty} \frac{1}{x^r} dx$ 的敛散性(r 为常数).

分析:由例 1 知道:$r \geq 2$ 时,$\int_1^{+\infty} \frac{1}{x^r} dx$ 收敛;$r \leq 1$ 时,$\int_1^{+\infty} \frac{1}{x^r} dx$ 发散.

解:当 $r \neq 1$ 时,

$$\int_1^{+\infty} \frac{1}{x^r} dx = \lim_{b \to +\infty} \left[\int x^{-r} dx \right]_1^b$$

$$= \lim_{b \to +\infty} \left[\frac{p^{1-r}}{1-r} \right]_1^b = \frac{1}{1-r} \lim_{b \to +\infty} \big[b^{1-r} - 1 \big]$$

$$= \begin{cases} +\infty & r < 1 \\ \dfrac{1}{r-1} & r > 1 \end{cases}$$

当 $r = 1$ 时,

$$\int_1^{+\infty} \frac{1}{x^r} dx = \lim_{b \to +\infty} \int_1^b \frac{1}{x} dx = +\infty$$

所以
$$\int_1^{+\infty} \frac{1}{x^r} dx = \begin{cases} +\infty & r \leq 1 \\ \dfrac{1}{r-1} & r > 1 \end{cases} \tag{8.31}$$

8.10.3 瑕积分

定义 8.4 设 $y = f(x)$ 在 $(a, b]$ 内连续,若存在 $\lim_{x \to a^+} f(x) = \infty$. 设 $u \in (a, b]$,若 $\lim_{u \to a^+} \int_u^b f(x) dx$ 存在,则称其为 $f(x)$ 在 $(a, b]$ 内的瑕积分,a 称为瑕点. 记作

$$\int_a^b f(x) dx = \lim_{u \to a^+} \int_u^b f(x) dx \tag{8.32}$$

并称瑕积分 $\int_a^b f(x) dx$ 收敛;否则,称瑕积分 $\int_a^b f(x) dx$ 发散.

瑕积分也是一类广义积分.

若 b 为瑕点,则瑕积分为 $\int_a^b f(x) dx = \lim_{u \to b^-} \int_a^u f(x) dx$.

例 5 求 $\int_0^1 \frac{x}{\sqrt{1-x^2}} dx$.

解:因为 $\lim_{x \to 1^-} \frac{x}{\sqrt{1-x^2}} = \infty$

所以　$\displaystyle\int_0^1 \frac{x}{\sqrt{1-x^2}}\mathrm{d}x$ 是瑕积分,上限 1 是瑕点.

故　$\displaystyle\int_0^1 \frac{x}{\sqrt{1-x^2}}\mathrm{d}x = \lim_{u\to 1^-}\int_0^u \frac{x}{\sqrt{1-x^2}}\mathrm{d}x$ （如图 8.31）

$$= -\lim_{u\to 1^-}\left[\sqrt{1-x^2}\right]_0^u = -\lim_{u\to 1^-}\left[\sqrt{1-u^2}-\sqrt{1-0^2}\right] = 1$$

算法——求瑕积分:先计算定积分,再算极限.

当瑕点 c 在区间 $[a,b]$ 内时,分两段 $[a,c]$、$[c,b]$ 分别做瑕积分;若其中任一段上瑕积分发散,则在 $[a,b]$ 上也发散.

例 6　讨论 $\displaystyle\int_{-2}^2 \frac{1}{x^2}\mathrm{d}x$ 的敛散性.

解:因为　$\displaystyle\lim_{x\to 0}\frac{1}{x^2} = \infty$

所以　$\displaystyle\int_{-2}^2 \frac{1}{x^2}\mathrm{d}x$ 是瑕积分,内点 0 是瑕点.

所以　$\displaystyle\int_{-2}^2 \frac{1}{x^2}\mathrm{d}x = \int_{-2}^0 \frac{1}{x^2}\mathrm{d}x + \int_0^2 \frac{1}{x^2}\mathrm{d}x$

$$= \lim_{u\to 0^-}\int_{-2}^u \frac{1}{x^2}\mathrm{d}x + \lim_{v\to 0^+}\int_v^2 \frac{1}{x^2}\mathrm{d}x \quad （如图 8.32）$$

因为　$\displaystyle\lim_{u\to 0^-}\int_{-2}^u \frac{1}{x^2}\mathrm{d}x = \lim_{u\to 0^-}\left[-\frac{1}{x}\right]_{-2}^u = \lim_{u\to 0^-}\left[-\frac{1}{u}+\frac{1}{-2}\right] = \infty$

所以　$\displaystyle\int_{-2}^2 \frac{1}{x^2}\mathrm{d}x$ 发散.

练习 2　求 $\displaystyle\int_{-1}^1 \frac{1}{\sqrt{x}}\mathrm{d}x$.

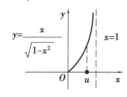

图 8.31　$u\to 1^-$

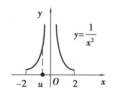

图 8.32　$u\to 0^-$

8.10.4　Γ-函数

研究 $\displaystyle\int_0^{+\infty} x^{s-1}\mathrm{e}^{-x}\mathrm{d}x, (s>0)$.

当 $s\geqslant 1$ 时,无穷限积分;

当 $0<s<1$,既是无穷限积分,又是瑕积分.

定理 8.7　$\displaystyle\int_0^{+\infty} x^{s-1}\mathrm{e}^{-x}\mathrm{d}x(s>0)$ 总是收敛的.

定义 8.5 称 $\int_0^{+\infty} x^{s-1}\mathrm{e}^{-x}\mathrm{d}x\,(s>0)$ 为 Γ-函数,记作 $\Gamma(s)=\int_0^{+\infty} x^{s-1}\mathrm{e}^{-x}\mathrm{d}x\ (s>0)$.

定理 8.8 (Γ-函数递推公式) $\qquad \Gamma(s+1)=s\Gamma(s)$ $\hfill(8.33)$

定理 8.9 $\qquad\qquad\qquad\qquad \int_0^{+\infty}\mathrm{e}^{-x^2}\mathrm{d}x=\dfrac{\sqrt{\pi}}{2}$ $\hfill(8.34)$

推论 1 $\Gamma(n+1)=n!$

证明:因为 $\quad \Gamma(n+1)=n\Gamma(n)=n(n-1)\Gamma(n-1)=\cdots=n(n-1)\ldots\times 2\times 1\times\Gamma(1)$

$$\Gamma(1)=\int_0^{+\infty}x^{1-1}\mathrm{e}^{-x}\mathrm{d}x=\lim_{b\to+\infty}\left[-\mathrm{e}^{-x}\right]_0^b=\lim_{b\to+\infty}\left[-\mathrm{e}^{-b}+\mathrm{e}^{-0}\right]=1$$

所以 $\quad \Gamma(n+1)=n!$

推论 2 $\Gamma\left(\dfrac{1}{2}\right)=\sqrt{\pi}$

证明:令 $t=x^2$,则

$$\int_0^{+\infty}\mathrm{e}^{-x^2}\mathrm{d}x=\int_0^{+\infty}\mathrm{e}^{-t}\mathrm{d}(\sqrt{t})=\frac{1}{2}\int_0^{+\infty}t^{\frac{1}{2}-1}\mathrm{e}^{-t}\mathrm{d}t=\frac{1}{2}\Gamma\left(\frac{1}{2}\right)$$

所以 $\quad \Gamma\left(\dfrac{1}{2}\right)=\sqrt{\pi}$

例 7 求 $\int_0^{+\infty}x^5\mathrm{e}^{-x}\mathrm{d}x$.

解:$\int_0^{+\infty}x^5\mathrm{e}^{-x}\mathrm{d}x=\int_0^{+\infty}x^{6-1}\mathrm{e}^{-x}\mathrm{d}x=\Gamma(6)=\Gamma(5+1)=5!=120$

练习 3 求 $\int_0^{+\infty}x^{\frac{9}{2}}\mathrm{e}^{-x}\mathrm{d}x$.

例 8 求证 $\dfrac{1}{\sqrt{2\pi}b}\int_a^{+\infty}\mathrm{e}^{-\frac{x-a}{2b^2}}\mathrm{d}x=\dfrac{1}{2},(b>0)$.

解:令 $u=\dfrac{x-a}{\sqrt{2}b}$,则 $x=\sqrt{2}bu+a,\mathrm{d}x=\sqrt{2}b\mathrm{d}u$.

当 $x=a$ 时,$u=0$;当 $x\to+\infty$时,$u\to+\infty$.

所以 $\quad\dfrac{1}{\sqrt{2\pi}b}\int_a^{+\infty}\mathrm{e}^{-\frac{x-a}{2b^2}}\mathrm{d}x=\dfrac{1}{\sqrt{2\pi}b}\int_a^{+\infty}\sqrt{2}b\mathrm{e}^{-u^2}\mathrm{d}u=\dfrac{1}{\sqrt{\pi}}\int_a^{+\infty}\mathrm{e}^{-u^2}\mathrm{d}u=\dfrac{1}{\sqrt{\pi}}\dfrac{\sqrt{\pi}}{2}=\dfrac{1}{2}$

这类积分在概率论和数理统计计算中有极为重要的作用.

本章要点小结

1.定积分的概念

(1)定积分:是面积的相反数;是(x 轴)上侧面积减去下侧面积的差.

(2)定积分是一个算法:是"和的极限",$\int_a^b f(x)\,\mathrm{d}x = \lim_{\lambda \to 0}\sum_{k=1}^{n} f(\xi_k)\Delta x_k$.

2.定积分的性质

(1)熟练掌握:①性质1~性质10;②定积分与面积的关系.

(2)掌握变上限积分性质:

定理8.2
$$F'(x) = \frac{\mathrm{d}}{\mathrm{d}x}\int_a^x f(t)\,\mathrm{d}t = f(x),\ x \in [a,b]$$

推论2
$$\frac{\mathrm{d}}{\mathrm{d}x}\int_{u(x)}^{v(x)} f(t)\,\mathrm{d}t = f(v(x))v'(x) - f(u(x))u'(x)$$

应用上述性质求相关的$\dfrac{0}{0}$型极限.

3.定积分的算法

(1)定积分换元法:换元必换限;

(2)定积分分部积分法;

(3)奇函数、偶函数在区间$[-a,a]$上积分的特性.

4.用定积分求面积

(1)求$y=f(x)$和x轴在$[a,b]$上所围区域面积S(如图8.33).

$$S = S_1 + S_2 + S_3 + S_4 = \int_a^{c_1} f(x)\,\mathrm{d}x - \int_{c_1}^{c_2} f(x)\,\mathrm{d}x + \int_{c_2}^{c_3} f(x)\,\mathrm{d}x - \int_{c_3}^{b} f(x)\,\mathrm{d}x$$

(2)求$y=f(x)$和$y=g(x)$所围区域面积(如图8.34).

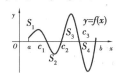 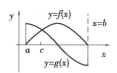

图8.33 $y=f(x)$和x轴在$[a,b]$上围成的面积   图8.34 $y=f(x)$和$y=g(x)$围成的面积

(3)求封闭曲线$F(x,y)=0$所围区域面积.

(4)求$x=h(y)$和y轴所围区域面积.

5.用定积分求体积

(1)垂直于x轴的平面在立体上的截口面积为$S=S(x),\ x \in [a,b]$,则立体体积为

$$V = \int_a^b S(x)\,\mathrm{d}x$$

(2)$y=f(x),\ x \in [a,b]$图像绕x轴旋转一周所成立体体积为

$$V_x = \pi \int_a^b f^2(x)\,\mathrm{d}x$$

6.定积分在经济学中的简单应用

(1)由边际函数求总量函数.

(2)求增量.

(3)经济学中的最值.

7.广义积分

(1)无穷限积分.

注意理解:无穷限积分转化成"正常积分+极限"的方法.

(2)瑕积分.

注意理解:瑕积分转化成"正常积分+极限"的方法.

(3)Γ-函数.

注意:

①计算定积分,是以计算不定积分为基础的;

②定积分是实际问题计算中的强大工具.

练习 8

1.用定积分的几何意义说明下列等式.

(1)$\int_1^2 x\mathrm{d}x = 1.5$;

(2)$\int_0^1 \sqrt{1 - x^2}\,\mathrm{d}x = \dfrac{\pi}{4}$.   (提示:圆 $x^2 + y^2 = 1$ 的面积是 π)

2.证明下列不等式(并作函数图像).

(1)$\int_0^1 x^2\mathrm{d}x > \int_0^1 x^3\mathrm{d}x$;

(2)$\int_1^2 \ln x\mathrm{d}x > \int_1^2 \ln^2 x\mathrm{d}x$;

(3)$\int_0^1 x\mathrm{d}x > \int_0^1 \ln(1 + x)\,\mathrm{d}x$;   (提示:参考6.1例2)

(4)$\int_0^{\frac{\pi}{2}} x\mathrm{d}x > \int_0^{\frac{\pi}{2}} \sin x\mathrm{d}x$;   (提示:先证明函数 $f(x) = x - \sin x$ 非负 $(x \geqslant 0)$)

(5)$\int_{-\frac{\pi}{2}}^0 \sin x\mathrm{d}x < \int_0^{\frac{\pi}{2}} \sin x\mathrm{d}x$.

3.求导数.

(1)$\dfrac{\mathrm{d}}{\mathrm{d}x}\int_0^x \sqrt{1 + t^2}\,\mathrm{d}t$;   (2)$\dfrac{\mathrm{d}}{\mathrm{d}x}\int_0^{3x^2} \ln(1 + \sqrt{t})\,\mathrm{d}t$;   (3)$\dfrac{\mathrm{d}}{\mathrm{d}x}\int_{1-3x}^{x^2+x} (5 - t)\,\mathrm{d}t$.

4.求极限.

(1)$\lim\limits_{x \to 0^+} \dfrac{\int_0^x \mathrm{e}^{t^2}\mathrm{d}t}{x}$;   (2)$\lim\limits_{x \to 0} \dfrac{\int_0^x \arctan v\mathrm{d}v}{x^2}$;   (3)$\lim\limits_{x \to 0} \dfrac{\int_0^{x^2} \sqrt{1 + t^2}\,\mathrm{d}t}{x}$.

5.求定积分.

$(1)\displaystyle\int_1^4 \sqrt{x}\,\mathrm{d}x;$ $(2)\displaystyle\int_1^2 \frac{1}{x^3}\mathrm{d}x;$ $(3)\displaystyle\int_0^1 \sqrt{\sqrt{t}}\,\mathrm{d}t;$

$(4)\displaystyle\int_0^1 \mathrm{e}^{2y}\mathrm{d}y;$ $(5)\displaystyle\int_1^{\sqrt{3}} \frac{1}{1+u^2}\mathrm{d}u;$ $(6)\displaystyle\int_{\frac{1}{2}}^1 \frac{1}{\sqrt{1-x^2}}\mathrm{d}x;$

$(7)\displaystyle\int_1^{\mathrm{e}} \ln x\,\mathrm{d}x;$ $(8)\displaystyle\int_0^{\frac{\pi}{6}} \cos 2\theta\,\mathrm{d}\theta;$ $(9)\displaystyle\int_0^{\frac{\pi}{4}} \tan \theta\,\mathrm{d}\theta;$

$(10)\displaystyle\int_0^{\frac{\pi}{6}} \cos^2\frac{\theta}{2}\mathrm{d}\theta;$ $(11)\displaystyle\int_0^{\frac{\pi}{4}} \sec \theta\,\mathrm{d}\theta;$ $(12)\displaystyle\int_{\frac{1}{2}}^{\frac{\sqrt{3}}{2}} \frac{1}{\sqrt{1-x^2}}\mathrm{d}x.$

6.求定积分.

$(1)\displaystyle\int_0^v (x^2-x+5)\,\mathrm{d}x;$ $(2)\displaystyle\int_1^2 (x^2-\frac{1}{x^4})\,\mathrm{d}x;$ $(3)\displaystyle\int_1^{\mathrm{e}} (t+\frac{1}{t}+\frac{1}{t^2})\,\mathrm{d}t;$

$(4)\displaystyle\int_1^0 (\mathrm{e}^{2p}-11^p)\,\mathrm{d}p;$ $(5)\displaystyle\int_1^0 \sqrt{x}\,(1-\sqrt{x})\,\mathrm{d}x;$ $(6)\displaystyle\int_0^a (\sqrt{a}-\sqrt{x})^2\,\mathrm{d}x;$

$(7)\displaystyle\int_1^{\sqrt{3}} (\frac{1}{x}-\frac{1}{1+x^2})\,\mathrm{d}x;$ $(8)\displaystyle\int_0^1 \frac{x^2}{x^2+1}\mathrm{d}x;$ $(9)\displaystyle\int_1^{\mathrm{e}} \frac{1}{x^2(1+x)}\mathrm{d}x;$

$(10)\displaystyle\int_0^{\frac{\pi}{4}} \tan^2\theta\,\mathrm{d}\theta;$ $(11)\displaystyle\int_0^{\frac{\pi}{4}} \frac{\cos 2\theta}{\cos \theta+\sin \theta}\mathrm{d}\theta;$ $(12)\displaystyle\int_0^{\frac{\pi}{2}} \sqrt{1+\sin 2\theta}\,\mathrm{d}\theta.$

7.求定积分.

$(1)\displaystyle\int_0^1 (2-3x)^5\,\mathrm{d}x;$ $(2)\displaystyle\int_{-2}^1 \frac{\mathrm{d}x}{(5+2x)^3};$ $(3)\displaystyle\int_1^{\sqrt{3}} \frac{x^3}{x^2+1}\mathrm{d}x;$

$(4)\displaystyle\int_0^{\sqrt{2}} t\sqrt{2-t^2}\,\mathrm{d}t;$ $(5)\displaystyle\int_{-1}^1 \frac{x}{(1+x^2)^5}\mathrm{d}x;$ $(6)\displaystyle\int_0^1 t\mathrm{e}^{t^2}\,\mathrm{d}t;$

$(7)\displaystyle\int_1^3 \frac{\mathrm{e}^{\frac{3}{x}}}{x^2}\mathrm{d}x;$ $(8)\displaystyle\int_0^{\mathrm{e}^3-1} \frac{1}{1+x}\mathrm{d}x;$ $(9)\displaystyle\int_1^{\mathrm{e}} \frac{\mathrm{d}x}{x\sqrt{1+3\ln x}};$

$(10)\displaystyle\int_0^{\frac{\pi}{4}} \sin^2\theta\cos \theta\,\mathrm{d}\theta;$ $(11)\displaystyle\int_{\frac{\pi}{3}}^{\pi} \sin\left(\frac{\pi}{3}+\theta\right)\,\mathrm{d}\theta;$ $(12)\displaystyle\int_0^{\pi} (1-\cos^2\theta)\,\mathrm{d}\theta;$

$(13)\displaystyle\int_0^{\frac{\pi}{4}} \sin 2\theta\cos \theta\,\mathrm{d}\theta;$ $(14)\displaystyle\int_0^{\frac{\pi}{6}} \sqrt{\cos \theta-\cos^3\theta}\,\mathrm{d}\theta;$ $(15)\displaystyle\int_1^{\sqrt{3}a} \frac{1}{a^2+y^2}\mathrm{d}y;$

$(16)\displaystyle\int_0^{\frac{3}{2}} \frac{1}{\sqrt{3-x^2}}\mathrm{d}x;$ $(17)\displaystyle\int_0^a \frac{1}{\sqrt{4a^2-x^2}}\mathrm{d}x.$

8.求定积分.

$(1)\displaystyle\int_0^8 x^2\sqrt{9-x}\,\mathrm{d}x;$ $(2)\displaystyle\int_1^4 (x+\sqrt{x-1}+\frac{1}{x})\,\mathrm{d}x;$ $(3)\displaystyle\int_1^9 \frac{1}{1+\sqrt{x}}\mathrm{d}x;$

$(4)\displaystyle\int_1^{25} \frac{1}{x(1+\sqrt{x})}\mathrm{d}x;$ $(5)\displaystyle\int_0^3 \frac{(u+2)^2}{\sqrt{1+u}}\mathrm{d}u;$ $(6)\displaystyle\int_1^9 \frac{\mathrm{e}^{\sqrt{x}}}{\sqrt{x}}\mathrm{d}x;$

$(7)\int_1^{64}\dfrac{1}{\sqrt{y}+\sqrt[3]{y}}\mathrm{d}y$; $\qquad$ $(8)\int_0^{\ln 2}\sqrt{\mathrm{e}^x-1}\,\mathrm{d}x$.

9.求定积分.

$(1)\int_0^1\sqrt{4-x^2}\,\mathrm{d}x$; $\qquad$ $(2)\int_0^{\sqrt{3}}\left(1+x^2\right)^{-\frac{3}{2}}\mathrm{d}x$; $\qquad$ $(3)\int_0^1\dfrac{1}{\left(1+x^2\right)^2}\mathrm{d}x$;

$(4)\int_0^a\sqrt{a^2-x^2}\,\mathrm{d}x\,(a>0)$; $\quad$ $(5)\int_{\sqrt{2}}^2\dfrac{\sqrt{x^2-1}}{x}\mathrm{d}x$; $\qquad$ $(6)\int_0^1\dfrac{\mathrm{d}x}{1+\sqrt{1-x^2}}$.

10.求定积分.

$(1)\int_{-1}^0\dfrac{1}{x^2+3x-10}\mathrm{d}x$; $\qquad$ $(2)\int_6^7\dfrac{1}{x^2-10x+25}\mathrm{d}x$; $\qquad$ $(3)\int_2^{\sqrt{3}+2}\dfrac{1}{x^2-4x+5}\mathrm{d}x$;

$(4)\int_3^5\dfrac{1}{x^2-6x+13}\mathrm{d}x$.

11.求定积分.

$(1)\int_0^{\ln 2}x\mathrm{e}^{2x}\mathrm{d}x$; $\qquad$ $(2)\int_1^{\mathrm{e}}x\ln x\mathrm{d}x$; $\qquad$ $(3)\int_0^{\frac{\pi}{6}}x\cos 2x\mathrm{d}x$;

$(4)\int_0^{\sqrt{3}}x\arctan x\mathrm{d}x$; $\qquad$ $(5)\int_0^{\frac{3}{5}}\arcsin x\mathrm{d}x$; $\qquad$ $(6)\int_0^2 x\arctan x^2\mathrm{d}x$;

$(7)\int_1^2 x\log_2 x\mathrm{d}x$; $\qquad$ $(8)\int_0^{\sqrt{\ln 2}}x^3\mathrm{e}^{x^2}\mathrm{d}x$; $\qquad$ $(9)\int_0^1\mathrm{e}^{\sqrt{x}}\mathrm{d}x$;

$(10)\int_0^{\frac{\pi}{2}}\mathrm{e}^{2x}\cos x\mathrm{d}x$(提示:建立方程); $\qquad$ $(11)\int_1^{\mathrm{e}}\sin(\ln x)\mathrm{d}x$.

12.求定积分.

$(1)\int_{-4}^{-1}|x^2-9|\,\mathrm{d}x$; $\qquad$ $(2)\int_{-1}^{+1}\dfrac{x+|x|}{1+x^2}\mathrm{d}x$; $\qquad$ $(3)\int_1^5|(x+1)(x-3)|\,\mathrm{d}x$;

$(4)\int_{\frac{1}{\mathrm{e}}}^{\mathrm{e}}|\ln x|\,\mathrm{d}x$.

13.研究被积函数奇偶性,求定积分.

$(1)\int_{-3}^{-3}x^8\sin x\mathrm{d}x$; $\qquad$ $(2)\int_{-2}^{+2}(x^4+|x|)\cos x\sin^3 x\mathrm{d}x$;

$(3)\int_{-1}^{+1}\dfrac{x^3\sin^2 x}{1+x^2}\mathrm{d}x$; $\qquad$ $(4)\int_{-\frac{1}{2}}^{+\frac{1}{2}}\dfrac{(\arcsin x)^2}{\sqrt{1-x^2}}\mathrm{d}x$.

14.已知$\int_{-1}^{+1}\sqrt{1-x^2}\,\mathrm{d}x=\dfrac{\pi}{2}$,研究被积函数奇偶性,求定积分.

$(1)\int_{-5}^{+5}\sqrt{25-x^2}\,\mathrm{d}x$; $\qquad$ $(2)\int_{-3}^0\sqrt{1-\dfrac{x^2}{9}}\,\mathrm{d}x$; $\qquad$ $(3)\int_{-2}^{+2}(x+3)\sqrt{4-x^2}\,\mathrm{d}x$.

15.判定广义积分的敛散性;若收敛,求出积分值.

$(1)\int_0^{+\infty}\mathrm{e}^{-ax}\mathrm{d}x\,(a>0)$; $\qquad$ $(2)\int_{\mathrm{e}}^{+\infty}\dfrac{\ln x}{x}\mathrm{d}x$; $\qquad$ $(3)\int_1^{+\infty}\dfrac{\arctan x}{1+x^2}\mathrm{d}x$;

(4) $\int_{-\infty}^{+\infty} \dfrac{1}{x^2 + 2x + 2}\mathrm{d}x$;   (5) $\int_{1}^{+\infty} \dfrac{1}{x(1 + x^2)}\mathrm{d}x$;   (6) $\int_{0}^{1} \dfrac{x}{\sqrt{1 - x^2}}\mathrm{d}x$;

(7) $\int_{0}^{1} \dfrac{1}{1 - x^2}\mathrm{d}x$;   (8) $\int_{0}^{1} \ln x\mathrm{d}x$;   (9) $\int_{0}^{1} \dfrac{1}{\sqrt{1 - x^2}}\mathrm{d}x$.

16.求平面图形面积.

（1）求由曲线 $y = \dfrac{1}{x}$,直线 $y = x$ 和 $x = 2$ 所围成图形的面积.

（2）求由抛物线 $y = -x^2 + 3$,直线 $y = 2x$ 所围成图形的面积.

（3）求由曲线 $y = \mathrm{e}^x$,直线 $y = \mathrm{e}, y$ 轴所围成图形的面积.

（4）求由曲线 $y = \mathrm{e}^x, y = \mathrm{e}^{-x}$,直线 $x = 1$ 所围成图形的面积.

（5）求由曲线 $y = x^2, y = 4x^2$,直线 $y = 1$ 所围成图形的面积.

17.求旋转体体积.

（1）求由曲线 $y = \sin x, x \in \left[0, \dfrac{\pi}{2}\right]$ 绕 x 轴旋转一周所形成立体的体积.

（2）设由抛物线 $y = \dfrac{1}{3}x^2$、直线 $y = x$ 所围成图形 D. 求 D 绕 x 轴旋转一周所形成立体的体积.

18.定积分在经济学中的应用问题.

（1）设某产品的边际成本是

$$MC = -0.9q^2 + 3q + 2.5 (\text{万元} / \mathrm{t})$$

固定成本 5.5 万元. 试求:① 总成本函数 $C(q)$;② 平均成本 AC;③ 变动成本.

（2）设某产品的边际收益是

$$MR = 200 - \dfrac{q}{100} \ (\text{元} / \mathrm{kg})$$

试求:① 总收益函数;② 生产到 50 kg 时的总收益;③ 在生产到 100 kg 的基础上,又生产 50 kg 增加的收入.

（3）某矿井的边际成本函数与边际收益函数分别如下

$$C' = t^2 + 10 \ (\text{百万元} / \text{年}), R' = -0.8t^2 + 190 (\text{百万元} / \text{年})$$

求:① 矿井最佳停产时刻;② 矿井的最大利润.

第9章 多元函数微分学

9.1 平面点集

9.1.1 平面点集

直角坐标平面的所有点所成集合记作

$$R^2 = \{(x,y) \mid x,y \in \mathbf{R}\}$$

R^2 的子集 E,称为平面点集. 即 $E = \{(x,y) \mid (x,y)$具有性质 $P\}$

例1 E_1:以 O 为中心,3 为半径的圆内部,如图 9.1.

E_2:以 O 为中心,3 为半径的圆和内部,如图 9.2.

E_3:一、三象限平分线上部,如图 9.3.

E_4:以 O 为中心,3 为半径的圆内部在一、三象限平分线上侧的部分以及平分在圆内的部分,如图 9.4.

E_5:抛物线 $y = -x^2$ 和直线 $y = -4$ 所围区域和边界,如图 9.5.

上述点集可以分别表示为以下几何图形,也可以表示为集合形式:

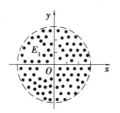

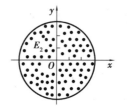

图 9.1　$E_1 = \{(x,y) \mid x^2+y^2 < 3^2\}$　　图 9.2　$E_2 = \{(x,y) \mid x^2+y^2 \leqslant 3^2\}$

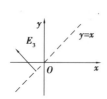

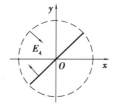

图 9.3　$E_3 = \{(x,y) \mid y > x\}$　　图 9.4　$E_4 = \{(x,y) \mid x^2+y^2 < 3^2, y \geqslant x\}$

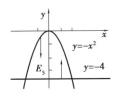

图 9.5 $E_5 = \{ (x,y) \mid -4 \leqslant y \leqslant -x^2 \}$

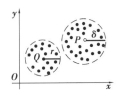

图 9.6 邻域,空心邻域

练习 1 作下列点集的图形.

E_6:以 O 为中心,半径分别为 2,3 的两圆和两圆之间的部分.

E_7:$\{ (x,y) \mid -1 \leqslant x \leqslant 2, x^2 \leqslant y \leqslant 4 \}$,并判定 $A(-1,-3)$,$B(-1,3)$ 都属于 E_7 吗?

9.1.2 点的邻域

定义 9.1 设 $P_0(x_0,y_0)$,$\delta>0$,称 $\{ (x,y) \mid \sqrt{(x-x_0)^2+(y-y_0)^2}<\delta \}$ 为 P_0 的邻域;

称 $\{ (x,y) \mid 0<\sqrt{(x-x_0)^2+(y-y_0)^2}<\delta \}$ 为 P_0 的去心邻域.

练习 2 作图:(1) $B(1,3)$ 的邻域($\delta=0.5$);(2) $C(-1,3)$ 的去心邻域($\delta=0.3$).

思考 1 $B(1,3)$ 有多少个邻域?

问题 1 设 $P \in$ 点集 E,则 P 必有一个邻域包含在 E 内吗?(举例说明)

9.1.3 闭区域

包含边界的区域称为闭区域. 在例 1 中,只有 E_1,E_5 是闭区域.

9.2 空间直角坐标系

9.2.1 空间直角坐标系

选定一点 O 作原点,过 O 作两两垂直的 x 轴,y 轴,z 轴(如图 9.8)构成空间直角坐标系 $Oxyz$. 设空间任一点 P 在 x 轴,y 轴,z 轴的投影坐标分别为 x,y,z,则 P 的坐标为 (x,y,z)(如图 9.7).

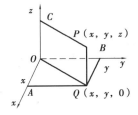

图 9.7 P 点的坐标为 (x,y,z)

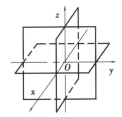

图 9.8 空间分成八个卦限

平面 Oxy,Oyz,Ozx 称为坐标平面,空间被坐标平面分成 8 个卦限,分别记作Ⅰ,Ⅱ,…,Ⅷ.

练习 1 (1) 在空间直角坐标系内作点 $P_1(3,5,4),P_2(3,-2,4),P_3(3,2,-4)$.

(2) 指出(1)中各点所在卦限.

思考 1 各个卦限内点的坐标正负号特征是什么?

问题 1 (1) 何时 $P(x,y,z)$ 与 $Q(a,b,c)$ 关于 Oxy 平面对称?

(2) 何时 $P(x,y,z)$ 与 $Q(a,b,c)$ 关于原点 O 对称?

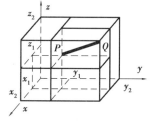

图 9.9 空间两点间的距离

9.2.2 空间两点间的距离

定理 9.1 $P(x_1,y_1,z_1)$ 与 $Q(x_2,y_2,z_2)$ 的距离为

$$|PQ| = \sqrt{(x_2-x_1)^2 + (y_2-y_1)^2 + (z_2-z_1)^2} \tag{9.1}$$

如图 9.9.

练习 2 求 $A(1,3,-2),B(-1,4,2)$ 之间的距离 AB.

9.3 平面和曲面

9.3.1 空间平面方程

定理 9.2 坐标平面 Oxy 的方程为 $z=0$;Oyz 的方程为 $x=0$;Ozx 的方程为 $y=0$.

证明:(只证明 Oxy 的方程为 $z=0$)

因为 任取 $P(x,y,z)\in$ 平面 Oxy,总有 $z=0$.

又设 $P(x,y,z)$ 满足 $z=0$,则 $P(x,y,z)\in$ 平面 Oxy.

所以 Oxy 的方程为 $z=0$.

例 1 如图 9.10,设长方体 $ABCD\text{-}A_1B_1C_1D_1$ 一顶点 $A(a,b,c)$,则各面的方程分别为

平面 $ABCD$:$z=c$;

平面 AA_1B_1B:$y=b$;

平面 ADD_1A_1:$x=a$.

另 3 个平面分别为:$z-0,x=0,y=0$.

定理 9.3 设平面 π 在 x 轴,y 轴,z 轴上的截距分别为 $a,b,c(abc\neq 0)$,则 π 的方程为

$$\frac{x}{a} + \frac{y}{b} + \frac{z}{c} = 1 \tag{9.2}$$

练习 1 作平面 π:$\dfrac{x}{-2}+\dfrac{y}{-3}+\dfrac{z}{4}=1$.

如图 9.11.

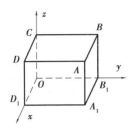

图 9.10 长方体 $ABCD$-$A_1B_1C_1D_1$

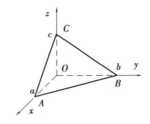

图 9.11 平面的截距

例 2 设平面 $\pi:6x+4y-3z=12$.求:

(1) 点 $P_1(-2,3,-4)$,$P_2(2,-2,0)$ 在 π 上吗? (2) 试在 π 上取 4 个点.

解:(1) 因为 $6\times(-2)+4\times3-3\times(-4)=12$,即 P_1 的坐标满足 π 的方程.

所以 $P_1\in\pi$

因为 $6\times2+4\times(-2)-3\times0=4\neq12$,即 P_2 的坐标不满足 π 的方程.

所以 $P_2\notin\pi$

(2) 因为 $\pi:6x+4y-3z=12$

所以 $\pi:\dfrac{x}{2}+\dfrac{y}{3}+\dfrac{z}{-4}=1.$

所以 $(2,0,0),(0,3,0),(0,0,-4)\in\pi$

令 $x=1,y=1$,代入 π 的方程,得

$6\times1+4\times1-3\times z=12$

解得 $z=-\dfrac{2}{3}$

所以 $\left(1,1,-\dfrac{2}{3}\right)\in\pi$

练习 2 (1) 作平面 $\pi_1:3x+2y+z=-6$; (2) 作平面 $\pi_2:2x-3y=-6$.

9.3.2 曲面

曲面方程 $F(x,y,z)=0$,如图 9.12.

1)柱面

例 3 $x^2+y^2=9$,是以 z 轴为中心轴、半径为 3 的圆柱面(如图 9.13).

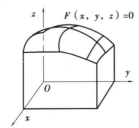

图 9.12 曲面 $F(x,y,z)=0$

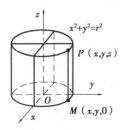

图 9.13 圆柱面(z 轴为旋转轴)

例4 $y^2+z^2=9$，是以 x 轴为中心轴、半径为 3 的圆柱面(如图 9.14).

思考1 在 Oxy 平面内，圆心 $(0,0,0)$、半径 3 的圆是一个曲线，能用 $x^2+y^2=3^2$ 表示吗?

例5 $x^2-2y=0$ 是抛物柱面(如图 9.15).

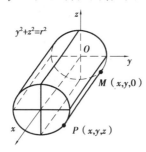

图 9.14 圆柱面(x 轴为轴)

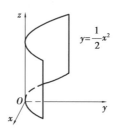

图 9.15 抛物柱面(直母线 // z 轴)

思考2 在 Oxy 平面内，过 $A(3,0,0)$，$B(0,2,0)$ 的直线，能用 $2x+3y=6$ 表示吗?

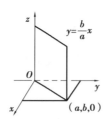

图 9.16 平面 // z 轴

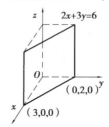

图 9.17 平面 // z 轴

2)球面和椭球面

例6 如图 9.18，以 $C(a,b,c)$ 为中心，r 为半径的球面方程

$$(x-a)^2+(y-b)^2+(z-c)^2=r^2 \tag{9.3}$$

例7

$$\frac{x^2}{a^2}+\frac{y^2}{b^2}+\frac{z^2}{c^2}=1 \tag{9.4}$$

表示以 $O(0,0,0)$ 为中心，对称轴在坐标轴上的椭球面(如图 9.19).

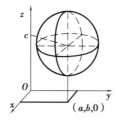

图 9.18 球面(球心 (a,b,c))

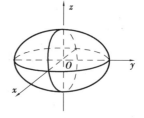

图 9.19 椭球面

9.4　二元函数及其图像

例1　某产品单价为 p（万元/件），售出 x 件的总收益为

$$R = px, p \in [0, +\infty), x \in \mathbf{N}$$

R 由数组 (p, x) 共同决定.

(p, x)	$(0.6, 10)$	$(0.3, 20)$	$(0.7, 9)$	$(0.7, 5)$	$\cdots$
R	6.0	6.0	6.3	3.5	$\cdots$

9.4.1　二元函数的定义

定义 9.2　变量 x, y 每取定一组值 (x, y)，按照某个对应法则 f, z 有唯一的值与之对应，则称 z 是 x, y 的二元函数，记作 $z = f(x, y)$. 其中，x 和 y 称为自变量，z 称为因变量.

数组 (x, y) 使函数有意义的取值范围称为定义域，z 的所有取值构成值域.

在例1中，$R = f(p, x) = px$，定义域 $D = \{(p, x) \mid p \in [0, +\infty), x \in N\}$.

练习1　食品厂生产甲乙两种食品（每千克）的用料、价格表：

	面粉	牛肉	鸭肉	其他
甲/kg	0.85	0.100	0	0.05
乙/kg	0.78	0	0.13	0.07
单价/元·kg⁻¹	10	60	32	20

若该厂每天生产甲乙两种食品各 x kg, y kg.

（1）试写出用料总成本函数；（2）若每天生产甲乙两种食品分别为 400 kg，600 kg，则用料总成本是多少？

例2　设 $z = \ln(x-y) + \dfrac{1}{\sqrt{1-x^2-y^2}}$，求定义域.

分析：要使 z 有意义，就得 $x-y>0$，且 $1-x^2-y^2>0$.

解：令 $\begin{cases} x-y>0 \\ 1-x^2-y^2>0 \end{cases}$

解得 $\begin{cases} y<x \\ x^2+y^2<1 \end{cases}$

所以，$D = \{(x, y) \mid x^2+y^2<1, y<x\}$ 是一个半圆区域，如图 9.20.

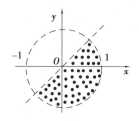

图 9.20 半圆区域

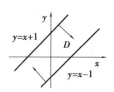

图 9.21 条形区域

练习 2 设 $z=\arcsin(x-y)+2$，求定义域和值域.

9.4.2 二元函数的图像

例 3 设 $z=f(x,y)=\dfrac{2}{3}x-2y+4$，作函数图像.

解：因为 $z=f(x,y)=\dfrac{2}{3}x-2y+4$

所以 $\dfrac{1}{-6}x+\dfrac{1}{2}y+\dfrac{1}{4}z=1$

即函数图像是过 $(-6,0,0),(0,2,0),(0,0,4)$ 三点的平面，如图 9.22.

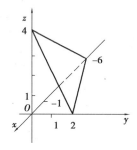

图 9.22 平面

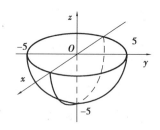

图 9.23 半球面

练习 3 设 $z=5$，$D=\{(x,y)\mid 1<x<3,0<y<4\}$，作函数图像.

例 4 设 $z=f(x,y)=-\sqrt{25-x^2-y^2}$，作函数图像.

解：因为 $z=f(x,y)=-\sqrt{25-x^2-y^2}$

所以 $x^2+y^2+z^2=5^2$

又因为 $z\leqslant 0$

所以 下半球面（球心 $(0,0,0)$，半径是 5，在 Oxy 平面及下侧），函数图像如图 9.23.

练习 4 设 $z=f(x,y)=\sqrt{9-x^2-y^2}$，求定义域，并作函数图像.

思考 1 球面可以是一个二元函数 $z=f(x,y)$ 的图像吗？

9.5 二元函数极限与连续性

9.5.1 动点 $P(x,y)$ 趋于定点 $P_0(x_0,y_0)$

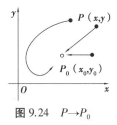

图 9.24 $P \to P_0$

设 $P_0(x_0,y_0)$，$P(x,y)$，记 $\rho = |PP_0| = \sqrt{(x-x_0)^2 + (y-y_0)^2}$.

如图 9.24，$P(x,y)$ 趋于定点 $P_0(x_0,y_0)$，简记作 $P \to P_0$，虽然有无限多路线，但数量上的特征是：$\rho \to 0$；也等价于 $\begin{cases} x \to x_0 \\ y \to y_0 \end{cases}$.

9.5.2 $z = f(x,y)$ 在点 $P_0(x_0,y_0)$ 的极限

定义 9.3 设 $z = f(x,y)$ 在 $P_0(x_0,y_0)$ 的某空心邻域内有定义. 当 $P(x,y)$ 趋于 $P_0(x_0, y_0)$，即 $\rho \to 0$ 时，$f(x,y)$ 趋于一个常值 A，且与 P 趋于 P_0 的路线无关，则称 A 为 $f(x,y)$ 在 $P \to P_0$ 下的极限. 记作

$$\lim_{P \to P_0} f(x,y) = \lim_{(x,y) \to (x_0,y_0)} f(x,y) = \lim_{\substack{x \to x_0 \\ y \to y_0}} f(x,y) = A$$

例 1 设 $z = f(x,y) = x^3 + 3y^2 - 6$，求极限 $\lim\limits_{(x,y) \to (2,1)} f(x,y)$.

解：$\lim\limits_{(x,y) \to (2,1)} f(x,y) = \lim\limits_{(x,y) \to (2,1)} (x^3 + 3y^2 - 6) = \lim\limits_{\substack{x \to 2 \\ y \to 1}} (x^3 + 3y^2 - 6) = 5$

练习 1 设 $z = f(x,y) = \dfrac{x^2 - y^2}{x - y}$，求极限 $\lim\limits_{(x,y) \to (2,1)} f(x,y)$ 和 $\lim\limits_{(x,y) \to (3,3)} f(x,y)$.

例 2 设 $z = f(x,y) = \dfrac{xy}{x^2 + y^2}$，求证：$\lim\limits_{(x,y) \to (0,0)} f(x,y)$ 不存在.

分析：选两个不同的路线，当 $P(x,y)$ 分别沿着不同的路线趋于 $O(0,0)$ 时，若能发现 $f(x,y)$ 趋于不同的值，就可以了.

证明：设 $P(x,y)$ 沿着 x 轴趋于 $O(0,0)$（如图 9.25），

则 $P(x,y) = P(x,0)$.

所以 $\lim\limits_{(x,y) \to (0,0)} f(x,y) = \lim\limits_{(x,0) \to (0,0)} \dfrac{x \times 0}{x^2 + 0^2} = 0$

设 $P(x,y)$ 沿着直线 $y = x$ 趋于 $O(0,0)$，

则 $P(x,y) = P(x,x)$.

所以 $\lim\limits_{(x,y) \to (0,0)} f(x,y) = \lim\limits_{(x,x) \to (0,0)} \dfrac{x \times x}{x^2 + x^2} = \dfrac{1}{2}$

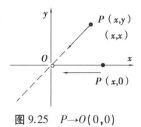

图 9.25 $P \to O(0,0)$

故 $f(x,y)$ 在 $O(0,0)$ 点没有极限.

9.5.3 $z = f(x,y)$ 在点 $P_0(x_0,y_0)$ 的连续性

定义 9.4 设 $z = f(x,y)$ 在 $P_0(x_0,y_0)$ 某邻域内有定义. 若

$$\lim_{(x,y)\to(x_0,y_0)} f(x,y) = f(x_0,y_0) \tag{9.5}$$

则称 $f(x,y)$ 在 $P_0(x_0,y_0)$ 点连续；否则，称 $f(x,y)$ 在 $P_0(x_0,y_0)$ 点不连续.

在例 1 中，$z=x^3+3y^2-6$ 在 $(2,1)$ 点连续.

在例 2 中，因为 $\lim\limits_{(x,y)\to(0,0)} f(x,y)$ 不存在，所以 $z=\dfrac{xy}{x^2+y^2}$ 在 $(0,0)$ 点不连续.

思考 1 $f(x,y)$ 在 $P_0(x_0,y_0)$ 点不连续有哪几种情形？

9.5.4 利用连续性求极限

和一元函数相同，连续的二元函数，经过和、差、积、商（分母不为零）、复合所产生的新函数还是连续的.

例 3 设 $z=f(x,y)=\dfrac{x^3-4xy+1}{x^2-y}$，求极限 $\lim\limits_{(x,y)\to(1,3)} f(x,y)$.

解：因为 $x^3+4xy+1$，x^2-y 在 $(1,3)$ 点都连续，且 $\left[x^2-y\right]\big|_{(1,3)}=-2\neq 0$.

所以 $f(x,y)=\dfrac{x^3-4xy+1}{x^2-y}$ 在 $(1,3)$ 点都连续.

故 $\lim\limits_{(x,y)\to(1,3)} f(x,y)=f(1,3)=\dfrac{1^3-4\times 1\times 3+1}{1^2-3}=5$

练习 2 设 $f(x,y)=\dfrac{\sqrt{xy+11}-y}{\sqrt{x-y}}$，求极限 $\lim\limits_{(x,y)\to(5,1)} f(x,y)$.

9.5.5 闭区域上连续的二元函数的性质

定义 9.5 若 $z=f(x,y)$ 在定义域内处处连续，则称 $f(x,y)$ 为连续函数；若 $z=f(x,y)$ 在闭区域上处处连续，则称 $f(x,y)$ 在闭区域上连续.

定理 9.4 二元连续函数的和、差、积、商（去掉分母为零的点）仍为连续函数.

在有界闭区域上连续函数具有特殊的性质.

性质 1 若 $z=f(x,y)$ 在有界闭区域 D 上连续的函数，则在 D 上有界.

性质 2 若 $z=f(x,y)$ 在有界闭区域 D 上连续的函数，则在 D 上有最大值和最小值.

9.6 偏导数

设 $z=f(x,y)=x^3+xy+1$，$(x_0,y_0)=(2,-5)$，则 $z=f(x,y_0)=x^3-5x+1$ 是 x 的函数（一元函数），并且 $\dfrac{\mathrm{d}}{\mathrm{d}x}f(x,y_0)\big|_{x_0}=\dfrac{\mathrm{d}}{\mathrm{d}x}(x^3-5x+1)\big|_{x_0}=(3x^2-5+0)\big|_{x_0}=7$.

9.6.1　偏导数的定义

定义 9.6　$z=f(x,y)$ 在 $P_0(x_0,y_0)$ 某邻域内有定义,称 $\dfrac{\mathrm{d}}{\mathrm{d}x}f(x,y_0)\big|_{x_0}$ 为 $z=f(x,y)$ 在点 P_0 对 x 的偏导数,记作:

$$\frac{\partial z}{\partial x}\Big|_{(x_0,y_0)}=\frac{\partial z}{\partial x}f(x,y)\Big|_{(x_0,y_0)}=z'_x\big|_{(x_0,y_0)}=f'_x(x_0,y_0)=\frac{\mathrm{d}}{\mathrm{d}x}f(x,y_0)\big|_{x_0} \tag{9.6}$$

称 $\dfrac{\mathrm{d}}{\mathrm{d}y}f(x_0,y)\big|_{y_0}$ 为 $z=f(x,y)$ 在点 P_0 对 y 的偏导数,记作:

$$\frac{\partial z}{\partial y}\Big|_{(x_0,y_0)}=\frac{\partial z}{\partial y}f(x,y)\Big|_{(x_0,y_0)}=z'_y\big|_{(x_0,y_0)}=f'_y(x_0,y_0)=\frac{\mathrm{d}}{\mathrm{d}y}f(x_0,y)\big|_{y_0} \tag{9.7}$$

在前面的例子中,

$$\frac{\partial z}{\partial x}\Big|_{(2,-5)}=\frac{\mathrm{d}}{\mathrm{d}x}f(x,-5)\big|_{x=2}=\frac{\mathrm{d}}{\mathrm{d}x}(x^3-5x+1)\big|_{x=2}=(3x^2-5+0)\big|_{x=2}=7.$$

$$\frac{\partial z}{\partial y}\Big|_{(2,-5)}=\frac{\mathrm{d}}{\mathrm{d}y}f(2,y)\big|_{y=-5}=\frac{\mathrm{d}}{\mathrm{d}y}(2^3+2y+1)\big|_{y=-5}=2\big|_{y=-5}=2.$$

例 1　设 $z=f(x,y)=3x+\cos xy-\mathrm{e}^x$. (1)求偏导数; (2) 求 $f'_x\left(2,\dfrac{\pi}{4}\right),f'_y\left(2,\dfrac{\pi}{4}\right)$

解：$\dfrac{\partial z}{\partial x}=f'_x(x,y)=[3x+\cos xy-\mathrm{e}^x]'_x=3-y\sin xy-\mathrm{e}^x$

$\dfrac{\partial z}{\partial y}=f'_y(x,y)=[3x+\cos xy-\mathrm{e}^x]'_y=0-x\sin xy-0=-x\sin xy$

$f'_x\left(2,\dfrac{\pi}{4}\right)=\dfrac{\partial z}{\partial x}\Big|_{(2,\frac{\pi}{4})}=[3-y\sin xy-\mathrm{e}^x]_{(2,\frac{\pi}{4})}=3-\mathrm{e}^2-\dfrac{\pi}{4}$

$f'_y\left(2,\dfrac{\pi}{4}\right)=\dfrac{\partial z}{\partial y}\Big|_{(2,\frac{\pi}{4})}=-x\sin xy\big|_{(2,\frac{\pi}{4})}=-2$

算法——求偏导数 $f'_x(x,y)$:把 y 视作常数,对 x 求导.

练习 1　求偏导数(1) $z=\mathrm{e}^y\sin x$; 　(2) $z=\mathrm{e}^{xy}\sin x$; 　(3) $\dfrac{\partial z}{\partial y}(x^3-x\sqrt{y}+5y)\big|_{(3,4)}$.

9.6.2　偏导数的几何意义

$z=f(x,y_0)$ 是 x 的函数(一元函数),如图 9.26,图像是曲线(在平面 $y=y_0$ 内),所以,$f'_x(x_0,y_0)$ 是这个曲线在 $Q(x_0,y_0,f(x_0,y_0))$ 点的切线 QA 与 x 轴(正向)夹角的正切值.即

$$f'_x(x_0,y_0)=\tan\theta_1.$$

同理,
$$f'_y(x_0,y_0)=\tan\theta_2.$$

练习 2　设 $z=f(x,y)=\sqrt{25-x^2-y^2}$,求 $f'_x(1,4)$ 和 $f'_y(1,4)$,并说明几何意义(参见图 9.27).

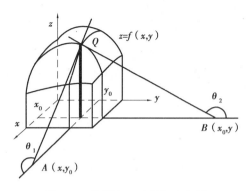
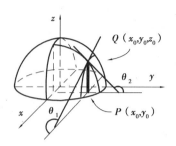

图 9.26　曲面上 Q 点的两条切线　　　图 9.27　球面上 Q_0 的两条切线

9.6.3　高阶偏导数

定义 9.7　称 $\dfrac{\partial^2 z}{\partial x^2}=f''_{xx}=z''_{xx}=\dfrac{\partial}{\partial x}\left(\dfrac{\partial z}{\partial x}\right)$ 为 $z=f(x,y)$ 对 x 的二阶偏导数；

$$\frac{\partial^2 z}{\partial y^2}=f''_{yy}=z''_{yy}=\frac{\partial}{\partial y}\left(\frac{\partial z}{\partial y}\right)\ 为\ z=f(x,y)\ 对\ y\ 的二阶偏导数；$$

$$\frac{\partial^2 z}{\partial x\partial y}=f''_{xy}=z''_{xy}=\frac{\partial z}{\partial y}\left(\frac{\partial z}{\partial x}\right)\ 为\ z=f(x,y)\ 的二阶混合偏导数；$$

$$\frac{\partial^2 z}{\partial y\partial x}=f''_{yx}=z''_{yx}=\frac{\partial z}{\partial x}\left(\frac{\partial z}{\partial y}\right)\ 为\ z=f(x,y)\ 的二阶混合偏导数.$$

类似的,定义 $z=f(x,y)$ 的其他阶偏导数.

例 2　设 $z=x^3y^2+\sin xy$,求 $z=f(x,y)$ 的二阶偏导数

解: $\dfrac{\partial z}{\partial x}=\left[x^3y^2+\sin xy\right]'_x=3x^2y^2+y\cos xy$

$$\frac{\partial z}{\partial y}=\left[x^3y^2+\sin xy\right]'_y=2x^3y+x\cos xy$$

$$\frac{\partial^2 z}{\partial x^2}=\left[\frac{\partial z}{\partial x}\right]'_x=\left[3x^2y^2+y\cos xy\right]'_x=6xy^2-y^2\sin xy=(6x-\sin xy)y^2$$

$$\frac{\partial^2 z}{\partial y^2}=\left[\frac{\partial z}{\partial y}\right]'_y=\left[2x^3y+x\cos xy\right]'_y=2x^3-x^2\sin xy=(2x-\sin xy)x^2$$

$$\frac{\partial^2 z}{\partial x\partial y}=\left[\frac{\partial z}{\partial x}\right]'_y=\left[3x^2y^2+y\cos xy\right]'_y=6x^2y+\cos xy-xy\sin xy$$

$$\frac{\partial^2 z}{\partial y\partial x}=\left[\frac{\partial z}{\partial y}\right]'_x=\left[2x^3y+x\cos xy\right]'_x=6x^2y+\cos xy-xy\sin xy$$

练习 3　设 $z=f(x,y)=y\cos(3x-y)$,(1) 求二阶偏导数;(2) 求 $f''_{yx}(\pi,\pi)$.

思考 1　二元函数 $z=f(x,y)$ 共有几个三阶偏导? 三元函数 $w=f(x,y,z)$ 有几个三阶偏导?

何时 $z''_{xy}=z''_{yx}$? 下面定理给出了充分条件.

定理 9.5 如果 z''_{xy}, z''_{yx} 在区域 D 内连续,则此时 $z''_{xy} = z''_{yx}$.

例 3 设 $z = f(x,y) = \ln(x^2+y^2)$,求证:$\dfrac{\partial^2 z}{\partial x^2} + \dfrac{\partial^2 z}{\partial y^2} = 0$(拉普拉斯方程).

证明:因为
$$\frac{\partial^2 z}{\partial x^2} = \left[\frac{\partial z}{\partial x}\right]'_x$$
$$= \left[\left[\ln(x^2+y^2)\right]'_x\right]'_x$$
$$= \left[\frac{2x}{x^2+y^2}\right]'_x = \frac{2(y^2-x^2)}{(x^2+y^2)^2}$$

由 $z = f(x,y)$ 中 x 和 y 的对称性知,$\dfrac{\partial^2 z}{\partial y^2} = \dfrac{2(x^2-y^2)}{(x^2+y^2)^2}$

所以 $\dfrac{\partial^2 z}{\partial x^2} + \dfrac{\partial^2 z}{\partial y^2} = \dfrac{2(y^2-x^2)}{(x^2+y^2)^2} + \dfrac{2(x^2-y^2)}{(x^2+y^2)^2} = 0$.

9.7 二元函数极值、最值

9.7.1 二元函数的极值

定义 9.8 设 $z = f(x,y)$ 在 $P_0(x_0,y_0)$ 的某个邻域内有定义,如果 $(x,y) \neq (x_0,y_0)$ 时总成立:
$$f(x,y) < f(x_0,y_0)$$
则称 $f(x_0,y_0)$ 为一个极大值,$P_0(x_0,y_0)$ 为极大点.

如果 $(x,y) \neq (x_0,y_0)$ 时总成立:
$$f(x,y) > f(x_0,y_0)$$
则称 $f(x_0,y_0)$ 为一个极小值,$P_0(x_0,y_0)$ 为极小点.

定理 9.6(极值存在的必要条件) 若 $f(x_0,y_0)$ 是极值,且 $f(x,y)$ 在 (x_0,y_0) 存在一阶偏导,则
$$\begin{cases} f'_x(x_0,y_0) = 0 \\ f'_y(x_0,y_0) = 0 \end{cases} \tag{9.8}$$

证明:因为 $f(x_0,y_0)$ 是 $f(x,y)$ 的极值.

所以 $f(x_0,y_0)$ 是 $f(x,y_0)$ 的极值.

$\dfrac{\mathrm{d}}{\mathrm{d}x} f(x,y_0) \big|_{x_0} = 0$,即 $f'_x(x_0,y_0) = 0$

同理 $f'_y(x_0,y_0) = 0$

如图 9.28,如果 $f(x_0,y_0)$ 是极大值,则 $Q(x_0,y_0,f(x_0,y_0))$ 点的两切线 QT_1, QT_2(若存在)必水平.

把满足 $f'_x(x,y) = f'_y(x,y) = 0$ 的点 (x,y) 称为 $f(x,y)$ 的驻点,则定理 9.6 可表述为:"(一

阶可导的)函数的极点必为驻点".

注意,驻点可以不是极点.

定理 9.7(极值存在的充分条件) 设 $P_0(x_0, y_0)$ 是 $z=f(x,y)$ 的驻点,且在 $P_0(x_0, y_0)$ 的某个邻域内 $z=f(x,y)$ 有定义,记作 $A=f''_{xx}(x_0, y_0), B=f''_{xy}(x_0, y_0), C=f''_{yy}(x_0, y_0)$.

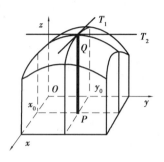

图 9.28 Q 点两条水平切线

(1) 当 $B^2-AC<0$ 时,$f(x_0, y_0)$ 是极值,$\begin{cases} A<0, 极大 \\ A>0, 极小 \end{cases}$

(2) 当 $B^2-AC>0$ 时,$f(x_0, y_0)$ 不是极值.

特别地,当 $B^2-AC=0$ 时,需用其他方法讨论. 本节的两个定理并没给出极值存在的充要条件.

例 1 设 $z=f(x,y)=x^3-y^3+3x^2+3y^2-9x$,求 z 的极值.

解:$z'_x=3x^2+6x-9, z''_{xx}=6x+6, z''_{xy}=0$

$z'_y=-3y^2+6y, z''_{yy}=-6y+6$

令 $\begin{cases} z'_x=3x^2+6x-9=0 \\ z'_x=-3y^2+6y=0 \end{cases}$

解得:驻点 $(-3,0), (-3,2), (1,0), (1,2)$.

列表检验:

	A	B	C	B^2-AC	
$(-3,0)$	-12	0	6	$72>0$	×
$(-3,2)$	-12	0	-6	$-72<0$	极大
$(1,0)$	12	0	6	$-72<0$	极小
$(1,2)$	12	0	-6	$72>0$	×

$f(-3,2)=31$ 是极大值.

$f(1,0)=-5$ 是极小值.

练习 1 求 $z=f(x,y)=4(x-y)-x^2-y^2$ 的极值.

9.7.2 二元函数的最值

定义 9.9 若 $z=f(x,y)$ 在区域 D 内满足:

$$f(x,y) \leqslant f(x_0, y_0) \quad (x,y) \in D$$

则称 $f(x_0, y_0)$ 为 z 在区域 D 内的最大值,$P_0(x_0, y_0)$ 为一个最大点,记作 $z_{max}=f(x_0, y_0)$.

如果 $f(x,y) \geqslant f(x_0, y_0), (x,y) \in D$,则称 $f(x_0, y_0)$ 为 z 在区域 D 内的最小值,$P_0(x_0, y_0)$ 为一个最小点,记作 $z_{min}=f(x_0, y_0)$.

最值是在确定区域内形成的,极值是一点的函数值与附近点的函数值对比形成的. z 若存在最大值,则仅有 1 个,最大点可以有多个.

最点可以出现在极点上,也可以出现在边界上. 边界上的极值往往不易计算.

在实际问题中,若 $z=f(x,y)$ 在定义域 D 内有唯一的极点,则就是最点.

例2 某工厂一周内分别生产甲、乙两种产品各 $x(t)$、$y(t)$ 时总利润为: $L=f(x,y)=4(x+y)+xy-x^2-y^2$(万元). 如何安排生产计划才能使利润最大?

解: $L'_x = 4+y-2x,\ L''_{xx}=-2,\ L''_{xy}=1$

$\quad L'_y = 4+x-2y,\ L''_{yy}=-2$

令 $\begin{cases} L'_x = 4+y-2x \\ L'_x = 4+x-2y \end{cases}$

解得:驻点 $(4,4)$.

列表检验:

	A	B	C	B^2-AC	
$(4,4)$	-2	1	-2	$-3<0$	极大

$L=f(x,y)$ 有唯一的极点,且是极大点,所以必为最大点.

$L_{max}=f(4,4)= 4(4+4)+4\times4-4^2-4^2=16$

甲乙两种产品各生产 4 t 时总利润最大,为 16 万元.

9.7.3 条件极值

用铁板做成一个体积为 $5m^3$、有盖的长方体的水箱,求最省料的方案.

设长宽高分别为 $x,y,z(m)$,问题成为:求 $S=2(xy+yz+zx)$ 在条件 $xyz=5$ 下的最小值.

带有约束条件的极值(最值)问题,称为条件极值.

求 $z=f(x,y)$ 在约束条件 $\varphi(x,y)=0$ 下的极值,一种方法是从条件中解出 $y=g(x)$,将 $z=f(x,y)$ 转化成 x 的一元函数. 但是,常难以解出 $y=g(x)$.

以下是拉格朗日乘数法.

令 $\qquad\qquad L(x,y,\lambda)=f(x,y)+\lambda\varphi(x,y)$(建立拉格朗日函数) $\qquad$ (9.9)

令 $\begin{cases} L'_x=f'_x(x,y)+\lambda\varphi'_x(x,y)=0 \\ L'_y=f'_y(x,y)+\lambda\varphi'_y(x,y)=0 \\ \qquad\quad \varphi(x,y)=0 \end{cases}$ $\qquad$ (9.10)

解方程组得 (x_k,y_k) $(k=1,2,\cdots,s)$. 再根据具体情况,确定 (x_k,y_k) 是否为极点(最点).

例3 求(目标函数) $z=f(x,y)=x^2+2y^2$ 在约束条件 $x^2+y^2=1$ 下的最值.

解:令 $\varphi(x,y)=x^2+y^2-1$

$\quad L(x,y,\lambda)=f(x,y)+\lambda\varphi(x,y)$

$\qquad\qquad = x^2+2y^2+\lambda(x^2+y^2-1)$(拉格朗日函数)

$$令 \begin{cases} L'_x = 2x+2\lambda x = 0 \\ L'_y = 4y+2\lambda y = 0 \\ x^2+y^2-1=0 \end{cases} \quad 即 \begin{cases} (1+\lambda)x=0 \\ (2+\lambda)y=0 \\ x^2+y^2-1=0 \end{cases}$$

解方程组得：$(x,y)=(-1,0),(0,1),(0,-1),(1,0)$.

列表比较：

(x,y)	$(-1,0)$	$(0,1)$	$(0,-1)$	$(1,0)$
z	1	2	2	1

结论：$z_{min}=f(-1,0)=f(1,0)=1$

$z_{max}=f(0,1)=f(0,-1)=2$

拉格朗日乘数法适用于多元函数的条件极值问题. 应用中,需要求解驻点(即解方程组).

例 4 用铁板做成一个体积为 $5\ m^3$、有盖的长方体的水箱,求最省料的方案.

解：设长宽高分别为 $x,y,z(m)$,则表面积 $S=f(x,y,z)=2(xy+yz+zx)$,体积 $xyz=5$.

令　$\varphi(x,y)=xyz-5$

$L(x,y,\lambda)=2(xy+yz+zx)+\lambda(xyz-5)$　　（拉格朗日函数）

$$令 \begin{cases} L'_x=2(y+z)+2\lambda yz=0 \\ L'_y=2(z+x)+2\lambda zx=0 \\ L'_z=2(x+y)+2\lambda xy=0 \\ xyz-5=0 \end{cases} \quad 得 \begin{cases} (y+z)x=-\lambda yzx \\ (z+x)y=-\lambda zxy \\ (x+y)z=-\lambda xyz \\ xyz=5 \end{cases}$$

前 3 个方程得 $x=y=z$,代入第四个方程得 $x=y=z=\sqrt[3]{5}$. 所以,$(\sqrt[3]{5},\sqrt[3]{5},\sqrt[3]{5})$ 是唯一驻点. 又 S_{min} 必存在,所以,$S_{min}=f(\sqrt[3]{5},\sqrt[3]{5},\sqrt[3]{5})=6\sqrt[3]{25}$.

9.7.4　最小二乘法

平面上给定 n 个点 $\{P_i(x_i,y_i)\mid(i=1,2,3,\cdots,n)\}$,求一直线 L_0,使得在所有直线当中给定的 n 个点最接近 L_0.

任取一直线 $L:y=kx+b$

过点 $P_i(x_i,y_i)$,垂直于 x 轴作直线,与 L 交点为 $Q_i(x_i, y_i^*)$,如图 9.29. 其中,$y_i^*=kx_i+b$. 令 $z=\sum\limits_{i=1}^{n}(y-y_i)^2$,则使 z 最小的那一条直线最接近 $\{P_i\mid(i=1,2,3,\cdots,n)\}$.

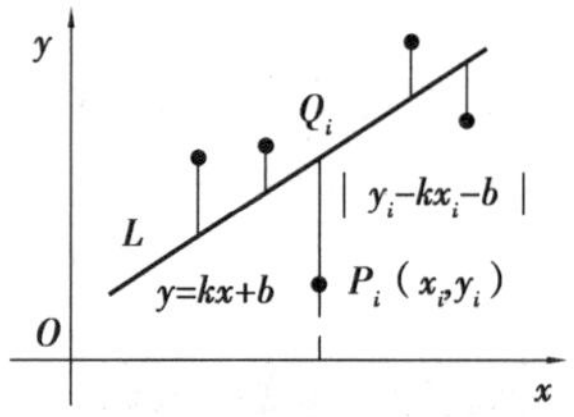

图 9.29　L 与 $\{P_i\}$

$z=\sum[y_i-(k_ix+b)]^2=\sum(k^2x_i^2-2kx_iy_i+2kbx_i-2by_i+y_i^2+b^2)$

$=k^2\sum x_i^2-2k\sum x_iy_i+2kb\sum x_i-2b\sum y_i+\sum y_i^2+nb^2$

令 $\begin{cases} z'_k = 2k\sum x_i^2 - 2\sum x_i y_i + 2b\sum x_i = 0 \\ z'_b = 2k\sum x_i - 2\sum y_i + 2nb = 0 \end{cases}$

解得 $\begin{cases} \hat{k} = \dfrac{\sum x_i y_i - n\bar{x}\bar{y}}{\sum x_i^2 - n\bar{x}^2} \\ \hat{b} = \bar{y} - \hat{k}\bar{x} \end{cases}$ (9.11)

其中, $\bar{x} = \dfrac{1}{n}\sum x_i$, $\bar{y} = \dfrac{1}{n}\sum y_i$.

例 5 某商品近 7 年的销售收入统计如下：

年份	2011	2012	2013	2014	2015	2016
收入/万元	7.0	8.5	9.8	11.2	12.5	13.7

试预测 2017 年收入.

解：将数据作如下处理：

x_i=年号-2013	-2	-1	0	1	2	3
y_i=收入-9.8	-2.8	-1.3	0	1.4	2.7	3.9

因为 $\sum_{i=1}^{6} x_i^2 = 19$, $\bar{x} = 0.5$, $\bar{y} = 0.65$, $\sum x_i y_i = 25.4$

所以 $\hat{k} = \dfrac{107 - 6\times 0.5\times 3}{19 - 6\times 0.5^2} = 5.6$, $\hat{b} = 3.0 - 5.6\times 0.5 = -0.2$

所以 经验公式为 $y = 5.6x + 0.2$(如图 9.30).

2017 对应年号 $i = 4$, $y = 5.6\times 4 + 0.2 = 22.6$, 销售收入估计为 59.6 百万元.

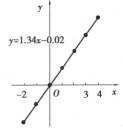

图 9.30 经验公式与实际数据对比

问题 1 试从平移的角度,说明应用数据 $\{(x_i - c, y_i - c) \mid i = 1, 2, \cdots, n\}$ 和数据 $\{(x_i, y_i) \mid i = 1, 2, \cdots, n\}$ 所求直线是同一条.

9.8 全微分

9.8.1 全微分及全微分公式

设 $P_0(x_0, y_0)$, $P(x_0 + \Delta x, y_0 + \Delta y)$, $\rho = |PP_0| = \sqrt{(\Delta x)^2 + (\Delta y)^2}$. $o(\rho)$ 为 ρ 的高阶无穷小.

定义 9.10 设 $z=f(x,y)$ 在 $P_0(x_0,y_0)$ 的某个邻域内有定义.

如果在 (x_0,y_0) 的全增量： $\Delta z=f(x_0+\Delta x,y_0+\Delta y)-f(x_0,y_0)$ （9.12）

可以表示成： $\Delta z=A\Delta x+B\Delta y+o(\rho)$ （A,B 与 $\Delta x,\Delta y$ 无关）

则称 $f(x,y)$ 在 (x_0,y_0) 的全微分为 $\mathrm{d}z=A\Delta x+B\Delta y$，且 $f(x,y)$ 在 (x_0,y_0) 可微.

思考 1 比较 $\mathrm{d}z$ 与一元函数 $y=f(x)$ 在 x_0 点的微分 $\mathrm{d}y$ 的异同.

定理 9.8（可微的充分条件） 设 $z=f(x,y)$ 在 $P_0(x_0,y_0)$ 的某个邻域内处处有偏导数，且 $f_x'(x,y),f_y'(x,y)$ 都在 (x_0,y_0) 点连续，则 $f(x,y)$ 在 (x_0,y_0) 可微，且 $\mathrm{d}z=f_x'(x_0,y_0)\Delta x+f_y'(x_0,y_0)\Delta y$.

改记为： $\mathrm{d}z=f_x'(x_0,y_0)\mathrm{d}x+f_y'(x_0,y_0)\mathrm{d}y$ （全微分公式） （9.13）

例 1 设 $z=f(x,y)=x^2+\mathrm{e}^{x-y}$，求：（1）$\mathrm{d}z$；（2）$\mathrm{d}z\big|_{(3,1)}$.

解：因为 $z_x'=\left[x^2+\mathrm{e}^{x-y}\right]_x'=2x+\mathrm{e}^{x-y}$，$z_y'=\left[x^2+\mathrm{e}^{x-y}\right]_y'=0-\mathrm{e}^{x-y}=-\mathrm{e}^{x-y}$

所以 $\mathrm{d}z=z_x'\mathrm{d}x+z_y'\mathrm{d}y$

$\qquad = (2x+\mathrm{e}^{x-y})\mathrm{d}x-\mathrm{e}^{x-y}\mathrm{d}y$

$\mathrm{d}z\big|_{(3,1)} = (2\times3+\mathrm{e}^{3-1})\mathrm{d}x-\mathrm{e}^{3-1}\mathrm{d}y$

$\qquad = (6+\mathrm{e}^2)\mathrm{d}x-\mathrm{e}^2\mathrm{d}y$

练习 1 设 $z=f(x,y)=\sin xy+x^3$，求：（1）$\mathrm{d}z\big|_{(3,1)}$；（2）$\mathrm{d}z\big|_{(1,-\pi)}$.

9.8.2 近似计算

由全增量、全微分的定义及全微分公式立即得到如下近似公式：

函数增量近似公式： $\Delta z\approx\mathrm{d}z=f_x'(x_0,y_0)\mathrm{d}x+f_y'(x_0,y_0)\mathrm{d}y$ （9.14）

函数值近似公式： $f(x_0+\Delta x,y_0+\Delta y)\approx f(x_0,y_0)+\mathrm{d}z\big|_{(x_0,y_0)}$ （9.15）

当 ρ 越小时，近似效果越好. 即 $|\Delta x|,|\Delta y|$ 越小时，近似效果越好.

例 2 求 $c=0.97^{2.02}$ 的近似值.

分析：要建立适当的二元函数，使得：①$c=f(x_0+\Delta x,y_0+\Delta y)$；②$f(x_0,y_0)$ 易于计算；③$|\Delta x|,|\Delta y|$ 较小.

解：令 $z=f(x,y)=x^y$，$(x_0,y_0)=(1,2)$，$\Delta x=-0.03$，$\Delta y=0.02$.

因为 $z_x'=\left[x^y\right]_x'=yx^{y-1}$，$z_y'=\left[x^y\right]_y'=x^y\ln x$

所以 $z_x'(1,2)=2$，$z_y'(1,2)=0$

$\mathrm{d}z\big|_{(1,2)}=z_x'(1,2)\mathrm{d}x+z_y'(1,2)\mathrm{d}y$

$\qquad =2\mathrm{d}x+0\mathrm{d}y=2\Delta x=-0.06$

故 $c=f(0.97,2.02)$

$\qquad \approx f(1,2)+\mathrm{d}z\big|_{(1,2)}=1^2-0.06=0.94$

（用科学计算器计算 $c=0.9408426836\cdots$；用 Matlab 计算 $c=0.940842683609185\cdots$）

练习 2 求 $w=\sin 29°\cos 61°$ 的近似值.（Matlab 计算结果 $w=0.235040367883398\cdots$）

9.9　隐函数求导

9.9.1　一元隐函数求导法则

设函数 $y=f(x)$ 由 $F(x,y)\equiv 0$ 确定,即 y 与 x 的函数关系是隐函数.求 $f'(x)$.

因为　$F(x,y)=0$

所以　$\mathrm{d}F(x,y)=\mathrm{d}0$

$$F'_x\mathrm{d}x+F'_y\mathrm{d}y=0 \quad (\text{其中 } \mathrm{d}y=f'(x)\mathrm{d}x)$$

$$F'_x\mathrm{d}x+F'_y f'(x)\mathrm{d}x=0$$

即　　　　$f'(x)=-\dfrac{F'_x}{F'_y}$ （隐函数求导法则）　　　　　(9.16)

例1　$y=f(x)$ 由 $x^2+y^2-5=0$ 确定,且 $y<0$.求:$(1)f'(x)$;$(2)f'(1)$;$(3)f''(1)$.

分析:先建立 $F(x,y)\equiv 0$,后应用隐函数求导法则.

解:令 $F(x,y)=x^2+y^2-5$,则 $F(x,y)\equiv 0$.

因为　$F'_x=2x,F'_y=2y.$

所以　$f'(x)=-\dfrac{F'_x}{F'_y}=-\dfrac{x}{y}$

在 $x^2+y^2-5=0$ 中,令 $x=1$,得 $y_1=-2,y_2=2(\text{舍去}).$

所以　$f'(1)=-\dfrac{x}{y}=\dfrac{1}{2}$

因为　$f''(x)=\left(-\dfrac{x}{y}\right)'=-\dfrac{y-xy'}{y^2}$

$$=-\frac{y-x\left(-\dfrac{x}{y}\right)}{y^2}=-\frac{y^2+x^2}{y^3}=-\frac{5}{y^3}$$

所以　$f''(1)=\dfrac{5}{8}$　（见图9.31）

练习1　求由 $x^2+9y^2-9=0$ 确定函数 $y=f(x)(x\geqslant 0)$ 的导数 $f'(x)$（见图9.32）.

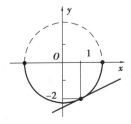

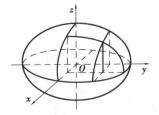

图9.31　$f'(1)>0$ 且 $f''(1)>0$　　　　图9.32　$x^2+9y^2-9=0$

9.9.2 二元隐函数求导法则

设 $z=f(x,y)$ 是由 $F(x,y,z)\equiv0$ 所确定的隐函数,同样用全微分公式得到以下公式:

$$\frac{\partial z}{\partial x}=-\frac{\partial F}{\partial x}\Big/\frac{\partial F}{\partial z},\frac{\partial z}{\partial y}=-\frac{\partial F}{\partial y}\Big/\frac{\partial F}{\partial z}.\quad（隐函数求导法则）\tag{9.17}$$

例 2 $z=f(x,y)$ 是由 $\dfrac{x^2}{a^2}+\dfrac{y^2}{b^2}+\dfrac{z^2}{c^2}=1$ 确定的二元函数,求 $f(x,y)$ 的偏导数.

解:令 $W=F(x,y,z)=\dfrac{x^2}{a^2}+\dfrac{y^2}{b^2}+\dfrac{z^2}{c^2}-1$,则 $F(x,y,z)\equiv0$.

因为　$F_x'=\dfrac{2x}{a^2},F_y'=\dfrac{2y}{b^2},F_z'=\dfrac{2z}{c^2}$

所以　$\dfrac{\partial z}{\partial x}=-F_x'/F_z'=-\dfrac{2x}{a^2}\Big/\dfrac{2z}{c^2}=-\dfrac{c^2}{a^2}\dfrac{x}{z}$

$\dfrac{\partial z}{\partial y}=-F_y'/F_z'=-\dfrac{2y}{b^2}\Big/\dfrac{2z}{c^2}=-\dfrac{c^2}{b^2}\dfrac{y}{z}.$

本章要点小结

1.平面点集 $\{(x,y)\mid x,y$ 满足$\cdots\}$

(1)熟练掌握平面点集的图形和几何表示方法.

(2)掌握点 P_0 的邻域的概念.

(3)了解闭区域概念.

2.空间直角坐标系 $Oxyz$

(1)空间点的坐标的几何意义.

(2)各象限内,点的坐标符号特点.

(3)熟练运用空间两点间距离公式:$|PQ|=\sqrt{(x_2-x_1)^2+(y_2-y_1)^2+(z_2-z_1)^2}$.

3.平面

(1)熟练掌握:

①坐标平面方程.

Oxy 的方程为 $z=0$;Oyz 的方程为 $x=0$;Ozx 的方程为 $y=0$.

②平行于坐标平面的平面的方程.

平行于 Oxy 平面的平面:$z=c$;平行于 Oyz 平面的平面:$x=a$;平行于 Ozx 平面的平面:$y=b$.

(2)熟练掌握:平面方程的截距式公式 $\dfrac{x}{a}+\dfrac{y}{b}+\dfrac{z}{c}=1.$

(3)了解平面方程的一般式:$Ax+By+Cz=D$.

4.曲面

掌握典型曲面方程:柱面、抛物面、球面、椭球面.

5.二元函数概念及图像

(1)二元函数定义域算法、图像表示.

(2)二元函数图像.

6.$z=f(x,y)$ 在 $P_0(x_0,y_0)$ 的极限

(1)$P(x,y)$ 趋于 $P_0(x_0,y_0)$ 的路线、表示法.

(2)$\lim\limits_{P\to P_0}f(x,y)=\lim\limits_{(x,y)\to(x_0,y_0)}f(x,y)=\lim\limits_{\substack{x\to x_0\\y\to y_0}}f(x,y)=A$ 的定义.

7.$z=f(x,y)$ 在 $P_0(x_0,y_0)$ 连续

(1)和一元函数连续性对照,理解定义.

(2)$f(x,y)$ 在 $P_0(x_0,y_0)$ 点不连续有哪几种情形? 图形特点各是什么?

(3)连续函数的运算.

(4)闭区域上连续函数的性质.

8.偏导数

(1)$\dfrac{\partial z}{\partial x}\Big|_{(x_0,y_0)},\dfrac{\partial z}{\partial y}\Big|_{(x_0,y_0)}$ 的算法.

(2)$\dfrac{\partial z}{\partial x}\Big|_{(x_0,y_0)},\dfrac{\partial z}{\partial y}\Big|_{(x_0,y_0)}$ 的几何意义.

(3)高阶偏导数的算法.

9.二元函数极值、最值

(1)二元函数驻点算法:解方程组 $\begin{cases}f'_x(x_0,y_0)=0\\f'_y(x_0,y_0)=0\end{cases}.$

(2)利用二阶偏导数判定驻点是否为极点.

设 $P_0(x_0,y_0)$ 为驻点,$A=f''_{xx}(x_0,y_0),B=f''_{xy}(x_0,y_0),C=f''_{yy}(x_0,y_0)$.

①当 $B^2-AC<0$ 时,$f(x_0,y_0)$ 是极值,$\begin{cases}A<0,极大\\A>0,极小\end{cases}$

②当 $B^2-AC>0$ 时,$f(x_0,y_0)$ 不是极值.

(3)条件极值算法.

建立拉格朗日函数:$L(x,y,\lambda)=f(x,y)+\lambda\varphi(x,y)$

解方程组 $\begin{cases}L'_x=f'_x(x,y)+\lambda\varphi'_x(x,y)=0\\L'_y=f'_y(x,y)+\lambda\varphi'_y(x,y)=0\\\varphi(x,y)=0\end{cases}$

求驻点. 比较驻点上 $f(x,y)$ 值.

10.全微分

(1)全微分公式:$\mathrm{d}z=\dfrac{\partial z}{\partial x}\Big|_{(x_0,y_0)}\mathrm{d}x+\dfrac{\partial z}{\partial y}\Big|_{(x_0,y_0)}\mathrm{d}y.$

（2）利用全微分公式做近似计算.

（3）条件极值算法.

11.隐函数求导法则

设函数 $y=f(x)$ 由 $F(x,y,z)\equiv 0$ 确定，则 $f'(x)=-\dfrac{F'_x}{F'_y}$.

注意：也可以使用复合函数求导法则计算隐含数的导数.

练习9

1.求函数定义域(并用图形表示).

（1）$z=f(x,y)=\dfrac{\sqrt[3]{y}}{\sqrt{4-x^2}}$;

（2）$z=f(x,y)=\sqrt{x-1}+\dfrac{x+1}{\sqrt{4-y^2}}$;

（3）$z=f(x,y)=\dfrac{1}{\sqrt{9-x^2-y^2}}$;

（4）$z=f(x,y)=\ln(y-x)+\sqrt{9-x^2-y^2}$;

（5）$z=f(x,y)=\ln(y-x^2)+\ln xy$.

2.求函数值.

（1）设 $z=f(x,y)=\dfrac{x-2y}{\sqrt{y-x^2}}$,求 $f(1,0)$,$f(\sqrt{3},7)$.

（2）设 $z=f(x,y)=\sqrt{x-1}+y^2$,求 $f(10,-1)$,$f(f(17,1),\sqrt{3})$.

（3）设 $z=f(x,y)=\dfrac{2xy}{x^2+y^2}$,求 $f(a,a)$,$f(b,3b)$,$f(0,t)$. (a,b,t 均不为0)

3.求函数极限.

（1）设 $z=f(x,y)=x^3-5y^2+7$,求极限 $\lim\limits_{(x,y)\to(1,2)} f(x,y)$.

（2）设 $z=f(x,y)=\dfrac{x-2y}{\sqrt{x-y}}$,求极限 $\lim\limits_{(x,y)\to(5,1)} f(x,y)$.

（3）设 $z=f(x,y)=\dfrac{\sin y}{(x^2+3)y}$,求极限 $\lim\limits_{(x,y)\to(1,0)} f(x,y)$.

4.求指定点的偏导数.

（1）设 $z=x+y-xy^2+\sin x$,求 $\dfrac{\partial z}{\partial x}\Big|_{(\frac{\pi}{2},-5)}$,$\dfrac{\partial z}{\partial y}\Big|_{(\frac{\pi}{2},-5)}$.

（2）设 $f(x,y)=x^2y+\sqrt{x^2+y^2}$,求 $f'_x(3,-4)$,$f'_y(3,-4)$.

（3）设 $z=\sin(xy)$,求 $\dfrac{\partial z}{\partial x}\Big|_{(\frac{\pi}{2},\frac{2}{3})}$,$\dfrac{\partial z}{\partial y}\Big|_{(\frac{\pi}{2},\frac{2}{3})}$.

（4）设 $f(x,y)=\ln(1+\sqrt{x^2+y^2})$,求 $f'_x(0,1)$,$f'_y(0,1)$.

5.求偏导数.

（1）$z=x^2\sqrt{y}+x-5y^3$;   （2）$z=xy\sqrt{x^2+y^2}$;   （3）$z=\dfrac{x}{\sqrt{1+y^2}}$;

$(4)z = e^{\tan x}\cos y$；　　　$(5)z = e^{xy}+x\sqrt{y}$；　　　$(6)z = \left(\dfrac{2}{3}\right)^{\frac{y}{x}}$；

$(7)z = \sqrt{xy}+\sqrt{x^y}$；　　　$(8)z = \tan\sqrt{x^2-3y^2}$；　　　$(9)z = \ln\dfrac{x}{y}$；

$(10)z = \ln\left(\dfrac{x}{y}+\sqrt{y}\right)$；　　$(11)w = \sqrt{x+y^2+z^3}$；　　$(12)w = e^{xy^2z}$.

（提示：(11)、(12)两题中，w 是三元函数，有 3 个一阶偏导数.）

6.求下列函数的所有二阶偏导数.

$(1)z = x^3+3x^2y-5y^3$；　　$(2)z = \sqrt{x}+x-5y^3$；　　$(3)z = \sqrt{x^2+y^2}$；

$(4)z = \sin(xy)$；　　　$(5)z = e^y\cos x$；　　　$(6)z = x\sin(x-2y)$.

7.求下列函数的全微分.

$(1)z = x^2y+y^3$；　　　$(2)z = 5\cos x-x\sqrt{y}$；　　　$(3)z = \sqrt{x^2-y^2}$；

$(4)z = \ln(x^2-xy+y)$；　　$(5)z = e^{x+3y}$；　　　$(6)z = x\sin xy$.

8.求函数在指定点的全微分.

(1)设 $z = f(x,y) = \dfrac{x-y}{\sqrt{5+x^2}}$，求 $\mathrm{d}z\big|_{(2,-3)}$.

(2)设 $z = f(x,y) = \sqrt{\dfrac{x+y}{x-y}}$，求 $\mathrm{d}z\big|_{(3,2)}$.（提示：尝试用对数法求偏导数会更加易算）

9.求隐函数 $z = f(x,y)$ 的偏导数 $\dfrac{\partial z}{\partial x}$，$\dfrac{\partial z}{\partial y}$.

$(1)x+y+z+xyz^2 = 5$；　　$(2)x^2-2xy+y\sqrt{z} = 3$；　　$(3)e^z = yz$；

$(4)x+y+z = \sin(xyz)$；　　$(5)xy+yz+zx = \ln z$.

10.求隐函数 $z = f(x,y)$ 的偏导数.

设 $xy = 3z-z^2(z\leqslant 0)$；求 $\dfrac{\partial z}{\partial x}$，$\dfrac{\partial^2 z}{\partial x\partial y}$，$\dfrac{\partial^2 z}{\partial x\partial y}\big|_{(1,-4)}$.

（提示：把 $(x,y)=(1,-4)$ 代入原方程，可以求出 $z(1,-4)$）

11.求下列函数的偏导数.

(1)设 $z = f(xy,3x+2y)$，求 $\dfrac{\partial z}{\partial x}$，$\dfrac{\partial^2 z}{\partial x^2}$.

（提示：令 $u = xy$，$v = 3x+2y$，则 $z = f(u,v)$，所以 $\dfrac{\partial z}{\partial x} = f'_u\dfrac{\partial u}{\partial x}+f'_v\dfrac{\partial v}{\partial x}$.）

(2)设 $z = f(x-y,x^2+y^2)$，求 $\dfrac{\partial z}{\partial y}$，$\dfrac{\partial^2 z}{\partial y\partial x}$.

12.求隐函数 $z = f(x,y)$ 的全微分 $\mathrm{d}z$.

$(1)e^z = x+2y+3z$；　　　$(2)xyz-\sqrt{z} = 10$.

13.求近似值.

$(1)a = 1.05^{3.98}$；

（2）$b = \sin 31° \cos 59°$.

14.求函数极值.

（1）$z = -x^2 + xy - y^2 + 2x - y$;　　（2）$z = x^3 + 3xy - 15x - 12y$;　　（3）$z = (x + y^2) e^{\frac{1}{2}x}$;

（4）$z = x^2 + y^2 - 2\ln x - 2\ln y$　$(x > 0, y > 0)$.

15.解答下列问题.

设 $z = f(x, y) = x^2 + xy$,求:

（1）$f(x, y)$ 是否有驻点?

（2）$f(x, y)$ 是否有极值?

16.求函数在约束条件下的最值.

（1）$z = xy$,约束条件:$x + y = 2$.

（2）$z = x + y$,约束条件:$\dfrac{1}{x} + \dfrac{1}{y} = 1$,$x > 0, y > 0$.

17.最值的实际应用问题.

（1）工厂两种主要原料 A, B 消耗量分别为 $x(t), y(t)$ 时,总产量 Q 为

$$Q(x, y) = 4.5x + 5y - 0.5x^2 - y^2 - 0.25xy$$

求如何计划 A, B 消耗量,使产量最大?

（2）某工厂生产甲乙两种产品,产量分别达到 x, y 时的收益函数为

$$R(x, y) = 2\,000x - 2x^2 + 100y - y^2 + xy$$

成本函数为　　　　　　　　$C(x, y) = x^2 + 200x + y^2 + 100y - xy$

如何计划各种产品产量,使总利润最大?

（3）某商品在 A, B 两地的价格分别是 P_1, P_2,销量分别是

$$Q_1 = 24 - 0.2P_1, \quad Q_2 = 10 - 0.5P_2$$

总成本函数是　　　　　　　　$C = 35 + 40(Q_1 + Q_2)$

试确定各地的合理价格,使利润最大.

（4）某工厂生产甲乙两种产品,价格分别是 10 万元/t,9 万元/t. 产量分别达到 x, y t 时的总成本函数为

$$C(x, y) = 400 + 2x + 3y + 0.01(3x^2 + xy + 3y^2) \quad （万元）$$

试确定各种产品合理产量,使总利润最大.

第 10 章 二重积分

10.1 曲顶柱体体积

10.1.1 曲顶柱体

设函数 $z=f(x,y)$，$(x,y) \in D$.

曲顶柱体(如图 10.1)是由函数 $y=f(x)$ 曲面作顶，D 作底构成的柱体.

10.1.2 曲顶柱体体积

基本思路:①不会算曲顶柱体体积 V;②会算平顶直柱体的体积 $V_{平顶柱体}=S_{底} \times h$;③尝试:曲边柱体 $\xrightarrow{转化}$ 平顶直柱体;④测试:用一个、两个平顶直柱体代替曲顶柱体,结果是误差太大.

第 1 步,分割.如图 10.2,将 D 分成 n 个小区域,设第 k 个小区域为 D_k,D_k 的面积为 ΔS_k ($k=1,2,\cdots,n$).

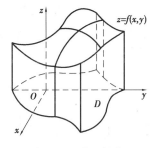

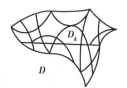

图 10.1 曲顶柱体   图 10.2 底面 D 的一个分割

D_k 对应的第 k 个小曲顶柱体体积为 V_k,则

$$V = V_1 + V_2 + \cdots + V_n = \sum_{k=1}^{n} V_k$$

第 2 步,近似(以第 k 个小曲顶柱体为代表,如图 10.3).如图 10.4,任取 $P(\xi_k, \eta_k) \in D_k$,对应顶面的点 $Q(\xi_k, \eta_k, f(\xi_k, \eta_k))$.以 PQ 为高、D_k 为底面作平顶直柱体,则体积为 $\overline{V}_k = f(\xi_k, \eta_k) \Delta S_k$.

因为
$$V_k \approx \overline{V}_k = f(\xi_k, \eta_k) \Delta S_k \qquad (*)$$

所以
$$V = \sum_{k=1}^{n} V_k \approx \sum_{k=1}^{n} f(\xi_k, \eta_k) \Delta S_k \qquad (**)$$

第 3 步, 取极限. 研究 ($**$), 关键是"怎样才能使近似得好?"结论是: 当每个 D_k 的直径 d_k 都很小时. 新问题"怎样才能使每个 d_k 都很小?"

令 $\lambda = \max\{d_k \mid k=1,2,\cdots,n\}$, 并称为细度. 则 λ 越小, 所有 d_k 都越小, ($**$) 近似的效果就越好. 考虑极限情形 $\lambda \to 0$ 时, ($**$) 的近似效果最好. 所以, 约定

$$V = \lim_{\lambda \to 0} \sum_{k=1}^{n} f(\xi_k, \eta_k) \Delta S_k \qquad (10.1)$$

图 10.3　D_k 上的小曲顶柱体　　　　　　图 10.4　D_k 上的小平顶柱体

10.2　二重积分的定义和性质

10.2.1　二重积分的定义

设函数 $z = f(x,y)$, $(x,y) \in D$.

定义 10.1　对 D 作分割 $D_1, D_2, \cdots, D_n$, 设 $d_k = D_k$ 的直径, $S_k = D_k$ 的面积, $\lambda = \max\{d_k \mid k=1,2,\cdots,n\}$, 任取 $(\xi_k, \eta_k) \in D_k$. 如果 $\lim\limits_{\lambda \to 0} \sum\limits_{k=1}^{n} f(\xi_k, \eta_k) \Delta S_k$ 存在, 且与分割无关, 与 (ξ_k, η_k) 的取法无关, 则称为 $z = f(x,y)$ 在 D 上的二重积分, 记作

$$\iint\limits_{D} f(x,y)\,\mathrm{d}s = \lim_{\lambda \to 0} \sum_{k=1}^{n} f(\xi_k, \eta_k) \Delta S_k \qquad (10.2)$$

其中, $f(x,y)$ 称为被积函数, D 称为积分区域, $\mathrm{d}s$ 称为面积微元.

思考 1　比较 $\int_a^b f(x)\,\mathrm{d}x$ 的定义与二重积分定义的异同.

练习 1　求 $\iint\limits_{D} 2\mathrm{d}s$ (其中, $D = \{(x,y) \mid -1 \leqslant x \leqslant 2,\ 1.5 \leqslant y \leqslant 3\}$).

10.2.2　二重积分的性质

性质 1　$\iint\limits_{D} kf(x,y)\,\mathrm{d}s = k \iint\limits_{D} f(x,y)\,\mathrm{d}s.$ $\qquad (10.3)$

性质 2　$\iint\limits_{D} [f(x,y) \pm g(x,y)]\,\mathrm{d}s = \iint\limits_{D} f(x,y)\,\mathrm{d}s \pm \iint\limits_{D} g(x,y)\,\mathrm{d}s.$ $\qquad (10.4)$

性质3 $\iint\limits_{D}f(x,y)\,\mathrm{d}s = \iint\limits_{D_1}f(x,y)\,\mathrm{d}s + \iint\limits_{D_2}f(x,y)\,\mathrm{d}s.(D_1,D_2\text{ 是 }D\text{ 的一个分割},\text{如图}10.5)$　(10.5)

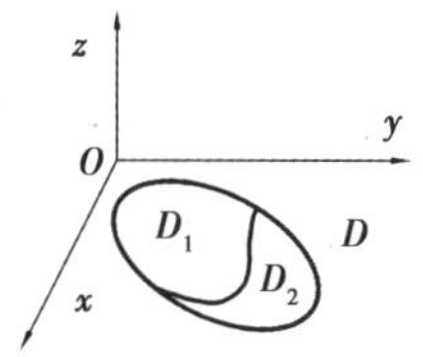

图 10.5　D_1,D_2 是 D 的一个分割

性质4　$\iint\limits_{D}\mathrm{d}s = S_D(S_D = D\text{ 的面积}).$　(10.6)

性质5　如果 $z = f(x,y) \geqslant 0,(x,y) \in D,$ 则 $\iint\limits_{D}f(x,y)\,\mathrm{d}s \geqslant 0.$　(10.7)

性质6　如果 $f(x,y) \leqslant g(x,y),(x,y) \in D,$ 则 $\iint\limits_{D}f(x,y)\,\mathrm{d}s \leqslant \iint\limits_{D}g(x,y)\,\mathrm{d}s.$　(10.8)

性质7（估值定理）　如果 $m \leqslant f(x,y) \leqslant M,(x,y) \in D,$ 则

$$mS_D \leqslant \iint\limits_{D}f(x,y)\,\mathrm{d}s \leqslant MS_D.$$　(10.9)

性质8　$\left| \iint\limits_{D}f(x,y)\,\mathrm{d}s \right| \leqslant \iint\limits_{D}|f(x,y)|\,\mathrm{d}s.$　(10.10)

性质9（积分中值定理）　设函数 $z = f(x,y)$ 在 D 上连续，则 D 上存在一点 (ξ,η)，使得

$$\iint\limits_{D}f(x,y)\,\mathrm{d}s = f(\xi,\eta)S_D.$$　(10.11)

思考2　说明性质4、性质9的几何意义.

10.3　直角坐标系下二重积分的算法

10.3.1　直角坐标系下面积微元

性质10　在直角坐标系下，$\mathrm{d}s = \mathrm{d}x\mathrm{d}y,$

$$\iint\limits_{D}f(x,y)\,\mathrm{d}s = \iint\limits_{D}f(x,y)\,\mathrm{d}x\mathrm{d}y.$$　(10.12)

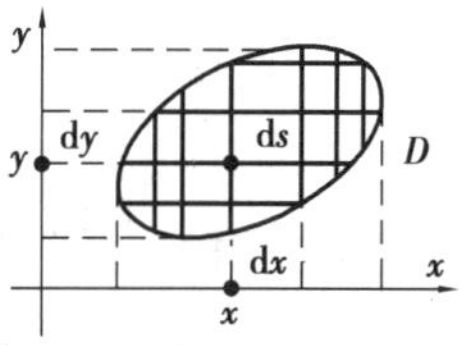

10.3.2　上下边界型区域上二重积分算法

图 10.6　$\mathrm{d}s = \mathrm{d}x\mathrm{d}y$

设函数 $z = f(x,y),(x,y) \in D$

$D = \{(x,y) \mid \varphi_1(x) \leqslant y \leqslant \varphi_2(x),x \in [a,b]\}.$

任取 $x \in [a,b]$，过 x 作平面 $\pi_x \perp x$ 轴，π_x 在立体上产生一个截口（一条封闭曲线）.

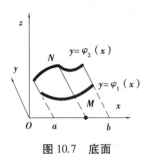

图 10.7　底面

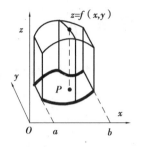

图 10.8　曲顶柱体

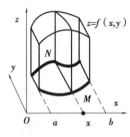

图 10.9　π_x 产生截口

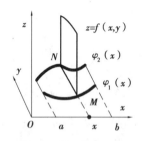

图 10.10　截口面积

截口是曲边梯形,曲边是 $z=f(x,y)$. 其中,x 是定值,$\varphi_1(x) \leqslant y \leqslant \varphi_2(x)$,截口面积为

$$S(x) = \int_{\varphi_1(x)}^{\varphi_2(x)} f(x,y)\,\mathrm{d}y, x \in [a,b]$$

由定理 8.5 得

$$V = \int_a^b S(x)\,\mathrm{d}x = \int_a^b \left[\int_{\varphi_1(x)}^{\varphi_2(x)} f(x,y)\,\mathrm{d}y \right]\mathrm{d}x$$

所以

$$\iint\limits_{D} f(x,y)\,\mathrm{d}x\mathrm{d}y = \int_a^b \left[\int_{\varphi_1(x)}^{\varphi_2(x)} f(x,y)\,\mathrm{d}y \right]\mathrm{d}x$$

为书写简洁,记作

$$\iint\limits_{D} f(x,y)\,\mathrm{d}x\mathrm{d}y = \int_a^b \mathrm{d}x \int_{\varphi_1(x)}^{\varphi_2(x)} f(x,y)\,\mathrm{d}y \qquad (10.13)$$

称式(10.13)的右侧为二次积分.

算法——求 $\iint\limits_{D} f(x,y)\,\mathrm{d}x\mathrm{d}y, D = \{(x,y) \mid \varphi_1(x) \leqslant y \leqslant \varphi_2(x), x \in [a,b]\}$:

① 作图 D;

② 确定下边界函数 $y = \varphi_1(x), x \in [a,b]$;

③ 确定上边界函数 $y = \varphi_2(x), x \in [a,b]$;

④ 先做内层积分 $\int_{\varphi_1(x)}^{\varphi_2(x)} f(x,y)\,\mathrm{d}y$;

⑤ 后做外层积分 $\int_a^b \left[\int_{\varphi_1(x)}^{\varphi_2(x)} f(x,y)\,\mathrm{d}y \right]\mathrm{d}x$.

例 1　求二重积分 $\iint\limits_{D} \mathrm{e}^{x+y}\mathrm{d}x\mathrm{d}y$,$D$ 由直线 $x=0, x=3, y=1, y=3$ 围成.

分析：①作图 D；②下边界函数 $\varphi_1(x)=1$；③上边界函数 $\varphi_2(x)=3, x \in [0,3]$.

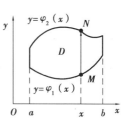

图 10.11　积分路线

解：作 D 图（如图 10.12）.

下边界 $y=\varphi_1(x)=1$,

上边界 $y=\varphi_2(x)=3, x \in [0,3]$.

$$\iint\limits_D e^{x+y} dx dy = \int_a^b dx \int_{\varphi_1(x)}^{\varphi_2(x)} e^{x+y} dy \quad (\text{化二次积分，先积 } y)$$

$$= \int_0^3 dx \int_1^3 e^{x+y} dy = \int_0^3 dx \int_1^3 e^x e^y dy$$

$$= \int_0^3 \left[e^x \int_1^3 e^y dy \right] dx$$

$$= \int_0^3 e^x dx \int_1^3 e^y dy = e(e^2-1)(e^3-1)$$

练习 1　求二重积分 $\iint\limits_D 6xy dx dy$，D 由直线 $x=0, x=3, y=0, y=x$ 围成，如图 10.13.

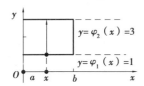

图 10.12　$0 \leqslant x \leqslant 3, 1 \leqslant y \leqslant 3$

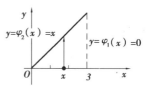

图 10.13　$0 \leqslant y \leqslant x, 0 \leqslant x \leqslant 3$

例 2　求二重积分 $\iint\limits_D (x+2y) dx dy$，$D$ 由直线 $x=0, y=x, y=2-x^2 \quad (x \geqslant 0)$ 围成.

分析：①作图 D；②下边界函数 $y=\varphi_1(x)=x$；③上边界函数 $y=\varphi_2(x)=2-x^2$.

解：令 $x=2-x^2 (x \geqslant 0)$，解得 $x=1$. 　　　　（建立方程，求交点）

作 D 图（如图 10.14）.

下边界：$\varphi_1(x)=x$；上边界：$\varphi_2(x)=2-x^2, x \in [0,1]$.

$$\iint\limits_D (x+2y) dx dy = \int_a^b dx \int_{\varphi_1(x)}^{\varphi_2(x)} (x+2y) dy \quad (\text{化二次积分，先积 } y)$$

$$= \int_0^1 dx \int_x^{2-x^2} (x+2y) dy$$

$$= \int_0^1 \left[xy+y^2 \right]_x^{2-x^2} dx$$

$$= \int_0^1 (x^4-x^3-6x^2+2x+4) dx = \frac{59}{20}$$

练习 2　求二重积分 $\iint\limits_D (1+2y) dx dy$，$D$ 由直线 $y=x, y=2x, x=2$ 围成.

例 3　求抛物线 $y=x^2$ 和 $y=4x-x^2$ 围成图形的面积.

分析：①作图；②记平面区域为 D，则下边界 $\varphi_1(x)=x^2$，上边界函数 $\varphi_2(x)=4x-x^2$；③由

性质4知 $S_D = \iint\limits_{D} ds$.

解:记所围图形 D.

令 $4x-x^2=x^2$, 解得 $x=0,2$. （建立方程,求交点）

作 D 图(如图 10.15).

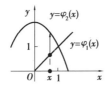 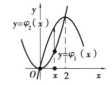

图 10.14　$x \leq y \leq 2-x^2, 0 \leq x \leq 1$ 　　　图 10.15　$x^2 \leq y \leq 4x-x^2, 0 \leq x \leq 2$

下边界:$\varphi_1(x)=x^2, x \in [0,2]$;

上边界:$\varphi_2(x)=4x-x^2, x \in [0,2]$.

$$S_D = \iint\limits_{D} 1 ds = \int_a^b dx \int_{\varphi_1(x)}^{\varphi_2(x)} dy = \int_0^2 dx \int_{x^2}^{4x-x^2} dy$$

$$= \int_0^2 [y]_{x^2}^{4x-x^2} dx = \int_0^2 (-2x^2 + 4x) dx = \frac{8}{3}$$

算法——求平面图形 D 的面积:利用二重积分 $S_D = \iint\limits_{D} ds$.

练习3 利用二重积分求抛物线 $y=x^2$ 和 $y=2-x^2$ 围成图形的面积.

例4 求二重积分 $\iint\limits_{D} 12ydxdy$, D 由 $y=3-x, x=1+y^2$ 围成.

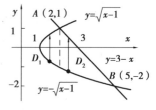

图 10.16　D 划分成 D_1,D_2

分析:① 作图(如图 10.16).

② 如果将 D 视为上下型,则上边界不能用一个解析式表示.所以,必须将 D 划分成两个子块:$D=D_1 \cup D_2$.

③D_1 和 D_2 的上下边界可以分别用不同的解析式表示.

解:令 $3-y=1+y^2$,解得 $y=1,-2$. （建立方程,求交点）

作 D 图(如图 10.16).

直线 $x=2$ 将 D 划分成 D_1,D_2.

D_1:上边界 $y=\sqrt{x-1}, x \in [1,2]$;

下边界 $y=-\sqrt{x-1}, x \in [1,2]$.

D_2:上边界 $y=3-x, x \in [2,5]$;

下边界 $y=-\sqrt{x-1}, x \in [2,5]$.

所以　$\iint\limits_{D} 12ydxdy = \iint\limits_{D_1} 12yds + \iint\limits_{D_2} 12yds$

$$= \int_1^2 dx \int_{-\sqrt{x-1}}^{\sqrt{x-1}} 12y dy + \int_2^5 dx \int_{-\sqrt{x-1}}^{-x+3} 12y dy$$

$$= \int_1^2 6 \left[y^2 \right]_{-\sqrt{x-1}}^{\sqrt{x-1}} dx + \int_2^5 6 \left[y^2 \right]_{-\sqrt{x-1}}^{-x+3} dx$$

$$= \int_1^2 6 \times 0 dx + \int_2^5 6 \left[x^2 - 7x + 10 \right] dx$$

$$= 0 + \left[2x^3 - 21x^2 + 60x \right]_2^5$$

$$= 25 - 52 = -27$$

可见,有些积分区域 D 不是上下型,但用分块的办法可以将其化成若干个上下型区域.

练习4　求二重积分 $\iint\limits_{D} 2x dx dy$, D 由 $y = x + 1$, $y = 2x$ 和 x 轴围成.

10.3.3 左右边界型区域上二重积分算法

将 $\{(x,y) \mid \varphi_1(x) \leqslant y \leqslant \varphi_2(x), x \in [a,b]\}$ (如图 10.11 所示)称为上下边界型区域;

将 $\{(x,y) \mid \gamma_1(y) \leqslant x \leqslant \gamma_2(y), y \in [c,d]\}$ (如图 10.17 所示)称为左右边界型区域.

在左右边界型区域上积分的顺序是:先积 x,后积 y:

$$\iint\limits_{D} f(x,y) dx dy = \int_c^d dy \int_{\gamma_1(y)}^{\gamma_2(y)} f(x,y) dx \tag{10.14}$$

例5　求二重积分 $\iint\limits_{D} 12y dx dy$, D 由 $y = -x + 3$, $x = y^2 + 1$ 围成.

分析:① 作图(如图 10.18).

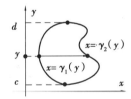 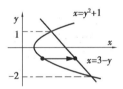

图 10.17　$\gamma_1(y) \leqslant x \leqslant \gamma_2(y), y \in [c,d]$ 　　　图 10.18　$y^2 + 1 \leqslant x \leqslant 3 - y, y \in [-2,1]$

② 如果将 D 视为上下型,则上边界不能用同一的解析式表示.

③ 尝试:将 D 视为左右边界型.

解:令 $3 - y = y^2 + 1$,解得 $y = 1, -2$. 　　(建方程,求交点)

作 D 图(如图 10.18).

左边界: $\gamma_1(y) = y^2 + 1, y \in [-2,1]$;

右边界: $\gamma_2(y) = 3 - y, y \in [-2,1]$.

$$\iint\limits_{D} 12y dx dy = \int_{-2}^1 dy \int_{y^2+1}^{3-y} 12y dx$$

$$= 12 \int_{-2}^1 y dy \int_{y^2+1}^{3-y} dx = 12 \int_{-2}^1 y \left[x \right]_{y^2+1}^{3-y} dy$$

$$= 12 \int_{-2}^1 (-y^3 - y^2 + 2y) dy$$

$$= 12\left[-\frac{1}{4}y^4 - \frac{1}{3}y^3 + y^2\right]_{-2}^{1} = \left[-3y^4 - 4y^3 + 12y^2\right]_{-2}^{1}$$

$$= 5 - 32 = -27$$

练习 5 将 D 视为左右边界型,求解本节练习 4.

思考 1 比较例 4、例 5,认识交换积分次序的意义.

10.3.4 交换积分次序

对比例 4、例 5 的解法知道:交换积分次序,可以使计算更简单. 有时交换积分次序可以将原来不能计算的二次积分算出来.

例 6 设 $V = \int_0^1 \mathrm{d}y \int_{\sqrt{y}}^{2\sqrt{y}} f(x,y)\mathrm{d}x$,试交换积分次序.

分析:① 原次序是先积 x,后积 y. 所以,把积分区域视作"左右边界型". 左边界: $x = \sqrt{y}$; 右边界: $x = 2\sqrt{y}$. $y \in [0,1]$.

② 改变后:先积 y,后积 x. 所以,把积分区域视作"上下边界型".

需要找到下边界: $y = \varphi_1(x) = ?$ 上边界: $y = \varphi_2(x) = ?$

解:设积分区域为 D.

因为,D 左边界: $x = \sqrt{y}$,$y \in [0,1]$;右边界: $x = 2\sqrt{y}$,$y \in [0,1]$.

所以,D 的图形如图 10.19.

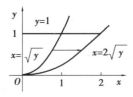
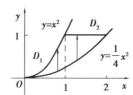

图 10.19　左右边界型　　　**图 10.20　上下边界型**

因为　$D = D_1 \cup D_2$(如图 10.20)

D_1 下边界: $y = \dfrac{x^2}{4}$,$x \in [0,1]$;上边界: $y = x^2$,$x \in [0,1]$.

D_2 下边界: $y = \dfrac{x^2}{4}$,$x \in [1,2]$;上边界: $y = 1$,$x \in [1,2]$.

所以　$V = \int_0^1 \mathrm{d}y \int_{\sqrt{y}}^{2\sqrt{y}} f(x,y)\mathrm{d}x = \iint\limits_{D_1} f(x,y)\mathrm{d}x\mathrm{d}y + \iint\limits_{D_2} f(x,y)\mathrm{d}x\mathrm{d}y$

$$= \int_0^1 \mathrm{d}x \int_{\frac{1}{4}x^2}^{x^2} f(x,y)\mathrm{d}y + \int_1^2 \mathrm{d}x \int_{\frac{1}{4}x^2}^{1} f(x,y)\mathrm{d}y$$

练习 6 交换积分次序 $\int_{-2}^{1} \mathrm{d}y \int_{y^2+1}^{3-y} 12y\,\mathrm{d}x$.

交换积分次序需要将区域由"上下边界型"与"左右边界型"互换.

10.4 极坐标系

10.4.1 极坐标系和点的极坐标

平面 π 上取定一点 O,称为**极点**.取定以极点为端点的一条射线 Ox 为**极轴**,在极轴上取定长为**单位** 1,则建立了一个**极坐标系**,如图 10.21.

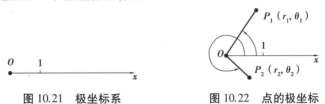

图 10.21 极坐标系 图 10.22 点的极坐标

平面 π 上任一点 P 与极点的距离 $r=|OP|$ 称为**极径**,极轴绕极点旋转到 OP 的有向角称为**极角**,记作 θ. $\theta>0$:极轴沿逆时针方向旋转;$\theta<0$:极轴沿顺时针方向旋转.

(r,θ) 称为 P 点的**极坐标**.

为了使 π 上点集与极坐标集合一一对应,常用规定:$0\leq\theta<2\pi$.(有时也可以采用 $-\pi<\theta\leq\pi$)

练习 1 建立极坐标系,并作出下列各点.

$$A\left(2,\frac{\pi}{4}\right);B\left(2,-\frac{\pi}{2}\right);C\left(3,\frac{5\pi}{4}\right);P\left(1,\frac{5\pi}{4}\right);Q(3,0).$$

思考 1 比较极坐标系和直角坐标系.

10.4.2 极坐标与直角坐标的变换

设平面上既建立了直角坐标系,又建立了极坐标系(如图 10.23),则平面内每一点既有直角坐标,又有极坐标(即每一点有两套坐标).

同一点的两套坐标可以相互转换.

设 P 的直角坐标为 (x,y),极坐标为 (r,θ),$0\leq\theta<2\pi$,则坐标变换公式:

$$(r,\theta)\rightarrow(x,y):\quad \begin{cases} x=r\cos\theta \\ y=r\sin\theta \end{cases} \tag{10.15}$$

$$(x,y)\rightarrow(r,\theta):\quad \begin{cases} r=\sqrt{x^2+y^2} \\ \theta=\arctan\dfrac{y}{x}+\dfrac{\pi}{2}\left[1-\text{sign }x\right] \end{cases}$$

例 1 设 $A(1,\sqrt{3})$,$B(-1,-1)$,求 A,B 的极坐标.

解:因为
$$\begin{cases} r_A=\sqrt{1^2+\sqrt{3}^2}=2 \\ \theta_A=\arctan\dfrac{\sqrt{3}}{1}+\dfrac{\pi}{2}\left[1-\text{sign}(1)\right]=\dfrac{\pi}{3} \end{cases}$$

所以 $A\left(2,\dfrac{\pi}{3}\right)$ （如图 10.24）

因为 $\begin{cases} r_B = \sqrt{(-1)^2 + (-1)^2} = \sqrt{2} \\ \theta_B = \arctan\dfrac{-1}{-1} + \dfrac{\pi}{2}\left[1 - \text{sign}(-1)\right] = \dfrac{5\pi}{4} \end{cases}$

所以 $B\left(\sqrt{2}, \dfrac{5\pi}{4}\right)$ （如图 10.25）

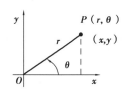
图 10.23　点的两种坐标

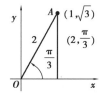
图 10.24　坐标变换

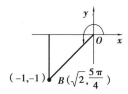
图 10.25　坐标变换

练习 2　(1) 设在直角坐标系下 $P(\sqrt{3},1)$，$Q(-1,1)$，求 P,Q 的极坐标.

(2) 设 E 的极坐标是 $\left(3,\dfrac{4\pi}{3}\right)$. 求 E 的直角坐标.

10.4.3　平面区域的极坐标表示

例 2　作区域 $E_1: r \le 1, \dfrac{\pi}{3} \le \theta < \dfrac{5\pi}{4}$.

分析：① $r \le 1$，表示 E_1 在以 O 为中心、半径为 1 的圆内；② $\dfrac{\pi}{3} \le \theta < \dfrac{5\pi}{4}$，表示 E_1 在角形区域内；③ E_1 是一个扇形区域.

解：E_1 是一个以 O 为中心、半径为 1 的圆上的扇形区域,如图 10.26.

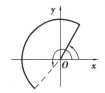
图 10.26　扇形区域

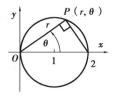
图 10.27　圆形区域

例 3　设区域 $E_2: (x-1)^2 + y^2 \le 1$,用极坐标表示 E_2.

分析：① E_2 是以 $(1,0)$ 为中心、半径为 1 的圆内及边界；② 在边界上任取一点 $P(r,\theta)$,如图 10.27,边界(曲线)的方程为

$$r = 2\cos\theta, \quad -\frac{\pi}{2} \le \theta \le \frac{\pi}{2}$$

也可以表示成 $\quad r = 2\cos\theta, 0 \le \theta \le \dfrac{\pi}{2}$ 或 $\dfrac{3\pi}{2} \le \theta \le 2\pi$

③ 在 E_2 内任取一点 $Q(r,\theta)$,则 $r \le 2\cos\theta$,$-\dfrac{\pi}{2} \le \theta \le \dfrac{\pi}{2}$.

解：E_2 的边界是中心在 $(1,0)$、半径为 1 的圆，如图 10.27，其曲线方程是：

$$r = 2\cos\theta, -\frac{\pi}{2} \leqslant \theta \leqslant \frac{\pi}{2}$$

E_2 表示为

$$r \leqslant 2\cos\theta, -\frac{\pi}{2} \leqslant \theta \leqslant \frac{\pi}{2}$$

练习 3　（1）作区域 $E_3 : 1 \leqslant r \leqslant 3, \frac{\pi}{2} \leqslant \theta \leqslant \frac{3\pi}{2}$.

（2）作区域 $E_4 : r \leqslant 3\sec\theta, 0 \leqslant \theta \leqslant \frac{\pi}{4}$.

10.5　极坐标系下二重积分的算法

10.5.1　极坐标系下面积微元

设积分区域 D 在极坐标系下为 E，分割如图 10.28.

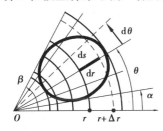

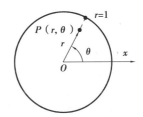

图 10.28　$\mathrm{d}s = r\mathrm{d}r\mathrm{d}\theta$　　　　图 10.29　$0 \leqslant r \leqslant 1, \theta \in [0, 2\pi]$

因为　$\Delta s = \frac{1}{2}\Delta\theta(r+\Delta r)^2 - \frac{1}{2}\Delta\theta r^2 = r\Delta r\Delta\theta + \frac{1}{2}\Delta\theta(\Delta r)^2$

所以　$\mathrm{d}s = r\Delta r\Delta\theta = r\mathrm{d}r\mathrm{d}\theta$ 　　　　　　　　　　　　　　　　　(10.16)

10.5.2　极坐标系下二重积分算法

由直角坐标向极坐标变换公式：$x = r\cos\theta, y = r\sin\theta$，得

$$\iint\limits_{D} f(x,y)\mathrm{d}x\mathrm{d}y = \iint\limits_{E} rf(r\cos\theta, r\sin\theta)\mathrm{d}r\mathrm{d}\theta \qquad (10.17)$$

例 1　求二重积分 $\displaystyle\iint\limits_{D} \frac{1}{1+x^2+y^2}\mathrm{d}x\mathrm{d}y, D$ 为 $x^2 + y^2 \leqslant 1$.

解：因为　$D : x^2 + y^2 \leqslant 1$　（在直角坐标系下）

　　所以　$E : (r\cos\theta)^2 + (r\sin\theta)^2 \leqslant 1, \theta \in [0, 2\pi]$　（在极坐标系下）

　　即　$0 \leqslant r \leqslant 1, \theta \in [0, 2\pi]$　（如图 10.26）

$$\iint_D \frac{1}{1 + x^2 + y^2}\mathrm{d}x\mathrm{d}y = \iint_E \frac{1}{1 + (r\cos\theta)^2 + (r\sin\theta)^2}r\mathrm{d}r\mathrm{d}\theta$$

$$= \int_0^{2\pi}\mathrm{d}\theta\int_0^1 \frac{1}{1 + r^2}r\mathrm{d}r = \frac{1}{2}\int_0^{2\pi}\left[\ln(1 + r^2)\right]_0^1\mathrm{d}\theta$$

$$= \frac{1}{2}\int_0^{2\pi}\ln2\mathrm{d}\theta = \pi\ln2$$

例2 求二重积分 $\iint_D \frac{\sin(\pi\sqrt{x^2 + y^2})}{\sqrt{x^2 + y^2}}\mathrm{d}x\mathrm{d}y, D$ 为 $1 \leqslant x^2 + y^2 \leqslant 4$（圆环区域）.

解：因为 $D:1 \leqslant x^2 + y^2 \leqslant 4$

所以 $E:1 \leqslant (r\cos\theta)^2 + (r\sin\theta)^2 \leqslant 4, \theta \in [0, 2\pi]$

即 $1 \leqslant r \leqslant 2, \theta \in [0, 2\pi]$ （如图 10.30）

所以 $\iint_D \frac{\sin(\pi\sqrt{x^2 + y^2})}{\sqrt{x^2 + y^2}}\mathrm{d}x\mathrm{d}y$

$$= \iint_E \frac{\sin(\pi\sqrt{(r\cos\theta)^2 + (r\sin\theta)^2})}{\sqrt{(r\cos\theta)^2 + (r\sin\theta)^2}}r\mathrm{d}r\mathrm{d}\theta$$

$$= \int_0^{2\pi}\mathrm{d}\theta\int_1^2 \frac{\sin(\pi r)}{r}r\mathrm{d}r = \frac{1}{\pi}\int_0^{2\pi}\left[-\cos(\pi r)\right]_1^2\mathrm{d}\theta$$

$$= \frac{1}{\pi}\int_0^{2\pi}(-2)\mathrm{d}\theta = -4$$

算法——求用二重积分：当被积函数含有 $x^2 + y^2$ 时，用极坐标积分很简洁.

例3 求二重积分 $\iint_D \sqrt{x^2 + y^2}\mathrm{d}x\mathrm{d}y, D$ 为 $x^2 + (y - 1)^2 \leqslant 1$.

解：因为 $D:x^2 + (y-1)^2 \leqslant 1$

所以 $E:(r\cos x)^2 + (r\sin x - 1)^2 \leqslant 1$

$$r(r - 2\sin\theta) \leqslant 0$$

即 $r \leqslant 2\sin\theta$ （如图 10.31）

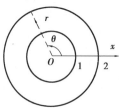

图 10.30 $1 \leqslant r \leqslant 2, \theta \in [0, 2\pi]$

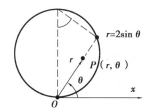

图 10.31 $r \leqslant 2\sin\theta, \theta \in [0, \pi]$

作图知 $\theta \in [0, \pi]$

所以 $\iint_D \sqrt{x^2 + y^2}\mathrm{d}x\mathrm{d}y = \iint_E \sqrt{(r\cos\theta)^2 + (r\sin\theta)^2}r\mathrm{d}r\mathrm{d}\theta$

$$= \int_0^{\pi}\mathrm{d}\theta\int_0^{2\sin\theta}r\cdot r\mathrm{d}r = \int_0^{\pi}\left[\frac{1}{3}r^3\right]_0^{2\sin\theta}\mathrm{d}\theta$$

$$= \frac{8}{3} \int_0^\pi \sin^3\theta d\theta = \frac{8}{3} \int_0^\pi \sin^2\theta(-d\cos\theta)$$

$$= -\frac{8}{3} \int_0^\pi (1-\cos^2\theta) d\cos\theta$$

令 $u = \cos x,$

则 $\theta = 0$ 时,$u = 1$;$\theta = \pi$ 时,$u = -1.$

所以　　$\iint\limits_D \sqrt{x^2+y^2}\,dxdy = -\frac{8}{3} \int_1^{-1} (1-u^2)\,du = \frac{32}{9}.$

本章要点小结

1.二重积分的概念

(1)二重积分是体积;是体积的相反数;是(Oxy 面)上侧体积和减去下侧体积和的差.

(2)二重积分是"和的极限":$\iint\limits_D f(x,y)\,ds = \lim\limits_{\lambda \to 0} \sum\limits_{k=1}^{n} f(\xi_k,\eta_k)\Delta S_k.$

2.定积分的性质

通过二重积分与体积的关系理解:性质 1—性质 9.

3.二重积分算法(直角坐标系下)

(1)直角坐标系下面积微元:$ds = dxdy.$

(2)化二重积分为二次积分的方法:

①上下边界型区域:$\iint\limits_D f(x,y)\,dxdy = \int_a^b dx \int_{\varphi_1(x)}^{\varphi_2(x)} f(x,y)\,dy$;

②左右边界型区域:$\iint\limits_D f(x,y)\,dxdy = \int_c^d dy \int_{\gamma_1(y)}^{\gamma_2(y)} f(x,y)\,dx.$

(3)交换积分次序:将区域 D 由"上下边界型"与"左右边界型"互换.

4.二重积分算法(极坐标系下)

(1)点的坐标变换公式:$\begin{cases} x = r\cos\theta \\ y = r\sin\theta \end{cases}.$

(2)极坐标系下,区域表示方法.

(3)极坐标系下面积微元:$ds = rdrd\theta.$

(4)极坐标系下二重积分化二次积分.

(5)二重积分直角坐标形式化极坐标形式:

$$\iint\limits_D f(x,y)\,dxdy = \iint\limits_{D^*} f(r\cos\theta,r\sin\theta)rdrd\theta$$

练习 10

1.比较两个定义中 λ 的意义和性质.

（1）$\displaystyle\int_a^b f(x)\,dx = \lim_{\lambda\to 0}\sum_{k=1}^n f(\xi_k)\Delta x_k.$（定义 8.1）

（2）$\displaystyle\iint_D f(x,y)\,ds = \lim_{\lambda\to 0}\sum_{k=1}^n f(\xi_k,\eta_k)\Delta S_k.$（定义 10.1）

2.依据二重积分的几何意义求二重积分.

（1）$\displaystyle\iint_D 1\,ds$，$D$ 由直线 $y=0,y=2x$，$x=1$，$x=2$ 所围成.

（2）$\displaystyle\iint_D 1\,ds$，$D$ 由椭圆 $\dfrac{x^2}{5^2}+\dfrac{y^2}{3^2}=1$ 所围成.（参考 8.8 例 4）

（3）$\displaystyle\iint_{x^2+y^2\le 1}\sqrt{1-x^2-y^2}\,ds.$

（4）$\displaystyle\iint_{\substack{x^2+y^2\le 9\\ y\ge 0}}\sqrt{9-x^2-y^2}\,ds.$

3.求矩形区域上的二重积分.

（1）求二重积分 $\displaystyle\iint_D (2x+y)\,dxdy$，$D$ 由直线 $x=0,x=3,y=0,y=2$ 围成.

（2）求二重积分 $\displaystyle\iint_D x^2\sqrt{y}\,dxdy$，$D$ 由直线 $x=-1,x=2,y=1,y=2$ 围成.

4.求二重积分.

（1）$\displaystyle\iint_D \dfrac{x}{1+y}\,dxdy$，$D$ 由抛物线 $y=x^2+1$，直线 $y=2$、$x=0$ 在第一象限围成.

（2）$\displaystyle\iint_D 2xy\,dxdy$，$D$ 由抛物线 $y=-x^2+2$，直线 $y=-x$ 在 y 轴右侧围成.

（3）$\displaystyle\iint_D \dfrac{y^2}{x^2}\,dxdy$，$D$ 由双曲线 $y=\dfrac{2}{x}$，抛物线 $y=x^2+1$，直线 $x=2$ 围成（在 x 轴上侧的部分）.

（提示：$x^3+x=2$ 的正解为 1）

（4）$\displaystyle\iint_D |y-x|\,dxdy$，$D$ 由直线 $x=0,x=1,y=0,y=1$ 围成.

（提示：作图 D，分析何时 $y<x$，何时 $y>x$）

（5）$\displaystyle\iint_D |y-x^2|\,dxdy$，$D$ 由直线 $x=-1$，$x=1$，$y=0$，$y=1$ 围成.

5.交换积分次序.

（1）$V=\displaystyle\int_1^e dx\int_0^{\ln x} f(x,y)\,dy;$ （2）$V=\displaystyle\int_0^2 dy\int_{\frac{y}{2}}^1 f(x,y)\,dx;$

$(3) V = \int_{-1}^{1} dx \int_{x^2}^{1} 6x \, dy ;$ $(4) V = \int_{0}^{1} dx \int_{0}^{2x} f(x,y) \, dy + \int_{1}^{3} dx \int_{0}^{3-x} f(x,y) \, dy .$

6.将下列积分化为极坐标积分形式,再计算积分值.

$(1) V = \int_{0}^{2} dx \int_{0}^{\sqrt{2x-x^2}} (x^2 + y^2) \, dy ;$ $(2) V = \int_{0}^{1} dx \int_{x}^{\sqrt{3}x} \dfrac{1}{\sqrt{x^2 + y^2}} \, dy .$

7.求二重积分.

$(1) \iint\limits_{D} \ln(1 + x^2 + y^2) \, dx dy ,\ D:$ 圆 $x^2 + y^2 = 1$ 内部及边界在第 I 象限的部分.

$(2) \iint\limits_{D} [\sqrt{x^2 + y^2} - (x^2 + y^2)] \, dx dy ,\ D:$ 圆 $x^2 + y^2 = 1$ 内部及边界.

$(3) \iint\limits_{D} \dfrac{\sin^2(\pi\sqrt{x^2 + y^2})}{\sqrt{x^2 + y^2}} \, dx dy ,\ D: 1 \leqslant x^2 + y^2 \leqslant 4 .$

第 11 章　常数项级数

怎样计算 $\sqrt[5]{31}$, $\ln 13$, $\sin 17°$, $\int_0^2 e^{-x^3} dx$,且精度达到任何事先给定的要求? 这需要研究级数理论.

11.1　常数项级数的概念及敛散性

11.1.1　和号

和号可以简洁记录多项相加,如

$$7 + 9 + 11 + 13 = \sum_{k=1}^{4} (2k + 5)$$

$$\frac{1}{3} - \frac{1}{4} + \frac{1}{5} - \frac{1}{6} + \cdots - \frac{1}{100} = \sum_{n=1}^{98} \frac{(-1)^{n-1}}{n+2}$$

$$f(x_1) + f(x_2) + f(x_3) + \cdots + f(x_n) = \sum_{k=1}^{n} f(x_k)$$

练习 1 （1）把 $1 + 5 + 9 + 17 + 19 + 21$ 用和号表示.

（2）把 $-5 + 8 - 11 + 14 - 17 + 20 + \cdots - 35$ 用和号表示.

（3）写出 $\displaystyle\sum_{n=1}^{\infty} \frac{1}{(2n-1)(2n+1)}$ 中的第 4、40、400 项.

性质 1 $\displaystyle\sum_{k=1}^{n} ca_k = c \sum_{k=1}^{n} a_k$.

性质 2 $\displaystyle\sum_{k=1}^{n} a_k \pm \sum_{k=1}^{n} b_k = \sum_{k=1}^{n} \left[a_k \pm b_k \right]$.

另外,还有 $\displaystyle\sum_{k=1}^{n} a_k = \sum_{i=1}^{n} a_i$, $\displaystyle\sum_{k=6}^{n} a_{k-5} = \sum_{j=1}^{n-5} a_j$.

11.1.2　常数项级数及其敛散性

设数列 $\left\{a_n=\dfrac{1}{n}\,\middle|\,n=1,2,\cdots\right\}$，研究下面的结构：

$$a_1+a_2+a_3+\cdots+a_n+\cdots$$

这不是 $\{a_n\}$ 的前 n 项和，而是"所有项依次相加".

定义 11.1　数列 $\{u_n\}$ 所有项依次相加 $u_1+u_2+u_3+\cdots+u_n+\cdots$，称为常数项级数，简称**级数**，记作

$$\sum_{n=1}^{\infty}u_n=u_1+u_2+u_3+\cdots+u_n+\cdots \tag{11.1}$$

u_n 称为**通项**，$s_n=u_1+u_2+u_3+\cdots+u_n=\sum_{k=1}^{n}u_k$ 称为**部分和**，$\{s_n\,|\,n=1,2,\cdots\}$ 称为级数的**部分和数列**.

例 1　$\displaystyle\sum_{n=1}^{\infty}\dfrac{1}{3^n}=\dfrac{1}{3^1}+\dfrac{1}{3^2}+\dfrac{1}{3^3}+\cdots+\dfrac{1}{3^n}+\cdots$

通项：$u_n=\dfrac{1}{3^n}$

部分和：$s_n=\dfrac{1}{3^1}+\dfrac{1}{3^2}+\dfrac{1}{3^3}+\cdots+\dfrac{1}{3^n}=\dfrac{1}{2}\left(1-\dfrac{1}{3^n}\right)$

部分和数列：$\left\{s_n=\dfrac{1}{2}\left(1-\dfrac{1}{3^n}\right)\,\middle|\,n=1,2,\cdots\right\}$

$$=\left\{\dfrac{1}{3},\dfrac{4}{9},\dfrac{13}{27},\dfrac{40}{81},\cdots,\dfrac{1}{2}\left(1-\dfrac{1}{3^n}\right),\cdots\right\}$$

练习 2　写出级数的通项、部分和：(1) $1-\dfrac{1}{2^1}+\dfrac{1}{2^2}-\dfrac{1}{2^3}+\cdots+\dfrac{1}{2^n}$；　(2) $\displaystyle\sum_{i=1}^{\infty}\dfrac{1}{n}$.

级数 $\displaystyle\sum_{n=1}^{\infty}u_n$ 根源于数列 $\{u_n\}$，又派生出一个数列 $\{s_n\}$.

定义 11.2　若 $\lim\limits_{n\to+\infty}s_n=S$（有限数），则称 $\displaystyle\sum_{n=1}^{\infty}u_n$ 收敛于 S，并称 $\displaystyle\sum_{n=1}^{\infty}u_n$ 的和为 S，记作

$$\sum_{n=1}^{\infty}u_n=\lim_{n\to+\infty}s_n=S \tag{11.2}$$

若 $\lim\limits_{n\to+\infty}s_n$ 不存在，则称 $\displaystyle\sum_{n=1}^{\infty}u_n$ 发散.

可见，级数的敛散性是由部分和数列 $\{s_n\}$ 的敛散性决定的.

对于数项级数主要关注两个方面：判别敛散性、求和.本章前 3 节及 12.1 集中研究敛散性.

例 2　判别 $\displaystyle\sum_{n=1}^{\infty}\dfrac{1}{3^n}$ 的敛散性.

分析：①计算 $\lim\limits_{n\to+\infty}s_n$，才可以判别级数敛散性；②先要计算 s_n.

解：因为 $\quad s_n = \sum_{k=1}^{n} \dfrac{1}{3^k} = \dfrac{1}{2}\left(1 - \dfrac{1}{3^n}\right)$

所以 $\quad \lim\limits_{n \to +\infty} s_n = \lim\limits_{n \to +\infty} \dfrac{1}{2}\left(1 - \dfrac{1}{3^n}\right) = \dfrac{1}{2}$

所以 $\quad \sum\limits_{n=1}^{\infty} \dfrac{1}{3^n} = \lim\limits_{n \to +\infty} s_n = \dfrac{1}{2}$，即级数收敛$\left(\text{于} \dfrac{1}{2}\right)$.

练习 3 判别级数敛散性：$(1)\ 1 - \dfrac{1}{2^1} + \dfrac{1}{2^2} - \dfrac{1}{2^3} + \cdots + \dfrac{1}{(-2)^{n-1}} + \cdots$；$(2)\ \sum\limits_{n=1}^{\infty} \left(\dfrac{3}{2}\right)^n$.

思考 1 $u_1 + u_2 + \cdots + u_n + \cdots$ 叫数列 $\{a_n\}$ 的"所有项的和"，准确吗？

例 3 讨论**几何级数** $\sum\limits_{n=1}^{\infty} aq^{n-1}$ 的敛散性$(a \neq 0)$.

解：因为 $\quad s_n = \sum\limits_{k=1}^{n} aq^{k-1} = a(q^0 + q^1 + q^2 + \cdots + q^{n-1}) = \begin{cases} an, & q = 1 \\ \dfrac{a(1 - q^n)}{1 - q}, & q \neq 1 \end{cases}$

所以 $\quad \lim\limits_{n \to +\infty} s_n = \begin{cases} \dfrac{a}{1-q}, & |q| < 1 \\ \infty, & |q| \geqslant 1 \end{cases}$

所以 $\quad \sum\limits_{n=1}^{\infty} aq^{n-1} = aq^0 + aq^1 + aq^2 + \cdots + aq^{n-1} = \begin{cases} \dfrac{a}{1-q}, & |q| < 1 \\ \text{发散}, & |q| \geqslant 1 \end{cases}$ 　　　(11.3)

算法——判别级数敛散性：先求部分和 s_n，再取极限.

例 4 判别 $\sum\limits_{n=2}^{\infty} \dfrac{1}{(n-1)n}$ 的敛散性.

解：因为 $\quad s_n = \sum\limits_{k=2}^{n} \dfrac{1}{(k-1)k} = \dfrac{1}{1 \times 2} + \dfrac{1}{2 \times 3} + \dfrac{1}{3 \times 4} + \cdots + \dfrac{1}{(n-1)n}$

$\qquad\qquad = \left(\dfrac{1}{1} - \dfrac{1}{2}\right) + \left(\dfrac{1}{2} - \dfrac{1}{3}\right) + \left(\dfrac{1}{3} - \dfrac{1}{4}\right) + \cdots + \left(\dfrac{1}{n-1} - \dfrac{1}{n}\right)$

$\qquad\qquad = 1 - \dfrac{1}{n}$

所以 $\quad \lim\limits_{n \to +\infty} s_n = 1$，即 $\sum\limits_{n=2}^{\infty} \dfrac{1}{(n-1)n} = \lim\limits_{n \to +\infty} s_n = 1$.

练习 4 判别级数敛散性：$1 - 1 + 1 - 1 + \cdots$

定义 11.3 $R_n = u_{n+1} + u_{n+2} + u_{n+3} + \cdots$ 称为级数的**余项**.

定理 11.1 级数收敛的充要条件是 $\lim\limits_{n \to +\infty} R_n = 0$.

例 5 判断**调和级数** $\sum\limits_{n=1}^{\infty} \dfrac{1}{n} = 1 + \dfrac{1}{2} + \dfrac{1}{3} + \cdots \dfrac{1}{n} + \cdots$ 的敛散性

分析：①尝试计算 s_n；②s_n 算不出来；③研究 R_n.

解：因为 $\quad R_n = \dfrac{1}{n+1} + \dfrac{1}{n+2} + \cdots + \dfrac{1}{n+n} + \dfrac{1}{n+n+1} + \cdots$

$$> \frac{1}{n+1} + \frac{1}{n+2} + \cdots + \frac{1}{n+n}$$

$$\geqslant \frac{1}{n+n} + \frac{1}{n+n} + \cdots + \frac{1}{n+n} = \frac{1}{2}$$

所以 $\lim\limits_{n \to +\infty} R_n \neq 0$，即调和级数 $\sum\limits_{n=1}^{\infty} \frac{1}{n}$ 发散.

算法——判定级数敛散性(2)：s_n 不能求出时，可尝试研究余项 R_n.

11.2　常数项级数的一般性质

定理 11.2　若 $\sum\limits_{n=1}^{\infty} u_n = S$，则 $\sum\limits_{n=1}^{\infty} cu_n = c \sum\limits_{n=1}^{\infty} u_n = cS$.　（$c$ 是常数）

若 c 是非 0 常数，则 $\sum\limits_{n=1}^{\infty} u_n$ 与 $\sum\limits_{n=1}^{\infty} cu_n$ 有相同的敛散性.

证明：设 $\sum\limits_{n=1}^{\infty} u_n$ 与 $\sum\limits_{n=1}^{\infty} cu_n$ 的部分和分别为 s_n, t_n.

当 $\sum\limits_{n=1}^{\infty} u_n$ 收敛时，即 $\sum\limits_{n=1}^{\infty} u_n = \lim\limits_{n \to +\infty} s_n = S$.

因为 $t_n = \sum\limits_{k=1}^{n} cu_k = c \sum\limits_{k=1}^{n} u_k = cs_n$

所以 $\lim\limits_{n \to +\infty} t_n = \lim\limits_{n \to +\infty} cs_n = c \lim\limits_{n \to +\infty} s_n = cS$

即 $\sum\limits_{n=1}^{\infty} cu_n$ 收敛于 cS.

同样可证，$\sum\limits_{n=1}^{\infty} cu_n$ 收敛，且 c 是非 0 常数时，$\sum\limits_{n=1}^{\infty} u_n$ 收敛.

定理 11.3　若 $\sum\limits_{n=1}^{\infty} u_n$，$\sum\limits_{n=1}^{\infty} v_n$ 都收敛，则 $\sum\limits_{n=1}^{\infty} [u_n \pm v_n] = \sum\limits_{n=1}^{\infty} u_n \pm \sum\limits_{n=1}^{\infty} v_n$.

证明：(仅证+的情形)设 $\sum\limits_{n=1}^{\infty} u_n$，$\sum\limits_{n=1}^{\infty} v_n$，$\sum\limits_{n=1}^{\infty} [u_n + v_n]$ 的部分和分别为 s_n, t_n, w_n，和分别为 S, T, W.

因为 $w_n = \sum\limits_{k=1}^{n} [u_k + v_k] = \sum\limits_{k=1}^{n} u_k + \sum\limits_{k=1}^{n} v_k = s_n + t_n$

所以 $\lim\limits_{n \to +\infty} w_n = \lim\limits_{n \to +\infty} (s_n + t_n) = \lim\limits_{n \to +\infty} s_n + \lim\limits_{n \to +\infty} t_n = S + T$

所以 $\sum\limits_{n=1}^{\infty} [u_n + v_n] = S + T$

问题 1 以下算法都对吗? (1) $\sum\limits_{n=1}^{100}(-n)+\sum\limits_{n=1}^{100}n=0$; (2) $\sum\limits_{n=1}^{\infty}(-n)+\sum\limits_{n=1}^{\infty}n=0$.

定理 11.4 一个级数添上(或者去掉)有限个项,得到的新级数与原级数有相同敛散性.

定理 11.5 收敛级数任意加括号,得到的新级数也收敛,且和不变.

对于发散级数,加括号会改变敛散性,如 $1-1+1-1+\cdots+(-1)^{n-1}+\cdots$ 是发散级数.但是, $(1-1)+(1-1)+\cdots+(1-1)+\cdots$ 收敛于 0.

定理 11.6(级数收敛的必要条件) 如果 $\sum\limits_{n=1}^{\infty}u_n$ 收敛,则 $\lim\limits_{n\to+\infty}u_n=0$.

证明:因为 $u_n=s_n-s_{n-1}(n=2,3,4,\cdots)$,且 $\lim\limits_{n\to+\infty}s_n=\lim\limits_{n\to+\infty}s_{n-1}$.

所以 $\lim\limits_{n\to+\infty}u_n=\lim\limits_{n\to+\infty}[s_n-s_{n-1}]=0$

$u_n\to0$ 不是级数收敛的充分条件.虽然 $u_n=\dfrac{1}{n}\to0$,但是 $\sum\limits_{n=1}^{\infty}\dfrac{1}{n}$ 发散.

练习 1 讨论级数敛散性: $1-1+1-1+\cdots$

例 1 判断 $5^{11}+5^{12}+5^{13}+\cdots+5^{100}+\dfrac{7}{3^1}+\dfrac{7}{3^2}-\dfrac{7}{3^3}+\cdots+\dfrac{7}{3^n}+\cdots$ 的敛散性.

分析:判断对象可以看成在 $\dfrac{1}{3^1}+\dfrac{1}{3^2}+\dfrac{1}{3^3}+\cdots+\dfrac{1}{3^n}+\cdots$ 的基础上构造出的一个新级数.

解:因为 $\dfrac{1}{3^1}+\dfrac{1}{3^2}+\dfrac{1}{3^3}+\cdots+\dfrac{1}{3^n}+\cdots$ 收敛 $\left(\text{于}\dfrac{1}{2}\right)$. (依据 11.1 例 3)

所以 $\dfrac{7}{3^1}+\dfrac{7}{3^2}-\dfrac{7}{3^3}+\cdots+\dfrac{7}{3^n}+\cdots$ 收敛 $\left(\text{于}\dfrac{7}{2}\right)$. (依据定理 11.2)

因为 $5^{11}+5^{12}+5^{13}+\cdots+5^{100}$ 是有限项(90 项)的和.

所以 $5^{11}+5^{12}+5^{13}+\cdots+5^{100}+\dfrac{7}{3^1}+\dfrac{7}{3^2}-\dfrac{7}{3^3}+\cdots+\dfrac{7}{3^n}+\cdots$ 收敛. (依据定理 11.4)

例 2 判断 $\sum\limits_{n=1}^{\infty}\left[\dfrac{7}{2^n}-3\left(\dfrac{17}{19}\right)^n\right]$ 的敛散性.

解:因为 $\sum\limits_{n=1}^{\infty}\dfrac{1}{2^n}$ 收敛, $\sum\limits_{n=0}^{\infty}\left(\dfrac{17}{19}\right)^n$ 收敛.

所以 $\sum\limits_{n=1}^{\infty}\dfrac{7}{2^n}$, $\sum\limits_{n=1}^{\infty}\left[3\left(\dfrac{17}{19}\right)^n\right]$ 都收敛. (依据定理 11.2)

所以 $\sum\limits_{n=1}^{\infty}\left[\dfrac{7}{2^n}-3\left(\dfrac{17}{19}\right)^n\right]$ 收敛. (依据定理 11.3).

例 3 设 $\sum\limits_{n=1}^{\infty}u_n$ 收敛, $\sum\limits_{n=1}^{\infty}v_n$ 发散,判断下面各个级数的敛散性.

(1) $\sum\limits_{n=1}^{\infty}\dfrac{v_n}{50}$; (2) $\sum\limits_{n=1}^{\infty}\dfrac{1}{u_n}$; (3) $\sum\limits_{n=1}^{\infty}[u_n+v_n]$; (4) $\sum\limits_{n=1}^{\infty}u_n+\sum\limits_{n=1}^{50}v_n$.

解:(1) 由定理 11.2 知 $\sum\limits_{n=1}^{\infty}\dfrac{v_n}{50}$ 发散.

（2）因为 $u_n \nrightarrow$，所以 $\dfrac{1}{u_n}$ 不趋于 0，由定理 11.6 知 $\displaystyle\sum_{n=1}^{\infty} \dfrac{1}{u_n}$ 发散.

（3）假设 $\displaystyle\sum_{n=1}^{\infty} \left[u_n + v_n\right]$ 收敛，那么 $\displaystyle\sum_{n=1}^{\infty} v_n = \displaystyle\sum_{n=1}^{\infty} \left[\left(u_n + v_n\right) - u_n\right]$ 也收敛，与已知条件相矛盾，所以 $\displaystyle\sum_{n=1}^{\infty} \left[u_n + v_n\right]$ 发散.

（4）由定理 11.4 知 $\displaystyle\sum_{n=1}^{\infty} u_n + \displaystyle\sum_{n=1}^{50} v_n$ 收敛.

算法——判定级数敛散性（3）：应用定理 2—定理 6 所明确的数项级数一般性质.

11.3　正项级数

本节研究正项级数，为后面研究较复杂级数打下基础.

11.3.1　正项级数收敛的充要条件

定义 11.4　若 $u_n \geqslant 0 (n = 1, 2, \cdots)$，则称 $\displaystyle\sum_{n=1}^{\infty} u_n = u_1 + u_2 + \cdots + u_n + \cdots$ 为**正项级数**.

$\displaystyle\sum_{n=1}^{\infty} \dfrac{1}{n}$，$\displaystyle\sum_{n=1}^{\infty} \dfrac{7}{2^n}$ 都是正项级数，但 $\displaystyle\sum_{n=1}^{\infty} \dfrac{(-1)^n}{n}$ 不是.

正项级数部分和数列 $\{s_n\}$ 单调增，所以（由 2.4 定理 2.15 知）只要 $\{s_n\}$ 有上界，则存在 $\displaystyle\lim_{n \to +\infty} s_n$.

定理 11.7　正项级数收敛的充要条件为：部分和数列 $\{s_n\}$ 有上界.

例 1　判别 $\displaystyle\sum_{n=1}^{\infty} \dfrac{1}{n^r}$ 的敛散性.　（r 是常数，$r>1$）

分析：① $r = 1$ 时，$\displaystyle\sum_{n=1}^{\infty} \dfrac{1}{n^r}$ 发散.② $r \neq 1$ 时，$\displaystyle\sum_{n=1}^{\infty} \dfrac{1}{n^r}$ 如何？③对于函数 $f(x) = \dfrac{1}{x^r}$，考察在 $\{x_n = n \mid n = 1, 2, 3, \cdots\}$ 各个点上的函数值 $\left\{f(x_n) = \dfrac{1}{n^r} \mid n = 1, 2, 3, \cdots\right\}$，恰好是 $\displaystyle\sum_{n=1}^{\infty} \dfrac{1}{n^r}$ 的所有项.

所以，尝试从 $f(x) = \dfrac{1}{x^r}$ 出发，研究 $\displaystyle\sum_{n=1}^{\infty} \dfrac{1}{n^r}$ 的敛散性.

解：因为　$\dfrac{1}{k^r} = \dfrac{1}{k^r} \times 1 < \displaystyle\int_{k-1}^{k} \dfrac{1}{x^r} \mathrm{d}x, k = 2, 3, 4, \cdots$　（如图 11.1）

所以　$\dfrac{1}{2^r} + \dfrac{1}{3^r} + \dfrac{1}{4^r} + \cdots + \dfrac{1}{n^r}$

$$< \int_{2-1}^{2} \frac{1}{x^r} dx + \int_{3-1}^{3} \frac{1}{x^r} dx + \int_{4-1}^{4} \frac{1}{x^r} dx + \cdots + \int_{n-1}^{n} \frac{1}{x^r} dx$$

$$= \int_{1}^{n} \frac{1}{x^r} dx < \int_{1}^{+\infty} \frac{1}{x^r} dx$$

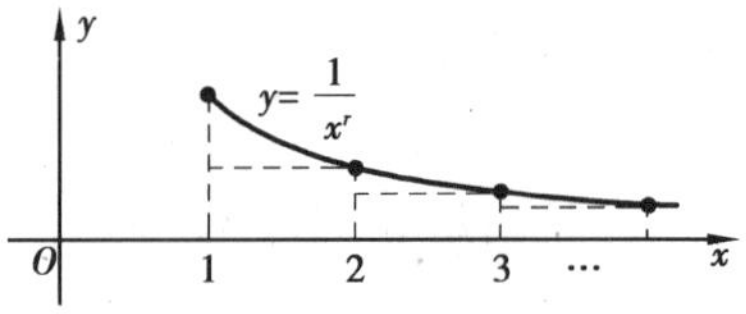

因为 $r > 1$ 时, $\int_{1}^{+\infty} \frac{1}{x^r} dx = \frac{1}{r-1}$. （依据 8.10 例 4）

所以 $r > 1$ 时, $\frac{1}{2^r} + \frac{1}{3^r} + \frac{1}{4^r} + \cdots + \frac{1}{n^r} < \frac{1}{r-1}$.

图 11.1 $y = \frac{1}{x^r} (r \geq 0)$

$r > 1$ 时, 级数 $\frac{1}{2^r} + \frac{1}{3^r} + \frac{1}{4^r} + \cdots + \frac{1}{n^r} + \cdots$ 收敛.

（依据定理 11.7）

所以 $r > 1$ 时, 级数 $1 + \frac{1}{2^r} + \frac{1}{3^r} + \frac{1}{4^r} + \cdots + \frac{1}{n^r} + \cdots$ 收敛. （依据定理 11.4）

11.3.2 比较判别法

定理 11.8（比较判别法） 设 $\sum_{n=1}^{\infty} u_n$, $\sum_{n=1}^{\infty} v_n$ 都是正项级数,从第 $N+1$ 项起总有 $u_n \leq v_n$.则

(1) $\sum_{n=1}^{\infty} v_n$ 收敛时, $\sum_{n=1}^{\infty} u_n$ 收敛; (2) $\sum_{n=1}^{\infty} u_n$ 发散时, $\sum_{n=1}^{\infty} v_n$ 发散.

证明:因为改变级数的有限项不改变敛散性,所以不妨设 $u_n \leq v_n (n=1,2,\cdots)$.设 $\sum_{n=1}^{\infty} u_n$, $\sum_{n=1}^{\infty} v_n$ 的部分和分别是 s_n, t_n.

(1)设 $\sum_{n=1}^{\infty} v_n$ 收敛于 T.

因为 $\lim_{n \to \infty} t_n = T, \{t_n\}$ 单增.

所以 $t_n \leq T (n=1,2,\cdots)$. （依据定理 2.15）

所以 $s_n \leq t_n \leq T (n=1,2,\cdots)$,即 $\{s_n\}$ 有上界.

所以 $\sum_{n=1}^{\infty} u_n$ 收敛. （依据定理 11.7）

(2)设 $\sum_{n=1}^{\infty} u_n$ 发散.假设 $\sum_{n=1}^{\infty} v_n$ 收敛,则由(1)知 $\sum_{n=1}^{\infty} u_n$ 收敛,矛盾.所以, $\sum_{n=1}^{\infty} v_n$ 发散.

比较法中,把 $\sum_{n=1}^{\infty} u_n$ 称为小项级数, $\sum_{n=1}^{\infty} v_n$ 称为大项级数.则比较法表述为"两个正项级数中,大项级数收敛时小项级数也收敛;小项级数发散时大项级数也发散."

例 2 判断 $\sum_{n=1}^{\infty} \left(\frac{n}{n^3+1} \right)^n$ 的敛散性.

解:因为　$\left(\dfrac{n}{n^3+1}\right)^n<\left(\dfrac{n}{n^3}\right)^n\leqslant\left(\dfrac{1}{2}\right)^n,(n\geqslant 2)$,且 $\displaystyle\sum_{n=1}^{\infty}\left(\dfrac{1}{2}\right)^n$ 收敛.

所以　$\displaystyle\sum_{n=1}^{\infty}\left(\dfrac{n}{n^3+1}\right)^n$ 收敛.　（比较判别法）

比较判别法的特点:

①需要找一个比较对象.

②若猜测待判别级数收敛,则找一个"大项级数且收敛";若猜测待判别级数发散,则找一个"小项级数且发散".

③在"猜测"和"寻找比较对象"的环节上,往往需要多次尝试.

练习1　使用比较法,判别级数的敛散性.

(1) $\displaystyle\sum_{n=1}^{\infty}\dfrac{1}{n^r}$（ r 是常数, $r<1$ ）;(2) $\displaystyle\sum_{n=1}^{\infty}\dfrac{1}{\ln(n+1)}$;(3) $\displaystyle\sum_{n=1}^{\infty}\dfrac{1}{n^2}$.　（提示:与11.1例4比较）

例3　判断 $1+\dfrac{2}{3}+\dfrac{2^2}{3\times 5}+\dfrac{2^3}{3\times 5\times 7}+\dfrac{2^4}{3\times 5\times 7\times 9}+\cdots$ 的敛散性.

解:令 $u_n=\dfrac{2^{n-1}}{1\times 3\times 5\times\cdots\times(2n-1)},n=1,2,3,4,\cdots.$

因为　$u_n=\dfrac{2^{n-1}}{1\times 3\times 5\times\cdots\times(2n-1)}=\dfrac{2\times 2\times 2\cdots\times 2}{3\times 5\times 7\times\cdots\times(2n-1)}(n\geqslant 2)$

$$=\dfrac{2}{3}\times\dfrac{2}{5}\times\dfrac{2}{7}\times\cdots\times\dfrac{2}{2n-1}.$$

$$\leqslant\dfrac{2}{3}\times\dfrac{2}{3}\times\dfrac{2}{3}\times\cdots\times\dfrac{2}{3}=\left(\dfrac{2}{3}\right)^{n-1}$$

且 $\displaystyle\sum_{n=1}^{\infty}\left(\dfrac{2}{3}\right)^{n-1}$ 收敛.

所以　$\displaystyle\sum_{n=1}^{\infty}u_n$ 收敛.　（比较判别法）

11.3.3　比值判别法

定理11.9（比值判别法）　设 $\displaystyle\sum_{n=1}^{\infty}u_n$ 是正项级数, $\displaystyle\lim_{n\to\infty}\dfrac{u_{n+1}}{u_n}=p$,则

(1) $p<1$ 时收敛;　　　　　　　　　　　　(2) $p>1$ 时发散.

例4　判别 $\displaystyle\sum_{n=1}^{\infty}\dfrac{n^5}{2^n}$ 的敛散性.

解:令 $u_n=\dfrac{n^5}{2^n}$.

因为　$\displaystyle\lim_{n\to\infty}\dfrac{u_{n+1}}{u_n}=\lim_{n\to\infty}\left[\dfrac{(n+1)^5}{2^{n+1}}\div\dfrac{n^5}{2^n}\right]=\lim_{n\to\infty}\left[\dfrac{1}{2}\dfrac{(n+1)^5}{n^5}\right]=\dfrac{1}{2}\lim_{n\to\infty}\left(1+\dfrac{1}{n}\right)^5=\dfrac{1}{2}<1$

所以　$\displaystyle\sum_{n=1}^{\infty}\frac{n^5}{2^n}$ 收敛.

比值判别法特点:①(相对于比较法)不需要寻找比较对象;②u_n 是幂结构时,计算较简便;③$p=1$ 时,定理无效.

例5　判断 $\displaystyle\sum_{n=1}^{\infty}\left[\frac{1}{n}\left(\frac{3}{2}\right)^n\right]$ 的敛散性.

解:令 $u_n=\dfrac{1}{n}\left(\dfrac{3}{2}\right)^n$.

$$\text{因为}\quad p=\lim_{n\to\infty}\frac{u_{n+1}}{u_n}=\lim_{n\to\infty}\left\{\frac{1}{n+1}\left(\frac{3}{2}\right)^{n+1}\div\left[\frac{1}{n}\left(\frac{3}{2}\right)^n\right]\right\}$$

$$=\lim_{n\to\infty}\left[\frac{n}{n+1}\cdot\frac{3}{2}\right]=\frac{3}{2}>1.$$

所以　$\displaystyle\sum_{n=1}^{\infty}\left[\frac{1}{n}\left(\frac{3}{2}\right)^n\right]$ 发散.

尝试用比值法判别 $\displaystyle\sum_{n=1}^{\infty}\frac{1}{n^2}$ 的敛散性.

$$\text{因为}\quad p=\lim_{n\to\infty}\frac{u_{n+1}}{u_n}=\lim_{n\to\infty}\left[\frac{1}{(n+1)^2}\div\frac{1}{n^2}\right]=\lim_{n\to\infty}\left(\frac{n}{n+1}\right)^2=1$$

所以　比值判别法无效.　(需用其他办法判别)

用比较法:因为 $\dfrac{1}{n^2}<\dfrac{1}{n(n-1)}$,又 $\displaystyle\sum_{n=2}^{\infty}\frac{1}{n(n-1)}$ 收敛,所以 $\displaystyle\sum_{n=1}^{\infty}\frac{1}{n^2}$ 收敛.

练习2　用比值法判断 $\displaystyle\sum_{n=1}^{\infty}\frac{1}{n}$ 的敛散性是否有效.

例6　判断 $\displaystyle\sum_{n=1}^{\infty}\frac{n!}{n^n}$ 的敛散性.

解:令 $u_n=\dfrac{n!}{n^n}$.

$$\text{因为}\quad p=\lim_{n\to\infty}\frac{u_{n+1}}{u_n}=\lim_{n\to\infty}\left[\frac{(n+1)!}{(n+1)^{n+1}}\div\frac{n!}{n^n}\right]$$

$$=\lim_{n\to\infty}\frac{n^n}{(n+1)^n}=\lim_{n\to\infty}\frac{1}{\left(1+\frac{1}{n}\right)^n}=\frac{1}{e}<1$$

所以　$\displaystyle\sum_{n=1}^{\infty}\frac{n!}{n^n}$ 收敛.

思考1　要判定正项级数 $\displaystyle\sum_{n=1}^{\infty}u_n$ 的敛散性,应先试用比值法,还是比较法?

11.4　任意项级数

11.4.1　交错级数

定义 11.5　称下面级数为**交错级数**：

$$\sum_{n=1}^{\infty} (-1)^{n-1} u_n = u_1 - u_2 + u_3 - u_4 \cdots + (-1)^{n-1} u_n + \cdots \quad (u_n > 0, n = 1, 2, \cdots)$$

例 1　（1）$1 - \dfrac{1}{2^1} + \dfrac{1}{2^2} - \dfrac{1}{2^3} + \cdots$ 是交错级数.

（2）$-1 + 1 - 1 + 1 - 1 + \cdots$ 是交错级数.

（3）$1 - \dfrac{1}{2} - \dfrac{1}{3} + \dfrac{1}{4} - \dfrac{1}{5} - \dfrac{1}{6} + \dfrac{1}{7} - \dfrac{1}{8} - \dfrac{1}{9} + \cdots$ 不是交错级数.

注意，这里的 u_n 不是通项，而是项的绝对值.

定理 11.10（莱布尼茨判别法）　若交错级数 $\sum\limits_{n=1}^{\infty} (-1)^{n-1} u_n$ 满足以下两个条件，则收敛.

（1）$u_n \geqslant u_{n+1}(n = 1, 2, \cdots)$ ；（2）$\lim\limits_{n \to +\infty} u_n = 0$.

证明：设 $\sum\limits_{n=1}^{\infty} (-1)^{n-1} u_n$ 的部分和为 s_n.

因为　$s_{2m} = (u_1 - u_2) + (u_3 - u_4) + \cdots + (u_{2m-1} - u_{2m})$　（括号内均为正值）

所以　$\{s_{2m} | m = 1, 2, \cdots\}$ 是单增数列.

因为　$s_{2m} = u_1 - (u_2 - u_3) - (u_4 - u_5) - \cdots - (u_{2m-2} - u_{2m-1}) - u_{2m} \leqslant u_1$　（括号内均为正值）

即 $\{s_{2m} | m = 1, 2, \cdots\}$ 有上界.

所以　存在 $\lim\limits_{m \to \infty} s_{2m}$.　（依据单调有界准则）

设 $\lim\limits_{m \to \infty} s_{2m} = S$，则

$\lim\limits_{m \to \infty} s_{2m+1} = \lim\limits_{m \to \infty} \left[s_{2m} + u_{2m+1} \right] = \lim\limits_{m \to \infty} s_{2m} + \lim\limits_{m \to \infty} u_{2m+1} = S + 0 = S$

所以　$\lim\limits_{n \to \infty} s_n = S$

练习 1　求证 $\sum\limits_{n=1}^{\infty} \dfrac{(-1)^{n-1}}{n}$ 收敛.

例 2　判断交错级数 $\sum\limits_{n=1}^{\infty} (-1)^{n-1} \dfrac{1}{n^p} (p > 0)$ 的敛散性.

解：令 $u_n = \dfrac{1}{n^p}$.

因为　$u_n = \dfrac{1}{n^p} > \dfrac{1}{(n+1)^p} = u_{n+1}$，且 $\lim\limits_{n \to +\infty} u_n = \lim\limits_{n \to +\infty} \dfrac{1}{n^p} = 0$.

所以　$\sum\limits_{n=1}^{\infty} (-1)^{n-1} \dfrac{1}{n^p} (p > 0)$ 收敛.

练习2 求证 $\displaystyle\sum_{n=1}^{\infty}\frac{(-1)^{n-1}}{\ln(n+1)}$ 收敛.

思考1 对比 $\displaystyle\sum_{n=1}^{\infty}\frac{1}{n}$，$\displaystyle\sum_{n=1}^{\infty}\frac{1}{\ln(n+1)}$，$\displaystyle\sum_{n=1}^{\infty}\frac{(-1)^{n-1}}{n}$，$\displaystyle\sum_{n=1}^{\infty}\frac{(-1)^{n-1}}{\ln(n+1)}$ 的敛散性.

11.4.2 绝对收敛和条件收敛

要判断一般级数 $\displaystyle\sum_{n=1}^{\infty}u_n$ 的敛散性，可以借助于 $\displaystyle\sum_{n=1}^{\infty}|u_n|$ 的敛散性. 于是，对于非正项级数亦非交错级数的级数，可以在正项级数的基础上加以判断.

定理11.11（绝对值判别法） 若级数 $\displaystyle\sum_{n=1}^{\infty}|u_n|$ 收敛，则 $\displaystyle\sum_{n=1}^{\infty}u_n$ 也收敛.

例3 判断 $\displaystyle\sum_{n=1}^{\infty}\frac{\sin(n\theta)}{n^2}$（$\theta$ 是常值）的敛散性.

分析：$\sin(n\theta)$ 的符号，没有简单的规律性. 如 $\theta=\frac{\pi}{3}$ 时，$\sin(1\theta)>0$，$\sin(2\theta)<0$，$\sin(3\theta)<0$，$\sin(4\theta)<0$，$\sin(5\theta)>0$，$\cdots$ 所以，正项级数判别法、交错级数判别法都不适用了.

解：令 $u_n=\dfrac{\sin(n\theta)}{n^2}$.

因为 $|u_n|=\left|\dfrac{\sin(n\theta)}{n^2}\right|\leqslant\dfrac{1}{n^2}$，且 $\displaystyle\sum_{n=1}^{\infty}\frac{1}{n^2}$ 收敛.

所以 $\displaystyle\sum_{n=1}^{\infty}|u_n|=\sum_{n=1}^{\infty}\left|\frac{\sin(n\theta)}{n^2}\right|$ 收敛. （比较法）

所以 $\displaystyle\sum_{n=1}^{\infty}u_n=\sum_{n=1}^{\infty}\frac{\sin(n\theta)}{n^2}$ 收敛. （绝对值判别法）

定义11.6 如果 $\displaystyle\sum_{n=1}^{\infty}|u_n|$ 收敛，则称 $\displaystyle\sum_{n=1}^{\infty}u_n$ **绝对收敛**；如果 $\displaystyle\sum_{n=1}^{\infty}|u_n|$ 发散，但 $\displaystyle\sum_{n=1}^{\infty}u_n$ 收敛，则称 $\displaystyle\sum_{n=1}^{\infty}u_n$ **条件收敛**.

按照定义，$\displaystyle\sum_{n=1}^{\infty}\frac{(-1)^{n-1}}{n}$，$\displaystyle\sum_{n=1}^{\infty}\frac{(-1)^{n-1}}{\ln(n+1)}$ 都是条件收敛.

$\displaystyle\sum_{n=1}^{\infty}\frac{\sin(n\theta)}{n^2}$，$\displaystyle\sum_{n=1}^{\infty}\frac{(-1)^{n-1}}{n^2}$，以及所有收敛的正项级数都是绝对收敛.

思考2 级数可以分成条件收敛级数、绝对收敛级数两类吗？

以下定理使得应用 $\displaystyle\sum_{n=1}^{\infty}|u_n|$ 来判别 $\displaystyle\sum_{n=1}^{\infty}u_n$ 的敛散性更直接.

定理11.12 设 $\displaystyle\lim_{n\to+\infty}\left|\frac{u_{n+1}}{u_n}\right|=q$，则

(1) 当 $q<1$ 时，$\displaystyle\sum_{n=1}^{\infty}u_n$ 绝对收敛；(2) 当 $q>1$ 时，$\displaystyle\sum_{u=1}^{n}u_n$ 发散.

证明　(1)当 $q<1$ 时,应用比值法知 $\sum_{u=1}^{n}|u_n|$ 收敛,所以 $\sum_{n=1}^{\infty}u_n$ 绝对收敛.

(2)当 $q>1$ 时,从某一项(设 $N+1$)起 $\left|\dfrac{u_{n+1}}{u_n}\right|>1$,即 $|u_{n+1}|>|u_n|$. 故 $\{|u_n|\mid n\geqslant N+1\}$ 是单增数列,所以 $\lim\limits_{n\to+\infty}|u_n|>0$.由定理 11.6 知 $\sum_{n=1}^{\infty}u_n$ 发散.

例4　讨论 $\sum_{n=1}^{\infty}\dfrac{x^n}{n!}$ 的敛散性(x 是参数).

分析:① $\sum_{n=1}^{\infty}\dfrac{x^n}{n!}$ 包含无限多个数项级数,取 $x=-5$,则有 $\sum_{n=1}^{\infty}\dfrac{(-5)^n}{n!}$.②问题是:哪些级数收敛,哪些级数发散?

解:当 $x=0$ 时, $\sum_{n=1}^{\infty}\dfrac{x^n}{n!}=\sum_{n=1}^{\infty}0=0$,绝对收敛.

当 $x\neq0$ 时,令 $u_n=\dfrac{x^n}{n!}$.

因为　$q=\lim\limits_{n\to+\infty}\left|\dfrac{u_{n+1}}{u_n}\right|=\lim\limits_{n\to+\infty}\left|\dfrac{x^{n+1}}{(n+1)!}\div\dfrac{x^n}{n!}\right|=|x|\lim\limits_{n\to+\infty}\dfrac{1}{n+1}=0<1$

所以　$\sum_{n=1}^{\infty}\dfrac{x^n}{n!}$ 总是绝对收敛(对任意的 x 值).

例5　讨论 $\sum_{n=1}^{\infty}\dfrac{(-1)^{n-1}x^n}{n}$ 的敛散性(x 是参数).

分析: $\sum_{n=1}^{\infty}\dfrac{(-1)^{n-1}x^n}{n}$ 包含了无限多个数项级数,需要判断其哪些是收敛的.

解:当 $x=0$ 时, $\sum_{n=1}^{\infty}\dfrac{(-1)^{n-1}x^n}{n}=\sum_{n=1}^{\infty}0=0$,绝对收敛.

当 $x\neq0$ 时,令 $u_n=\dfrac{(-1)^{n-1}x^n}{n}$.

因为　$q=\lim\limits_{n\to+\infty}\left|\dfrac{u_{n+1}}{u_n}\right|=\lim\limits_{n\to+\infty}\left|\dfrac{(-1)^nx^{n+1}}{n+1}\div\dfrac{(-1)^{n-1}x^n}{n}\right|=|x|\lim\limits_{n\to+\infty}\dfrac{n}{n+1}=|x|$

所以　当 $q=|x|<1$ 时,即 $x\in(-1,1)$ 时, $\sum_{n=1}^{\infty}\dfrac{x^n}{n!}$ 绝对收敛;

当 $q=|x|>1$ 时, $\sum_{n=1}^{\infty}\dfrac{(-1)^{n-1}x^n}{n}$ 发散;

当 $x=-1$ 时, $\sum_{n=1}^{\infty}\dfrac{(-1)^{n-1}x^n}{n}=\sum_{n=1}^{\infty}\dfrac{-1}{n}$ 发散;

当 $x=1$ 时, $\sum_{n=1}^{\infty}\dfrac{(-1)^{n-1}x^n}{n}=\sum_{n=1}^{\infty}\dfrac{(-1)^{n-1}}{n}$ 条件收敛.

可见,当且仅当 $x\in(-1,1]$ 时, $\sum_{n=1}^{\infty}\dfrac{(-1)^{n-1}x^n}{n}$ 收敛.

思考3　比较例3、例4中使级数收敛的 x 的范围.

本章要点小结

1. 和号

性质：$\displaystyle\sum_{k=1}^{n} ca_k = c\sum_{k=1}^{n} a_k$；$\displaystyle\sum_{k=1}^{n} a_k \pm \sum_{k=1}^{n} b_k = \sum_{k=1}^{n}\left[a_k \pm b_k\right]$.

2. 常数项级数的概念

（1）基本概念：项、部分和、和.

（2）分类：收敛级数、发散级数.

（3）判别级数敛散性的方法：

①研究部分和极限 $\displaystyle\lim_{n\to+\infty} s_n$；

②研究余项极限 $\displaystyle\lim_{n\to+\infty} R_n$.

（4）重要级数：几何级数 $\displaystyle\sum_{n=1}^{\infty} aq^{n-1}$、调和级数 $\displaystyle\sum_{n=1}^{\infty} \frac{1}{n}$.

3. 级数的一般性质

（1）级数的一般性质.

（2）应用性质判别级数敛散性.

4. 正项级数

（1）正项级数收敛的充要条件：$\{s_n\}$ 有上界.

（2）重要级数 $\displaystyle\sum_{n=1}^{\infty} \frac{1}{n^r}$.

（3）比较判别法："两个正项级数中,大项级数收敛时,小项级数也收敛;小项级数发散时,大项级数也发散."

注意：比较判别法特点.

（4）比值判别法（p 值判别法）：①$p<1$ 时,收敛；②$p>1$ 时,发散；③$p=1$ 时,比值判别法无效.

5. 交错级数

莱布尼茨判别法.

6. 绝对收敛和条件收敛

（1）级数分类：发散级数、条件收敛级数、绝对收敛级数.

（2）（绝对值判别法）若级数 $\displaystyle\sum_{n=1}^{\infty} |u_n|$ 收敛,则 $\displaystyle\sum_{n=1}^{\infty} u_n$ 也收敛.

（3）q 值判别法：设 $\displaystyle\lim_{n\to+\infty}\left|\frac{u_{n+1}}{u_n}\right| = q$,则①$q<1$ 时, $\displaystyle\sum_{n=1}^{\infty} u_n$ 绝对收敛；②$q>1$ 时, $\displaystyle\sum_{n=1}^{\infty} u_n$ 发散.

练习 11

1. 写出下列级数的通项公式 u_n；判断级数的敛散性.

(1) $0.001 + \sqrt{0.001} + \sqrt[3]{0.001} + \sqrt[4]{0.001} + \cdots$ (2) $\dfrac{4}{5} - \dfrac{4^2}{5^2} + \dfrac{4^3}{5^3} - \dfrac{4^4}{5^4} + \cdots$

(3) $\dfrac{1}{3} + \dfrac{2}{4} + \dfrac{3}{5} + \dfrac{4}{6} + \cdots$ (4) $\dfrac{1}{2} + \dfrac{3}{4} + \dfrac{5}{6} + \dfrac{7}{8} + \cdots$

2. 判断级数的敛散性.

(1) $\displaystyle\sum_{n=0}^{\infty}\left[\dfrac{1}{2^n} + \left(-\dfrac{2}{3}\right)^n\right]$；

(2) $\displaystyle\sum_{n=0}^{\infty}\left[\dfrac{1}{2^n} + \left(-\dfrac{7}{5}\right)^n\right]$；   （提示：应用 11.2 例 3 的结论）

(3) $10 + 100 + 1\,000 + \cdots + 10^{64} + \dfrac{1}{1\times 2} + \dfrac{1}{2\times 3} + \dfrac{1}{3\times 4} + \dfrac{1}{4\times 5} + \cdots$

(4) $\displaystyle\sum_{n=0}^{\infty}\dfrac{1}{u_n}$；$\left(\text{假设：}\displaystyle\sum_{n=0}^{\infty} u_n \text{ 收敛}\right)$

(5) $\displaystyle\sum_{n=0}^{\infty} v_n.$ $\left(\text{假设：}\displaystyle\sum_{n=0}^{\infty}(u_n + v_n) \text{ 和 } \displaystyle\sum_{n=0}^{\infty} u_n \text{ 都收敛}\right)$

3. 使用比较法判断正项级数的敛散性.

(1) $1 + \dfrac{1}{3} + \dfrac{1}{5} + \dfrac{1}{7} + \cdots$ （提示：与调和级数比较）

(2) $\dfrac{1}{2} + \dfrac{1}{5} + \dfrac{1}{10} + \dfrac{1}{17} + \cdots + \dfrac{1}{1+n^2} + \cdots$ （提示：与 11.1 例 4 比较）

(3) $\dfrac{2}{1\times 3} + \dfrac{2^2}{3\times 3^2} + \dfrac{2^3}{5\times 3^3} + \dfrac{2^4}{7\times 3^4} + \cdots$

(4) $\displaystyle\sum_{n=0}^{\infty}\dfrac{1}{\ln(1+n)}$；

(5) $\displaystyle\sum_{n=1}^{\infty}\left(\dfrac{n}{1+2n}\right)^n$；

(6) $\displaystyle\sum_{n=1}^{\infty}\dfrac{1}{n\sqrt{1+n}}$；   （提示：应用 11.3 例 1 的结论）

(7) $\displaystyle\sum_{n=0}^{\infty} u_n^2.$ （假设：$\displaystyle\sum_{n=0}^{\infty} u_n$ 是正项级数且收敛）

4. 使用比值法判断正项级数的敛散性.

(1) $\displaystyle\sum_{n=1}^{\infty}\dfrac{2n-1}{2^n}$；   (2) $\displaystyle\sum_{n=1}^{\infty}\dfrac{7^n}{n!}$；

(3) $\sum\limits_{n=1}^{\infty} \dfrac{n!}{n^n}$; $\left(\text{提示：应用} \lim\limits_{n \to +\infty}\left(1+\dfrac{1}{n}\right)^n = e\right)$　(4) $\dfrac{2}{100} + \dfrac{2^2}{200} + \dfrac{2^3}{300} + \dfrac{2^4}{400} + \cdots$

(5) $\sum\limits_{n=0}^{\infty} 2^n \sin \dfrac{\pi}{3^n}$. （提示：应用等价无穷小求 p 值）

5. 判断交错级数的敛散性.

(1) $1 - \dfrac{1}{\sqrt{3}} + \dfrac{1}{\sqrt{5}} - \dfrac{1}{\sqrt{7}} + \cdots$　　　　(2) $\dfrac{1}{2} - \dfrac{3}{4} + \dfrac{5}{6} - \dfrac{7}{8} + \cdots$

(3) $\sum\limits_{n=1}^{\infty} (-1)^{n-1} \sin \dfrac{\pi}{1+n}$;　　　(4) $\sum\limits_{n=1}^{\infty} (-1)^{n-1} \sqrt{\dfrac{n}{3n+1}}$;

(5) $\sum\limits_{n=1}^{\infty} \dfrac{(-1)^{n-1}}{n - \ln n}$. $\left(\text{提示：①} y = x - \ln x (x > 1) \text{是单调增函数；②} \lim\limits_{x \to +\infty} \dfrac{\ln x}{x} = 0\right)$

6. 判断级数是绝对收敛, 还是条件收敛.

(1) $1 - \dfrac{1}{3^2} + \dfrac{1}{5^2} - \dfrac{1}{7^2} + \cdots$　　　　(2) $1 - \dfrac{1}{\sqrt[3]{2}} + \dfrac{1}{\sqrt[3]{3}} - \dfrac{1}{\sqrt[3]{4}} + \cdots$

(3) $\dfrac{2}{1\times 3} - \dfrac{2^2}{2\times 3^2} + \dfrac{2^3}{3\times 3^3} - \dfrac{2^4}{4\times 3^4} + \cdots$　(4) $\sum\limits_{n=1}^{\infty} (-1)^{n-1} \dfrac{n}{2^n}$;

(5) $\sum\limits_{n=1}^{\infty} (-1)^{n-1} \dfrac{\sin n}{\pi^n}$;　　　(6) $\sum\limits_{n=0}^{\infty} v_n$; $\left(\text{假设：} \sum\limits_{n=0}^{\infty} [|u_n| + |v_n|] \text{收敛}\right)$

(7) $\sum\limits_{n=1}^{\infty} (-1)^{n-1} \ln\left(1 + \dfrac{1}{n}\right)$; $\left(\text{提示：应用 6.1 例 2 的结论, 用比较法证明} \sum\limits_{n=1}^{\infty} \ln\left(1 + \dfrac{1}{n}\right) \text{发散}\right)$

(8) $\dfrac{1}{2} - \dfrac{1}{5} + \dfrac{1}{2^2} - \dfrac{1}{5^2} + \dfrac{1}{2^3} - \dfrac{1}{5^3} + \dfrac{1}{2^4} - \dfrac{1}{5^4} \cdots$

7. 说明下列命题是错误的.

(1) 若 $\{u_n | n = 0, 1, 2, 3, \cdots\}$ 是收敛数列, 则级数 $\sum\limits_{n=0}^{\infty} u_n$ 收敛.

(2) 若正项级数 $\sum\limits_{n=0}^{\infty} u_n$ 发散, 则 $\sum\limits_{n=0}^{\infty} u_n^2$ 发散.

(3) 若级数 $\sum\limits_{n=0}^{\infty} u_n$, $\sum\limits_{n=0}^{\infty} v_n$ 都发散, 则 $\sum\limits_{n=0}^{\infty} (u_n + v_n)$ 发散.

(4) 若级数 $\sum\limits_{n=0}^{\infty} u_n$, $\sum\limits_{n=0}^{\infty} v_n$ 都发散, 则 $\sum\limits_{n=0}^{\infty} u_n v_n$ 发散.

(5) 若正项级数 $\sum\limits_{n=0}^{\infty} u_n$ 收敛, 则 $p = \lim\limits_{n \to \infty} \dfrac{u_{n+1}}{u_n} < 1$.

第 12 章 幂级数

如果级数的项不是常数,而是函数,则构成函数项级数.幂级数就是一类函数项级数.

12.1 幂级数及其收敛域

12.1.1 幂级数的定义

定义 12.1 $\sum_{n=0}^{\infty} a_n (x - x_0)^n = a_0 + a_1(x - x_0) + a_2 (x - x_0)^2 + \cdots + a_n (x - x_0)^n + \cdots$

$$(12.1)$$

称为 $(x - x_0)$ 的**幂级数**.$a_0, a_1, a_2, \cdots, a_n$ 是常数,称为**系数**.x_0 是定值.

$x_0 = 0$ 时, $\qquad \sum_{n=0}^{\infty} a_n x^n = a_0 + a_1 x + a_2 x^2 + \cdots + a_n x^n + \cdots$

$$(12.2)$$

称为 x 的幂级数.

例 1 (1)幂级数 $\sum_{n=1}^{\infty} \frac{2^n}{3n^2} x^n$ 的系数公式是:$a_n = \frac{2^2}{3n^2}$.

(2)幂级数 $\sum_{n=1}^{\infty} \frac{\sin \frac{n\pi}{2}}{\sqrt{n}} x^n$ 的系数公式是:$a_n = \frac{\sin \frac{n\pi}{2}}{\sqrt{n}}$.

例 2 将幂级数写成和号形式:

$(1) 1 + x + \frac{x^2}{2!} + \frac{x^3}{3!} + \cdots$ $\qquad (2) x - \frac{2x^2}{3^2} + \frac{3x^3}{5^2} - \frac{4x^4}{7^2} + \cdots$

解:(1)因为 $\quad a_n = \frac{1}{n!}, n = 1, 2, 3, 4, \cdots$

所以 $\quad 1 + x + \frac{x^2}{2!} + \frac{x^3}{3!} + \cdots = \sum_{n=0}^{\infty} \frac{x^n}{n!}$

(2)因为 $\quad a_n = \frac{(-1)^{n-1} n}{(2n-1)^2}, n = 1, 2, 3, 4, \cdots$

所以 $\quad x - \dfrac{2x^2}{3^2} + \dfrac{3x^3}{5^2} - \dfrac{4x^4}{7^2} + \cdots = \displaystyle\sum_{n=1}^{\infty} \dfrac{(-1)^{n-1}n}{(2n-1)^2}x^n$

练习 1 将幂级数写成和号形式.

$(1)\ x - \dfrac{x^3}{3!} + \dfrac{x^5}{5!} - \dfrac{x^7}{7!} \cdots$ $\qquad\qquad$ $(2)\ \dfrac{x}{2^2} + \dfrac{2x^2}{3^2} + \dfrac{3x^3}{4^2} + \dfrac{4x^4}{5^2} + \cdots$

练习 2 （1）取 $x=1$，代入幂级数 $\displaystyle\sum_{n=1}^{\infty} \dfrac{(-1)^{n-1}x^n}{n}$，写出对应的数项级数，判定其敛散性.

$\qquad$（2）取 $x=-1$，代入幂级数 $\displaystyle\sum_{n=1}^{\infty} \dfrac{(-1)^{n-1}x^n}{n}$，写出对应的数项级数，判定其敛散性.

思考 1 一个幂级数 $\displaystyle\sum_{n=0}^{\infty} a_n x^n$，包含了多少个常数项级数？

问题 1 可以将一个幂级数 $\displaystyle\sum_{n=0}^{\infty} a_n x^n$ 作为一个集合吗？为什么？

12.1.2 幂级数的收敛域

幂级数与常数项级数不同：项都是函数（幂函数）.二者又密切相联：x 每取定一个值后，幂级数即成为一个常数项级数.

对于某些 x 值，所得到的常数项级数是收敛的（如本节练习 2(1)）；但对于 x 的另一些值，所得到的常数项级数是发散的（如本节练习 2(2)）.

研究使幂级数收敛的（x 取值）范围十分重要.

定义 12.2 使幂级数收敛的 x 的取值的全体叫幂级数的**收敛域**，记作 D.

练习 3 指出 11.4 例 4、例 5 中幂级数的收敛域.

定理 12.1 设 $\displaystyle\lim_{n \to \infty} \left| \dfrac{a_{n+1}}{a_n} \right| = l$.

$(1)\ 0 < l \neq \infty$ 时，$\displaystyle\sum_{n=0}^{\infty} a_n x^n$ 在 $\left(-\dfrac{1}{l}, \dfrac{1}{l} \right)$ 内处处收敛，在 $\left[-\dfrac{1}{l}, \dfrac{1}{l} \right]$ 以外处处发散，如图 12.1；

$(2)\ l = 0$，$\displaystyle\sum_{n=0}^{\infty} a_n x^n$ 在 $(-\infty, +\infty)$ 内处处收敛；

$(3)\ l = \infty$ 时，$\displaystyle\sum_{n=0}^{\infty} a_n x^n$ 仅在点 $x=0$ 收敛.

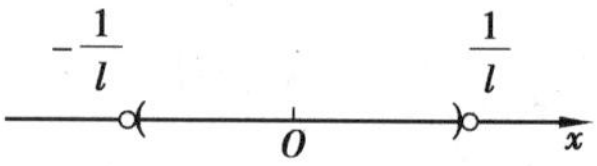

证明：（仅证明(1)）令 $u_n = a_n x^n, x \in (-a, a)$.

$\qquad$ 因为 $\quad q = \displaystyle\lim_{n \to \infty} \left| \dfrac{u_{n+1}}{u_n} \right| = |x| \lim_{n \to \infty} \left| \dfrac{a_{n+1}}{a_n} \right| = |x| l$

$\qquad$ 所以 $\quad |x| l < 1$ 时 $\displaystyle\sum_{n=0}^{\infty} |u_n|$ 收敛，即 $\displaystyle\sum_{n=0}^{\infty} a_n x^n$ 在 $\left(-\dfrac{1}{l}, \dfrac{1}{l} \right)$ 内处处收敛.

$\qquad\qquad |x| l > 1$ 时 $\displaystyle\sum_{n=0}^{\infty} u_n$ 发散，即 $\displaystyle\sum_{n=0}^{\infty} a_n x^n$ 在 $\left[-\dfrac{1}{l}, \dfrac{1}{l} \right]$ 外处处发散.

图 12.1 幂级数的收敛区间 $\left(-\dfrac{1}{l}, \dfrac{1}{l} \right)$

定义 12.3 设 $\lim\limits_{n\to\infty}\left|\dfrac{a_{n+1}}{a_n}\right|=l$，称 $R=\dfrac{1}{l}$ 为 $\sum\limits_{n=0}^{\infty}a_nx^n$ 的**收敛半径**，$I=(-R,R)$ 为**收敛区间**.

特别地，$l=0$ 时，$R=\infty$，$I=(-\infty,+\infty)$；$l=\infty$ 时，$R=0$，I 不存在.

例3 求 $\sum\limits_{n=1}^{\infty}\dfrac{2^n}{n}x^n$ 的收敛半径 R、收敛区间 I、收敛域 D.

解：令 $a_n=\dfrac{2^n}{n}$.

因为　$l=\lim\limits_{n\to\infty}\left|\dfrac{a_{n+1}}{a_n}\right|=\lim\limits_{n\to\infty}\dfrac{2^{n+1}}{n+1}\times\dfrac{n}{2^n}=2\lim\limits_{n\to\infty}\dfrac{n}{n+1}=2$

所以　$R=\dfrac{1}{l}=0.5$，$I=(-R,R)=(-0.5,0.5)$

因为　当 $x=-0.5$ 时，$\sum\limits_{n=1}^{\infty}\dfrac{2^n}{n}x^n=\sum\limits_{n=1}^{\infty}\dfrac{2^n}{n}(-0.5)^n=\sum\limits_{n=1}^{\infty}\dfrac{(-1)^n}{n}$ 收敛；

当 $x=0.5$ 时，$\sum\limits_{n=1}^{\infty}\dfrac{2^n}{n}x^n=\sum\limits_{n=1}^{\infty}\dfrac{2^n}{n}\times0.5^n=\sum\limits_{n=1}^{\infty}\dfrac{1}{n}$ 发散.

所以　$D=[-0.5,0.5)$，如图 12.2.

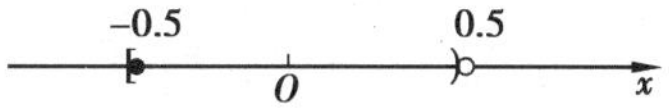

思考2 D 和 I 最多只差几个点？

练习4 求收敛半径 R、收敛区间 I、收敛域 D.

(1) $\sum\limits_{n=1}^{\infty}\dfrac{3^n}{\sqrt{n}}x^n$；　　　　(2) $\sum\limits_{n=0}^{\infty}\dfrac{x^n}{n!}$.

图 12.2　幂级数的收敛域 $[-0.5,0.5)$

例4 设 $\sum\limits_{n=0}^{\infty}\dfrac{x^{3n}}{7^n}$，求 R,I,D.

分析：① $\sum\limits_{n=0}^{\infty}\dfrac{x^{3n}}{7^n}$ 中 x 的指数不是连续自然数，不符合定理 12.1 的模型；② 尝试应用定理 11.12 的 q 判别法.

解：令 $u_n=\dfrac{x^{3n}}{7^n}$.

$q=\lim\limits_{n\to\infty}\left|\dfrac{u_{n+1}}{u_n}\right|$

$=\lim\limits_{n\to\infty}\left|\dfrac{x^{3(n+1)}}{7^{n+1}}\times\dfrac{7^n}{x^{3n}}\right|=\dfrac{1}{7}|x|^3$

令 $q=\dfrac{1}{7}|x|^3<1$，得 $|x|<\sqrt[3]{7}$

所以 $R=\sqrt[3]{7}$，$I=(-\sqrt[3]{7},\sqrt[3]{7})$

因为　当 $x=-\sqrt[3]{7}$ 时，$\sum\limits_{n=0}^{\infty}\dfrac{x^{3n}}{7^n}=\sum\limits_{n=0}^{\infty}\dfrac{(-\sqrt[3]{7})^{3n}}{7^n}=\sum\limits_{n=0}^{\infty}(-1)^n$ 发散；

当 $x=\sqrt[3]{7}$ 时，$\sum\limits_{n=0}^{\infty}\dfrac{x^{3n}}{7^n}=\sum\limits_{n=0}^{\infty}\dfrac{(\sqrt[3]{7})^{3n}}{7^n}=\sum\limits_{n=0}^{\infty}1$ 发散.

所以 $D = I = (-\sqrt[3]{7}, \sqrt[3]{7})$.

例 5 设 $\sum\limits_{n=1}^{\infty} \dfrac{(x-3)^n}{2^{n-1}n}$. 求 I, D.

分析：① $\sum\limits_{n=1}^{\infty} \dfrac{(x-3)^n}{2^{n-1}n}$ 不是 x 的幂级数，不符合定理 12.1 的模型；② 尝试变换.

解：令 $t = x-3$，则 $\sum\limits_{n=1}^{\infty} \dfrac{(x-3)^n}{2^{n-1}n} = \sum\limits_{n=1}^{\infty} \dfrac{t^n}{2^{n-1}n}$.

令 $a_n = \dfrac{1}{2^{n-1}n}$.

因为 $l = \lim\limits_{n\to\infty} \left| \dfrac{a_{n+1}}{a_n} \right| = \lim\limits_{n\to\infty} \dfrac{1}{2^n(n+1)} \times \dfrac{2^{n-1}n}{1} = \dfrac{1}{2} \lim\limits_{n\to\infty} \dfrac{n}{n+1} = \dfrac{1}{2}$

所以 $R_t = \dfrac{1}{l} = 2, l_t = (-R_t, R_t) = (-2, 2)$

因为 当 $x = -2$ 时，$\sum\limits_{n=1}^{\infty} \dfrac{t^n}{2^{n-1}n} = \sum\limits_{n=1}^{\infty} \dfrac{(-2)^n}{2^{n-1}n} = -2\sum\limits_{n=1}^{\infty} \dfrac{(-1)^{n-1}}{n}$ 收敛；

当 $x = 2$ 时，$\sum\limits_{n=1}^{\infty} \dfrac{t^n}{2^{n-1}n} = \sum\limits_{n=1}^{\infty} \dfrac{2^n}{2^{n-1}n} = 2\sum\limits_{n=1}^{\infty} \dfrac{1}{n}$ 发散.

所以 $D_t = [-2, 2)$

所以 $l_x = (1, 5), D_x = [1, 5)$

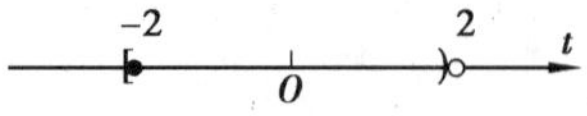

图 12.3 $D_t = [-2, 2)$ 图 12.4 $D_x = [1, 5)$

练习 5 求收敛半径 R、收敛区间 I、收敛域 D.

(1) $\sum\limits_{n=1}^{\infty} \dfrac{3^n}{\sqrt{n}}(x+2)^n$;   (2) $\sum\limits_{n=0}^{\infty} \dfrac{(x-1)^n}{n!}$.

12.2 幂级数的和函数

12.2.1 和函数定义和性质

几何级数 $\sum\limits_{n=0}^{\infty} x^n$ 的收敛域为 $D = (-1, 1)$.

取 $x_1 = \dfrac{1}{2}$，$\sum\limits_{n=0}^{\infty} x^n = \sum\limits_{n=0}^{\infty} \left(\dfrac{1}{2}\right)^n = 2$;

取 $x_2 = \dfrac{1}{3}$，$\displaystyle\sum_{n=0}^{\infty} x^n = \sum_{n=0}^{\infty}\left(\dfrac{1}{3}\right)^n = \dfrac{3}{2}$；

取 $x \in (-1,1)$，$\displaystyle\sum_{n=0}^{\infty} x^n = \dfrac{1}{1-x}$．

所以，$\displaystyle\sum_{n=0}^{\infty} x^n$ 是 x 的函数（在 $D = (-1,1)$ 内）．

定义 12.4 $\displaystyle\sum_{n=0}^{\infty} a_n x^n$ 在收敛域 D 内与 x 的函数关系叫**和函数**，记作 $S(x)$，即

$$S(x) = \sum_{n=0}^{\infty} a_n x^n,\ x \in D$$

依定义和 11.1 例 3 得 $\displaystyle\sum_{n=0}^{\infty} x^n = \dfrac{1}{1-x}, x \in (-1,1)$ （12.3）

定理 12.2 设 $\displaystyle\sum_{n=0}^{\infty} a_n x^n$，$\displaystyle\sum_{n=0}^{\infty} b_n x^n$ 收敛半径分别为 R_1，R_2，则 $\displaystyle\sum_{n=0}^{\infty} a_n x^n + \sum_{n=0}^{\infty} b_n x^n = \sum_{n=0}^{\infty}(a_n + b_n)x^n$ 的收敛半径 $R = \min\{R_1, R_2\}$．

定理 12.3 设 $\displaystyle\sum_{n=0}^{\infty} a_n x^n$ 收敛半径 $R>0$，则和函数 $S(x)$ 在 $I=(-R,R)$ 内连续；且当 $\displaystyle\sum_{n=0}^{\infty} a_n x^n$ 在 I 的端点收敛时，$S(x)$ 在对应端点单侧连续．

定理 12.4 设 $\displaystyle\sum_{n=0}^{\infty} a_n x^n$ 收敛半径 $R>0$，和函数为 $S(x)$．

（1）$S(x)$ 在 $I=(-R,R)$ 内可导，且

$$S'(x) = \left[\sum_{n=0}^{\infty} a_n x^n\right]' = \sum_{n=0}^{\infty}\left[a_n x^n\right]' = \sum_{n=1}^{\infty} a_n n x^{n-1}, x \in (-R,R) \quad (12.4)$$

（2）$S(x)$ 在 $I=(-R,R)$ 内可积，且

$$\int_0^x S(t)\,\mathrm{d}t = \int_0^x \sum_{n=0}^{\infty} a_n t^n\,\mathrm{d}t = \sum_{n=0}^{\infty}\int_0^x a_n t^n\,\mathrm{d}t = \sum_{n=0}^{\infty}\dfrac{a_n}{n+1}x^{n+1}, x \in (-R,R) \quad (12.5)$$

定理可叙述为：幂级数在 $(-R,R)$ 内的导数等于逐项求导；在 $(-R,R)$ 内的积分等于逐项积分．（新级数收敛区间不变）

12.2.2 和函数算法

例 1 求 $\displaystyle\sum_{n=1}^{\infty} n x^{n-1}$ 的和函数．

分析：①与式（12.3）比较，$\displaystyle\sum_{n=1}^{\infty} n x^{n-1}$ 不符合式（12.3）的模型；②设想从 $\displaystyle\sum_{n=1}^{\infty} n x^{n-1}$ 出发，把 $\displaystyle\sum_{n=1}^{\infty} n x^{n-1}$ 的项 $n x^{n-1}$ 改变为 x^n；③积分可以实现：$\displaystyle\int n x^{n-1}\,\mathrm{d}x = x^n + C$．

解①：令 $a_n = n$．

因为 $l = \displaystyle\lim_{n\to\infty}\left|\dfrac{a_{n+1}}{a_n}\right| = \lim_{n\to\infty}\dfrac{n}{n+1} = 1$

所以 $R = \dfrac{1}{l} = 1, I = (-R, R) = (-1, 1)$

因为 当 $x = -1$ 时，$\sum\limits_{n=1}^{\infty} nx^{n-1} = \sum\limits_{n=1}^{\infty} n(-1)^{n-1}$ 收敛；

当 $x = 1$ 时，$\sum\limits_{n=1}^{\infty} nx^{n-1} = \sum\limits_{n=1}^{\infty} n \times 1^{n-1}$ 发散.

所以 $D = (-1, 1)$

令 $S(x) = \sum\limits_{n=1}^{\infty} nx^{n-1}, x \in (-1, 1)$.

因为 $\displaystyle\int_0^x S(t)\,dt = \int_0^x \left[\sum\limits_{n=1}^{\infty} nt^{n-1}\right]dt = \sum\limits_{n=1}^{\infty}\int_0^x nt^{n-1}\,dt = \sum\limits_{n=1}^{\infty} x^n$

$$= \sum\limits_{n=0}^{\infty} x^n - 1 = \dfrac{1}{1-x} - 1 \quad (应用式(12.3))$$

$$= \dfrac{x}{1-x}, x \in (-1, 1)$$

所以 $\left[\displaystyle\int_0^x S(t)\,dt\right]' = \left[\dfrac{x}{1-x}\right]'$

$$S(x) = \dfrac{1}{(1-x)^2}$$

即 $\sum\limits_{n=1}^{\infty} nx^{n-1} = \dfrac{1}{(1-x)^2}, x \in (-1, 1)$

分析：④从式(12.3)出发，把 $\sum\limits_{n=0}^{\infty} x^n$ 的项 x^n 改变成 nx^{n-1}；⑤求导可以实现：$[x^n]' = nx^{n-1}$.

解②：因为 $\sum\limits_{n=0}^{\infty} x^n = \dfrac{1}{1-x}, x \in (-1, 1)$

所以 $\left[\sum\limits_{n=0}^{\infty} x^n\right]' = \left[\dfrac{1}{1-x}\right]'$

$$\sum\limits_{n=0}^{\infty} [x^n]' = \dfrac{1}{(1-x)^2}$$

$$\sum\limits_{n=1}^{\infty} nx^{n-1} = \dfrac{1}{(1-x)^2}$$

所以 $\sum\limits_{n=1}^{\infty} nx^{n-1} = \dfrac{1}{(1-x)^2}, x \in (-1, 1)$ (12.6)

练习1 用例1解法②的算法求和函数：$\sum\limits_{n=1}^{\infty} \dfrac{x^n}{n}$.

运用例1的解法可得 $\sum\limits_{n=1}^{\infty} \dfrac{x^n}{n} = -\ln(1-x), x \in [-1, 1)$ (12.7)

由式(12.7)得：$\sum\limits_{n=1}^{\infty} (-1)^{n-1}\dfrac{x^n}{n} = \ln(1+x), x \in (-1, 1]$ (12.8)

思考 1　运用例 1 解法①的算法求 $\sum\limits_{n=1}^{\infty}\dfrac{x^n}{n}$ 的和函数.

复杂的幂级数求和函数时,需要应用简单的幂级数的和函数.

例 2　求 $\sum\limits_{n=1}^{\infty}\dfrac{x^n}{n(n+1)}$ 的和函数.

分析:① 与式(12.7)比较,$\sum\limits_{n=1}^{\infty}\dfrac{x^n}{n(n+1)}$ 不符合式(12.7)的模型;② 设想从

$\sum\limits_{n=1}^{\infty}\dfrac{x^n}{n(n+1)}$ 出发,把 $\sum\limits_{n=1}^{\infty}\dfrac{x^n}{n(n+1)}$ 的项 $\dfrac{x^n}{n(n+1)}$ 改变成 $\dfrac{x^n}{n}$,或者 $\dfrac{x^n}{n+1}$;③ 求导可以实现:

$\left[\dfrac{x^{n+1}}{n(n+1)}\right]'=\dfrac{x^n}{n}$, $\left[\dfrac{x^n}{n(n+1)}\right]'=\dfrac{x^n}{n+1}$.

解:令 $a_n=\dfrac{1}{n(n+1)}$.

因为 $\quad l=\lim\limits_{n\to\infty}\left|\dfrac{a_{n+1}}{a_n}\right|=1$

所以 $\quad R=\dfrac{1}{l}=1,I=(-1,1)$

因为 $\quad x=-1,+1$ 时,$\sum\limits_{n=1}^{\infty}\dfrac{x^n}{n(n+1)}$ 都收敛.

所以 $\quad D=[-1,1]$

设 $S(x)=\sum\limits_{n=1}^{\infty}\dfrac{x^n}{n(n+1)},x\in D=[-1,1]$.

因为 $\quad xS(x)=\sum\limits_{n=1}^{\infty}\dfrac{x^{n+1}}{n(n+1)}$ （为什么两边同乘以 x?）

所以 $\quad [xS(x)]'=\left[\sum\limits_{n=1}^{\infty}\dfrac{x^{n+1}}{n(n+1)}\right]'=\sum\limits_{n=1}^{\infty}\left[\dfrac{x^{n+1}}{n(n+1)}\right]'$

$\qquad =\sum\limits_{n=1}^{\infty}\dfrac{x^n}{n}=-\ln(1-x),x\in(-1,1)$ （运用式(12.7)）

$xS(x)=\int_0^x[tS(t)]'\mathrm{d}t=-\int_0^x\ln(1-t)\mathrm{d}t$

$\qquad =-[t\ln(1-t)]_0^x+\int_0^x\dfrac{-t}{1-t}\mathrm{d}t=x+(1-x)\ln(1-x)$

$x\neq 0$ 时,$S(x)=1-\left(1-\dfrac{1}{x}\right)\ln(1-x)$

因为 $\quad S(0)=\sum\limits_{n=1}^{\infty}\dfrac{0^n}{n(n+1)}=0$

$S(-1)=\lim\limits_{x\to-1^+}\left[1-\left(1-\dfrac{1}{x}\right)\ln(1-x)\right]=1-2\ln 2$ （依据定理(12.3)）

$$S(1) = \lim_{x \to 1^-}\left[1 - \left(1 - \frac{1}{x}\right)\ln(1-x)\right] = 1$$

所以　$\sum_{n=1}^{\infty}\frac{x^n}{n(n+1)} = \begin{cases} 1 - \left(1 - \frac{1}{x}\right)\ln(1-x) & 0 < |x| < 1 \\ 0 & x = 0 \\ 1 - 2\ln 2 & x = -1 \\ 1 & 1 \end{cases}$

例3　(1)求 $\sum_{n=1}^{\infty}\frac{x^{2n-1}}{2n-1}$ 的和函数;(2)求 $\sum_{n=1}^{\infty}\frac{1}{(2n-1)2^n}$ 的和.

解:(1)令 $u_n = \frac{x^{2n-1}}{2n-1}$.

$$q = \lim_{n \to \infty}\left|\frac{u_{n+1}}{u_n}\right| = x^2 \lim_{n \to \infty}\left|\frac{x^{2n+1}}{2n+1} \times \frac{2n-1}{x^{2n-1}}\right| = x^2$$

令 $q = x^2 < 1$,得 $|x| < 1$.

所以　$R = 1, I = (-1,1)$

因为　当 $x = -1$ 时,$\sum_{n=1}^{\infty}\frac{x^{2n-1}}{2n-1} = \sum_{n=1}^{\infty}\frac{-1}{2n-1}$ 发散;

当 $x = 1$ 时,$\sum_{n=1}^{\infty}\frac{x^{2n-1}}{2n-1} = \sum_{n=1}^{\infty}\frac{1}{2n-1}$ 发散.

所以　$D = I = (-1,1)$

设 $S(x) = \sum_{n=1}^{\infty}\frac{x^{2n-1}}{2n-1}, x \in D = (-1,1)$.

因为　$[S(x)]' = \left[\sum_{n=1}^{\infty}\frac{x^{2n-1}}{2n-1}\right]' = \sum_{n=1}^{\infty}x^{2n-2} = \sum_{n=1}^{\infty}x^{2(n-1)} = \sum_{n=0}^{\infty}x^{2n}$

$$= \sum_{n=0}^{\infty}(x^2)^n = \frac{1}{1-x^2} \quad (依据式(12.3))$$

所以　$S(x) = \int_0^x [S(t)]'dt = \int_0^x \frac{1}{1-t^2}dt$

$$= \frac{1}{2}\int_0^x\left[\frac{1}{1-t} + \frac{1}{1+t}\right]dt = \frac{1}{2}\ln\frac{1+x}{1-x}$$

即　$\sum_{n=1}^{\infty}\frac{x^{2n-1}}{2n-1} = \frac{1}{2}\ln\frac{1+x}{1-x}, \quad x \in D = (-1,1)$

(2)取 $x = \frac{1}{\sqrt{2}} \in (-1,1)$,代入幂级数及其和函数.

因为　$S\left(\frac{1}{\sqrt{2}}\right) = \sum_{n=1}^{\infty}\frac{1}{(2n-1)(\sqrt{2})^{2n-1}} = \sqrt{2}\sum_{n=1}^{\infty}\frac{1}{(2n-1)2^n}$

所以　$\sum_{n=1}^{\infty}\frac{1}{(2n-1)2^n} = \frac{1}{\sqrt{2}}S\left(\frac{1}{\sqrt{2}}\right)$

$$= \frac{1}{\sqrt{2}} \ln \frac{1+\sqrt{2}}{1-\sqrt{2}} = \frac{\sqrt{2}}{2} \ln(1+\sqrt{2})$$

注意研究:这里,如何找到 $\dfrac{1}{\sqrt{2}}$?

一个数项级数的和 $S = \displaystyle\sum_{n=1}^{\infty} u_n$,可以看成某个幂级数的和函数 $S(x)$ 在 x_0 的值 $S(x_0) = S$. 事实上,当知道一个幂级数的和函数 $S(x)$ 之后,可以求出一系列常数项级数的和 S.

练习 2　应用式(12.7)求数项级数的和:(1) $\displaystyle\sum_{n=1}^{\infty} \frac{1}{3^n n}$;　　(2) $\displaystyle\sum_{n=1}^{\infty} (-1)^{n-1} \frac{1}{3^n n}$.

12.3　函数的幂级数展开

从幂级数到和函数,是将一个无限形式写成有限形式;反过来,把函数写成幂级数,即将有限形式写成无限形式,可以吗?

函数包含各种运算(如指数、对数、三角函数等),但是,幂级数只有 +,-,×,÷.在这个意义上,幂级数更简单.如果上述问题答案是肯定的,那么,就可以将各种运算统一到无限次的四则运算上.

12.3.1　麦克劳林级数

定义 12.5　如果 $f(x)$ 在 x_0 有任意阶导数,称

$$f(x_0) + f'(x_0)(x-x_0) + \frac{f''(x_0)}{2!}(x-x_0)^2 + \cdots + \frac{f^{(n)}(x_0)}{n!}(x-x_0)^n + \cdots \quad (12.9)$$

为 $f(x)$ 在 x_0 点的**泰勒级数**.

$x_0 = 0$ 时, $\displaystyle\sum_{n=0}^{\infty} \frac{f^{(n)}(0)}{n!} x^n = f(0) + f''(0)x + \frac{f''(0)}{2!}x^2 + \cdots + \frac{f^{(n)}(0)}{n!}x^n + \cdots \quad (12.10)$

称为**麦克劳林级数**.

定理 12.5　设 $f(x)$ 在 x_0 的某个邻域内有任意阶导数,则 $f(x)$ 在 x_0 点可以展开成泰勒级数的充要条件为余项 $R_n(x)$ 趋于 0,即

$$\lim_{n\to\infty} R_n(x) = \lim_{n\to\infty} \frac{f^{(n+1)}(\xi)}{(n+1)!} x^n = 0$$

12.3.2　函数的幂级数展开

(1)直接展开法

把 $f(x)$ 展开成麦氏级数的步骤:

①求各阶导数：$\qquad f'(x),f^{(2)}(x),f^{(3)}(x),\cdots,f^{(n)}(x),\cdots$

②求 $x=0$ 处各阶导数值：$f'(0),f^{(2)}(0),f^{(3)}(0),\cdots,f^{(n)}(0),\cdots$

③写出幂级数：$\qquad \sum_{n=0}^{\infty}\dfrac{f^{(n)}(0)}{n!}x^n=f(0)+f'(0)x+\dfrac{f'(0)}{2!}x^2+\cdots+\dfrac{f^{(n)}(0)}{n!}x^n+\cdots$

④求收敛半径 R.

⑤判别 $\lim\limits_{n\to\infty}R_n(x)=\lim\limits_{n\to\infty}\dfrac{f^{(n+1)}(\xi)}{(n+1)!}x^{n+1}=0(|\xi|<|x|)$ 成立否.若成立,则

$$f(x)=\sum_{n=0}^{\infty}\dfrac{f^{(n)}(0)}{n!}x^n$$

$$=f(0)+f'(0)x+\dfrac{f''(0)}{2!}x^2+\cdots+\dfrac{f^{(n)}(0)}{n!}x^n+\cdots\quad x\in(-R,R)\qquad(12.11)$$

称式(12.11)为 $f(x)$ 麦克劳林级数展开.

例1 把 $f(x)=e^x$ 展开成 x 的幂级数(即求麦克劳林展开).

解:因为 $f'(x)=f^{(2)}(x)=f^{(3)}(x)=\cdots=f^{(n)}(x)=e^x$

所以 $f'(0)=f^{(2)}(0)=f^{(3)}(0)=\cdots=f^{(n)}(0)=e^0=1$

$$\sum_{n=0}^{\infty}\dfrac{f^{(n)}(0)}{n!}x^n=1+x+\dfrac{x^2}{2!}+\cdots+\dfrac{x^2}{n!}+\cdots\qquad(麦克劳林级数)$$

因为 $l=\lim\limits_{n\to\infty}\left[\dfrac{\frac{1}{(n+1)!}}{\frac{1}{n!}}\right]=0$

所以 $R=\infty$

因为 $|R_n(x)|=\left|\sum_{n=0}^{\infty}\dfrac{f^{(n)}(0)}{(n+1)!}x^{n+1}\right|=\left|\dfrac{e^\xi}{(n+1)!}x^{n+1}\right|<e^{|x|}\dfrac{|x|^{n+1}}{(n+1)!}$

所以 $\lim\limits_{n\to\infty}|R_n(x)|=e^{|x|}\lim\limits_{n\to\infty}\dfrac{|x|^{n+1}}{(n+1)!}=0$

所以 $e^x=\sum_{n=0}^{\infty}\dfrac{x^n}{n!}=1+x+\dfrac{x^2}{2!}+\cdots+\dfrac{x^2}{n!}+\cdots,\quad x\in(-\infty,+\infty)\qquad(12.12)$

练习1 求 $1+1+\dfrac{1}{2!}+\dfrac{1}{3!}+\cdots+\dfrac{1}{n!}+\cdots$

在式(12.12)中,令 $x=1$,再取近似:

$$e\approx\sum_{k=0}^{n}\dfrac{x^k}{k!}=1+1+\dfrac{1}{2!}+\dfrac{1}{3!}+\cdots+\dfrac{1}{n!}\qquad(12.13)$$

例2 求 $f(x)=\sin x$ 的麦克劳林展开.

解:应用 4.7 例 5,$f^{(n)}(x)=\sin\left(x+\dfrac{n\pi}{2}\right)$

$f^{(0)}(0)=f(0)=\sin 0=0$

$f'(0) = \cos 0 = 1$

$f^{(2)}(0) = -\sin 0 = 0$

$f^{(3)}(0) = -\cos 0 = -1$

$\vdots$

$f^{(n)}(0) = \begin{cases} (-1)^k & n = 2k+1 \\ 0 & n = 2k \end{cases}, (k = 0, 1, 2, \cdots)$

$$\sum_{n=0}^{\infty} \frac{f^{(n)}(0)}{n!} x^n = x - \frac{x^3}{3!} + \frac{x^5}{5!} - \frac{x^7}{7!} + \cdots + (-1)^n \frac{x^{2n+1}}{(2n+1)!} + \cdots$$

$$= \sum_{n=0}^{\infty} \frac{(-1)^n}{(2n+1)!} x^{2n+1}$$

因为　$l = \lim\limits_{n \to \infty} \left[\dfrac{\dfrac{1}{(2n+3)!}}{\dfrac{1}{(2n+1)!}} \right] = \lim\limits_{n \to \infty} \dfrac{1}{(2n+2)(2n+3)} = 0$

所以　$R = \infty$

因为　$|R_n(x)| = \left| \dfrac{f^{(n+1)}(\xi)}{(n+1)!} x^{n+1} \right| = \left| \dfrac{\sin[\xi + (n+1)\pi/2]}{(n+1)!} x^{n+1} \right| < \dfrac{|x|^{n+1}}{(n+1)!}$

所以　$\lim\limits_{n \to \infty} |R_n(x)| = \lim\limits_{n \to \infty} \dfrac{|x|^{n+1}}{(n+1)!} = 0$

所以　$\sin x = x - \dfrac{x^3}{3!} + \dfrac{x^5}{5!} - \dfrac{x^7}{7!} + \cdots + (-1)^n \dfrac{x^{2n+1}}{(2n+1)!} + \cdots \quad x \in (-\infty, +\infty)$　(12.14)

同样可得　$\cos x = 1 - \dfrac{x^2}{2!} + \dfrac{x^4}{4!} - \dfrac{x^6}{6!} + \cdots + (-1)^n \dfrac{x^{2n}}{(2n)!} + \cdots \quad x \in (-\infty, +\infty)$　(12.15)

思考 1　证明 $\cos x$ 是偶函数.（应用式(12.15)）.

练习 2　求 $a = \sin \dfrac{\pi}{5}$ 的近似值.（应用 $\sin x$ 展开的前 5 项, 借助手机科学计算器）

把 $f(x) = (1+x)^\alpha$ 展开成 x 的幂级数, 结果是

$$(1+x)^\alpha = 1 + \frac{\alpha}{1!} x + \frac{\alpha(\alpha-1)}{2!} x^2 + \cdots + \frac{\alpha(\alpha-1)\cdots(\alpha-n+1)}{n!} x^n + \cdots \quad (12.16)$$

上式称为牛顿二项级数（$|x| < 1$ 时成立, 在 $-1, 1$ 处的敛散性由 α 决定）.

当 $\alpha = -1$ 时, 　$\dfrac{1}{1+x} = 1 - x + x^2 - x^3 + \cdots + (-1)^n x^n + \cdots, \quad (|x| < 1)$　(12.17)

当 $\alpha = \dfrac{1}{2}$ 时, 　$\sqrt{1+x} = 1 + \dfrac{1}{2} x - \dfrac{1}{2 \times 4} x^2 + \dfrac{1 \times 3}{2 \times 4 \times 6} x^3 - \cdots, \quad (|x| \leq 1)$　(12.18)

(2)间接展开法

借助于已有的函数展开公式, 将另一个函数展开.

例 3　把 $f(x) = \ln(1+x)$ 展开成 x 的幂级数.

解:因为 $f'(x)=\dfrac{1}{1+x}=1-x+x^2-x^3+\cdots+(-1)^n x^n+\cdots,(|x|<1)$（依据式（12.17））

所以 $f(x)=\displaystyle\int_0^x \dfrac{1}{1+t}\mathrm{d}t=\int_0^x\left[1-t+t^2-t^3+\cdots+(-1)^n t^n+\cdots\right]\mathrm{d}t$

$$=x-\dfrac{x^2}{2}+\dfrac{x^3}{3}-\dfrac{x^4}{4}+\cdots+(-1)^n\dfrac{x^{n+1}}{n+1}+\cdots$$

因为 $x=-1$ 时,级数为 $\displaystyle\sum_{n=0}^{\infty}\dfrac{-1}{n+1}$,发散;

$x=1$ 时,级数为 $\displaystyle\sum_{n=0}^{\infty}\dfrac{(-1)^n}{n+1}$,收敛.

所以 $\ln(1+x)=x-\dfrac{x^2}{2}+\dfrac{x^3}{3}-\dfrac{x^4}{4}+\cdots+(-1)^n\dfrac{x^{n+1}}{n+1}+\cdots \quad (-1<x\leqslant 1]$ （12.19）

取 $x=1$ 得,

$$\ln 2=1-\dfrac{1}{2}+\dfrac{1}{3}-\dfrac{1}{4}+\cdots+\dfrac{(-1)^n}{n+1}+\cdots \tag{12.20}$$

例4 求 $f(x)=\arctan x$ 的迈克劳林展开.

解:因为 $f'(x)=\dfrac{1}{1+x^2}=1-x^2+x^4-x^6+\cdots+(-1)^n x^{2n}+\cdots \quad (|x|<1)$ （依据式（12.17））

所以 $f(x)=\displaystyle\int_0^x \dfrac{1}{1+t^2}\mathrm{d}t=\int_0^x\left[1-t^2+t^4-\cdots+(-1)^n t^{2n}+\cdots\right]\mathrm{d}t$

$$=x-\dfrac{x^3}{3}+\dfrac{x^5}{5}-\dfrac{x^7}{7}+\cdots+(-1)^n\dfrac{x^{2n+1}}{2n+1}+\cdots$$

因为 $x=-1$ 时,级数为 $\displaystyle\sum_{n=0}^{\infty}\dfrac{(-1)^{n+1}}{2n+1}$,收敛;

$x=1$ 时,级数为 $\displaystyle\sum_{n=0}^{\infty}\dfrac{(-1)^n}{2n+1}$,收敛.

所以 $\arctan x=x-\dfrac{x^3}{3}+\dfrac{x^5}{5}-\dfrac{x^7}{7}+\cdots+(-1)^n\dfrac{x^{2n+1}}{2n+1}+\cdots \quad (|x|\leqslant 1)$ （12.21）

取 $x=1$,得

$$\dfrac{\pi}{4}=1-\dfrac{1}{3}+\dfrac{1}{5}-\dfrac{1}{7}+\cdots+\dfrac{(-1)^n}{2n+1}+\cdots \tag{12.22}$$

练习3 求 π 的近似值.(应用式（12.22）,计算前20项.借助手机科学计算器)

例5 求 $f(x)=\displaystyle\int_0^x e^{t^2}\mathrm{d}t$ 的麦克劳林展开.

解:因为 $e^x=1+x+\dfrac{x^2}{2!}+\cdots+\dfrac{x^n}{n!}+\cdots \quad x\in(-\infty,+\infty)$

所以 $e^{t^2}=1+t^2+\dfrac{t^4}{2!}+\dfrac{t^6}{3!}+\cdots+\dfrac{t^{2n}}{n!}+\cdots \quad t\in(-\infty,+\infty)$

$$\int_0^x e^{t^2} dt = \int_0^x \left[1 + t^2 + \frac{t^4}{2!} + \frac{t^6}{3!} + \cdots + \frac{t^{2n}}{n!} + \cdots \right] dt$$

$$= x + \frac{x^3}{1! \times 3} + \frac{x^5}{2! \times 5} + \frac{x^7}{3! \times 7} + \cdots + \frac{x^{2n+1}}{n! \times (2n+1)} + \cdots \quad x \in (-\infty, +\infty) \quad (12.23)$$

思考2 求 $\int_0^1 e^{x^2} dx$ 的近似值.(应用式(12.23),计算前5项,借助手机科学计算器)

类似于 $\sqrt[5]{31}, \pi, \sin \frac{1}{5}, \int_0^1 e^{x^2} dx$ 等的计算,早前是非常困难甚至不可能的.有了幂级数展开及计算机之后,人类实现了"要多精确,就能多精确"的目的,并且达到了"轻松计算"、"快速计算"境界.

例6 把 $f(x) = \ln x$ 在 $x = 2$ 点展开成幂级数.

分析:①令 $t = x - 2$,则 $f(x) = \ln x = \ln(t + 2)$;②只需将 $\ln(t + 2)$ 展开成 t 的幂级数.

解:令 $t = x - 2$,则 $f(x) = \ln x = \ln(t + 2)$.

因为 $\ln(t + 2) = \ln 2 + \ln\left(1 + \frac{t}{2}\right)$ （依据式12.19）

$$= \ln 2 + \left[\frac{t}{2} - \frac{1}{2}\left(\frac{t}{2}\right)^2 + \frac{1}{3}\left(\frac{t}{2}\right)^3 - \frac{1}{4}\left(\frac{t}{2}\right)4 + \cdots + (-1)^{n-1}\frac{1}{n}\left(\frac{t}{2}\right)^n + \cdots \right],$$

$$\frac{t}{2} \in (-1, 1]$$

所以 $\ln x = \ln(t + 2)$

$$= \ln 2 + \left[\frac{x-2}{2^1 \times 1} - \frac{(x-2)^2}{2^2 \times 2} + \frac{(x-2)^3}{2^3 \times 3} - \frac{(x-2)^4}{2^4 \times 4} + \cdots + (-1)^{n-1}\frac{(x-2)^n}{2^n \times n} + \cdots \right],$$

$$x \in (0, 4]$$

练习4 求 $f(x) = \ln x$ 在 $x = 3$ 点的幂级数展开.

本章要点小结

1.幂级数与常数项级数比较

幂级数和常数项级数不同:项是函数(幂函数).

x 每取定一个值后,幂级数即成为一个常数项级数.

一个幂级数包含了一系列常数项级数.

2.幂级数收敛域算法

(1)收敛半径、收敛区间、收敛域之间的关系.

(2) $\sum_{n=0}^{\infty} a_n x^{hn}, \sum_{n=0}^{\infty} a_n (x - c)^n$ 收敛域算法与 $\sum_{n=0}^{\infty} a_n x^n$ 收敛域算法不同.

3.幂级数的和函数

(1)求复杂的幂级数的和函数时,需要简单的幂级数的和函数.常用公式如下:

$$\sum_{n=0}^{\infty} x^n = \frac{1}{1-x}, \quad x \in (-1,1)$$

$$\sum_{n=1}^{\infty} nx^n = \frac{x}{(1-x)^2}, \quad x \in (-1,1)$$

$$\sum_{n=1}^{\infty} \frac{x^n}{n} = -\ln(1-x), \quad x \in [-1,1)$$

$$\sum_{n=1}^{\infty} (-1)^{n-1} \frac{x^n}{n} = \ln(1+x), \quad x \in (-1,1]$$

(2)幂级数是一个常数项级数的集合.在获得幂级数的和函数 $S(x)$ 后,可以选择适当的 x_0,求相应的常数项级数的和 S.

4.函数的幂级数展开

(1)麦克劳林级数

$$\sum_{n=0}^{\infty} \frac{f^{(n)}(0)}{n!} x^n = f(0) + f'(0)x + \frac{f''(0)}{2!}x^2 + \cdots + \frac{f^{(n)}(0)}{n!}x^n + \cdots$$

(2)函数的幂级数展开法:直接展开法、间接展开法.

(3)常用展开公式:

$$(1+x)^\alpha = 1 + \frac{\alpha}{1!}x + \frac{\alpha(\alpha-1)}{2!}x^2 + \cdots + \frac{\alpha(\alpha-1)\cdots(\alpha-n+1)}{n!}x^n + \cdots \quad (-1<x<1)$$

$$e^x = \sum_{n=0}^{\infty} \frac{x^n}{n!} = 1 + x + \frac{x^2}{2!} + \cdots + \frac{x^2}{n!} + \cdots \quad x \in (-\infty, +\infty)$$

$$\ln(1+x) = x - \frac{x^2}{2} + \frac{x^3}{3} - \frac{x^4}{4} + \cdots + (-1)^n \frac{x^{n+1}}{n+1} + \cdots \quad (-1<x \leq 1]$$

$$\sin x = x - \frac{x^3}{3!} + \frac{x^5}{5!} - \frac{x^7}{7!} + \cdots + (-1)^n \frac{x^{2n+1}}{(2n+1)!} + \cdots \quad x \in (-\infty, +\infty)$$

$$\cos x = 1 - \frac{x^2}{2!} + \frac{x^4}{4!} - \frac{x^6}{6!} + \cdots + (-1)^n \frac{x^{2n}}{(2n)!} + \cdots \quad x \in (-\infty, +\infty)$$

$$\arctan x = x - \frac{x^3}{3} + \frac{x^5}{5} - \frac{x^7}{7} + \cdots + (-1)^n \frac{x^{2n+1}}{2n+1} + \cdots \quad (-1 \leq x \leq 1)$$

5.特殊常数计算公式

$$\frac{\pi}{4} = 1 - \frac{1}{3} + \frac{1}{5} - \frac{1}{7} + \cdots + \frac{(-1)^n}{2n+1} + \cdots$$

$$e = \sum_{k=0}^{n} \frac{x^k}{k!} = 1 + 1 + \frac{1}{2!} + \frac{1}{3!} + \cdots + \frac{1}{n!} + \cdots$$

练习 12

1. 将幂级数写成和号形式.

(1) $\dfrac{x}{1\times2}+\dfrac{x^2}{2\times3}+\dfrac{x^3}{3\times4}+\dfrac{x^4}{4\times5}+\cdots$

(2) $1-\dfrac{x}{7\sqrt{2}}+\dfrac{x^2}{7^2\sqrt{3}}-\dfrac{x^3}{7^3\sqrt{4}}+\dfrac{x^4}{7^4\sqrt{5}}-\cdots$

2. 试判断:

$x_1=-1$, $x_2=\dfrac{2}{3}$, $x_3=1$, $x_4=2$ 中,哪些代入幂级数 $\sum\limits_{n=1}^{\infty}\dfrac{x^n}{n}$ 后所得数项级数收敛?

3. 求幂级数的收敛域.

(1) $1-\dfrac{x^2}{2}+\dfrac{x^3}{3}-\dfrac{x^4}{4}+\cdots$

(2) $x+\dfrac{x^2}{3!}+\dfrac{x^3}{5!}+\dfrac{x^4}{7!}+\cdots$

(3) $\dfrac{1}{5}-\dfrac{x}{5^2}+\dfrac{x^2}{5^3}-\dfrac{x^3}{5^4}+\cdots$

(4) $\dfrac{1}{5}-\dfrac{x}{5^2\sqrt{2}}+\dfrac{x^2}{5^3\sqrt{3}}-\dfrac{x^3}{5^4\sqrt{4}}+\cdots$

(5) $\sum\limits_{n=1}^{\infty}\dfrac{x^n}{(2n-1)(2n+1)}$;

(6) $\sum\limits_{n=1}^{\infty}\dfrac{x^{n-1}}{2^{n-1}n}$;

(7) $\sum\limits_{n=1}^{\infty}\dfrac{\ln(1+n)}{1+n}x^{n+1}$; $\left(\text{提示:}\lim\limits_{n\to\infty}\dfrac{\ln(2+n)}{\ln(1+n)}=\lim\limits_{x\to+\infty}\dfrac{\ln(2+x)}{\ln(1+x)}=1\right)$

(8) $\sum\limits_{n=1}^{\infty}\dfrac{(x-3)^n}{n^2}$;

(9) $\sum\limits_{n=1}^{\infty}\dfrac{(x+2)^n}{3^n}$;

(10) $\sum\limits_{n=1}^{\infty}\dfrac{2n-1}{5^n}x^{3n-3}$;

(11) $\sum\limits_{n=1}^{\infty}\left[\dfrac{(-1)^{n-1}}{2^n}x^{n-1}+3^nx^n\right]$. （提示:应用定理12.2）.

4. 利用逐项积分或者求导的方法,求和函数 $S(x)$.

(1) $\sum\limits_{n=0}^{\infty}\dfrac{x^n}{n+1}$;

(2) $\sum\limits_{n=1}^{\infty}3nx^{3n-1}$;

(3) $\sum\limits_{n=0}^{\infty}\dfrac{x^{4n+1}}{4n+1}$;

(4) $x-\dfrac{x^3}{3}+\dfrac{x^5}{5}-\dfrac{x^7}{7}+\cdots$

5. 用间接法将下列函数展开成 x 的幂级数.

(1) $f(x)=\mathrm{e}^{-x^2}$;

(2) $f(x)=\dfrac{1}{5-x}$;

(3) $f(x)=x^3\mathrm{e}^{-x}$;

(4) $f(x)=\ln(7+x)$;

(5) $f(x)=\cos^2 x$.

6. 利用已知展开式,将下列函数展开成 $x-2$ 的幂级数(并求收敛域).

(1) $f(x)=\dfrac{1}{4-x}$;

(2) $f(x)=\ln x$;

（3）$f(x)=\dfrac{1}{x^2}$.

7.利用适当的和函数 $S(x)$，求数项级数的和 S.

（1）$\displaystyle\sum_{n=1}^{\infty}\dfrac{1}{n2^n}$；　$\left(\text{提示：应用}\displaystyle\sum_{n=1}^{\infty}\dfrac{x^n}{n}\text{的和函数}\right)$

（2）$1-\dfrac{1}{2}+\dfrac{1}{3}-\dfrac{1}{4}+\cdots+\dfrac{(-1)^n}{n+1}+\cdots$　$\left(\text{提示：应用}\displaystyle\sum_{n=1}^{\infty}(-1)^{n-1}\dfrac{x^n}{n}\text{的和函数}\right)$

（3）$\dfrac{1}{1\times5}+\dfrac{1}{3\times5^3}+\dfrac{1}{5\times5^5}+\dfrac{1}{7\times5^7}+\cdots+\dfrac{1}{(2n-1)5^{2n-1}}+\cdots$

$\left(\text{提示：应用}\displaystyle\sum_{n=1}^{\infty}\dfrac{x^{2n-1}}{2n-1}\text{的和函数}\right)$

8.利用适当的展开式求近似值（借助计算器计算前 5 项）.

（1）$\sqrt{\mathrm{e}}$；　　　　　　　　　　　（2）$\sqrt[5]{1.2}$；

（3）$\sqrt[5]{240}$；　（提示：$3^5=243$）；　　（4）$\sin 9^\circ$；

（5）$\ln 3$.　$\left(\text{提示：}\ln 3=\ln(1+2)=\ln\left[2\times\left(1+\dfrac{1}{2}\right)\right]=\ln(1+1)+\ln\left(1+\dfrac{1}{2}\right)\right)$.

9.利用适当的展开式计算定积分的近似值（借助计算器计算前 5 项）.

（1）$\displaystyle\int_0^{\frac{1}{2}}\mathrm{e}^{x^2}\mathrm{d}x$；　　　　　　　（2）$\displaystyle\int_{0.1}^{1}\dfrac{\mathrm{e}^x}{x}\mathrm{d}x$；

（3）$\displaystyle\int_0^1\cos\theta^2\mathrm{d}\theta$；　　　　　　　（4）$\displaystyle\int_0^1\dfrac{\sin\theta}{\theta}\mathrm{d}\theta$；

（5）$\displaystyle\int_0^{\frac{1}{2}}\dfrac{1}{1+x^4}\mathrm{d}x$.　$\left(\text{提示：应用式}(12.17)\dfrac{1}{1+x}\text{的展开式}\right)$

第13章 常微分方程

13.1 常微分方程的概念

例 1(连续复利问题) 最初投入本金 p_0(元),设投资的年利率为 r,连续复利(利息计入本金继续投资),第 t 年末资金总额为 $p(t)$.

由 2.4 例 5 推导出来:
$$p(t) = p_0 e^{rt}, (t \geqslant 0) \qquad (*)$$

现在,从另一种观点出发导出($*$).

设 t 时刻的资金总额 $p(t)$,不取出,也不移作新的项目投资,则

资金变化率(t 时刻的) = 利息(t 时刻资金总额所获取的)

即
$$\frac{dp}{dt} = rp(t) \qquad (**)$$

且
$$p(0) = p_0$$

$p(t)$ 就是满足($**$)的函数.

由 $y' = ky$ 自然联想到 $[Ce^{kt}]' = kCe^{kt}$,所以 $p(t) = Ce^{rt}$.又因为 $p(0) = Ce^{r\times 0} = C \times 1 = p_0$,所以 $C = p_0$.于是得到 $p(t) = p_0 e^{rt}$.这正是($*$)!

13.1.1 常微分方程的定义和分类

定义 13.1 含有未知函数导数,或者未知函数微分的函数方程,称为**微分方程**.

未知函数是一元函数的微分方程,称为**常微分方程**;

未知函数是多元函数的微分方程,称为**偏微分方程**.

在例 1 中的 $\frac{dp}{dt} = rp(t)$,以及 $5xy'' - (y-3x)y' = 1$ 都是常微分方程. $\frac{\partial z}{\partial x} - y \frac{\partial^2 z}{\partial y^2} = 0$ 是偏微分方程.

本章只研究常微分方程的基础知识.为简便,把常微分方程简称为"微分方程".

定义 13.2 微分方程中未知函数最高阶导数的阶数,称为微分方程的**阶**.

例 1 中的 $\dfrac{\mathrm{d}p}{\mathrm{d}t}=rp(t)$ 是一阶微分方程,$5xy''-(y-3x)y'=1$ 是二阶微分方程.

n 阶微分方程的模型:

$$F(x,y,y',y'',\cdots,y^{(n)})=0 \tag{13.1}$$

定义 13.3 未知函数及其各阶导数都是一次的微分方程,称为线性微分方程;否则称为非线性微分方程.

$(x^3-5)y'+y=x^4+1$ 是一阶线性微分方程.

$y''+p(x)y'+q(x)y=f(x)$ 是二阶线性微分方程.

$5y'+y^3=x+1$ 是一阶非线性微分方程.

练习1 试写出二阶线性微分方程、二阶非线性微分方程各一个.

13.1.2 微分方程的解

定义 13.4 满足微分方程的函数称为微分方程的**解**.

在例 1 中,$p_1(t)=5\mathrm{e}^{rt}$ 和 $p_2(t)=-5\mathrm{e}^{rt}$ 都是 $\dfrac{\mathrm{d}p}{\mathrm{d}t}=rp(t)$ 的解;$\cdots$ 可见,方程 $\dfrac{\mathrm{d}p}{\mathrm{d}t}=rp(t)$ 有无穷多个解.

练习2 试给出 $y''-\sin x=0$ 的 3 个解.

如何表示微分方程的所有解(即解的集合)? 需要建立新的概念.

定义 13.5 n 阶微分方程的含有 n 个独立任意常数的解

$$y=\varphi(x,C_1,C_2,\cdots,C_n) \tag{13.2}$$

称为**通解**.不含任意常数的解称为**特解**.

在例 1 中,$p_1(t)=5\mathrm{e}^{rt}$ 是 $\dfrac{\mathrm{d}p}{\mathrm{d}t}=rp(t)$ 的一个特解,$p(t)=C\mathrm{e}^{rt}$ 是 $\dfrac{\mathrm{d}p}{\mathrm{d}t}=rp(t)$ 的通解.

练习3 试写出 $y''+\sin x=0$ 通解.

思考1 通解与特解之间是什么关系?

13.1.3 初值问题

在实际问题中,为了确定某个特解,需要给出特解所满足的某些条件,称为**初始条件**,或者称为定解条件.求满足初始条件的解,称为**初值问题**,也称为定解问题.

在例 1 中,$p(0)=p_0$ 就是初始条件.

例2 求解微分方程:$y''+3x=0,\left.\dfrac{\mathrm{d}y}{\mathrm{d}x}\right|_{x=0}=2,y(1)=0$.

解:因为 $y''+3x=0$

所以 $y''=-3x$

所以 $y'=-\dfrac{3}{2}x^2+C_1$;

$$y=-\dfrac{1}{2}x^3+C_1x+C_2 \quad \text{(通解)}$$

因为
$$\begin{cases} y'(0) = -\dfrac{3}{2} \times 0^2 + C_1 = 2 \\ y(1) = -\dfrac{1}{2} \times 1^3 + C_1 \times 1 + C_2 = 0 \end{cases}$$

所以　$C_1 = 2, C_2 = -\dfrac{3}{2}$

所求特解是:$y = -\dfrac{1}{2}x^3 + 2x - \dfrac{3}{2}$.

例 2 是个初值问题.可见,解初值问题时,求出通解是关键.

13.2　一阶常微分方程解法

一阶常微分方程的模型:
$$F(x, y, y') = 0 \tag{13.3}$$
或者
$$y' = f(x, y)$$

本节学习 3 种解一阶常微分方程的方法.学习中应注意每一种解法适用的模型特征、求解方法的步骤,还要比较各种方法之间的异同.

13.2.1　分离变量法

可分离变量的微分方程模型:
$$y' = M(x)N(y) \tag{13.4}$$

将 x 和 y 分离(即使 x, y 分别到方程的各一侧)
$$\frac{\mathrm{d}y}{\mathrm{d}x} = M(x)N(y)$$

$$\frac{\mathrm{d}y}{N(y)} = M(x)\,\mathrm{d}x$$

两边积分
$$\int \frac{1}{N(x)}\mathrm{d}y = \int M(x)\,\mathrm{d}x + C \tag{13.5}$$

式(13.5)是式(13.4)的通解.这种解法称为分离变量法——实质:x 和 y 分离到等号的各一侧.

例 1　求 $\dfrac{\mathrm{d}y}{\mathrm{d}x} = ky$ 的通解.

解:因为　$\dfrac{\mathrm{d}y}{y} = k\mathrm{d}x$

所以　$\displaystyle\int \frac{1}{y}\mathrm{d}y = k\int \mathrm{d}x$

$$\ln|y| = kx + C_1$$

$$y = \pm e^{kx} e^{C_1}$$

所以　$y = Ce^{kx}$

思考 1　验证: $C = 0$ 时, $y = Ce^{kx}$ 也是原方程的解.

练习 1　(1) 求 $\dfrac{dy}{dx} = 2xy$ 的通解; (2) 求 $y' = 2xy^2 - y^2$ 的通解.

例 2　解方程 $y' - xy' = a(y^2 + y')$.

解: $y' - xy' = a(y^2 + y')$

$(1 - x - a)y' = ay^2$

$y' = \dfrac{ay^2}{1 - a - x}$　　　　　　　　　　　　(解出 y')

$\dfrac{1}{ay^2}dy = \dfrac{1}{1 - a - x}dx$　　　　　　　　　　(分离变量)

$\dfrac{1}{a}\displaystyle\int \dfrac{1}{y^2}dy = \int \dfrac{1}{1 - a - x}dx$　　　　　　　(两边积分)

$-\dfrac{1}{a}\dfrac{1}{y} = -\ln|1 - a - x| + C_1$

$y = \dfrac{1}{a}\dfrac{1}{\ln|1 - a - x| + C}$

算法——分离变量法的步骤: ①解出 y'; ②分离变量; ③两边积分.

例 3　解方程 $\left(\dfrac{dy}{dx}\right)^2 - y^{-2} = -1$.

分析: ①这是一阶非线性微分方程; ②可以尝试先解出 $\dfrac{dy}{dx}$

解: $\left(\dfrac{dy}{dx}\right)^2 = y^{-2} - 1 = \dfrac{1 - y^2}{y^2}$

$\dfrac{dy}{dx} = \pm\dfrac{\sqrt{1 - y^2}}{y}$　　　　　　　　　　(解出 y')

$\dfrac{y}{\sqrt{1 - y^2}}dy = \pm dx$　　　　　　　　　　(分离变量)

$\displaystyle\int \dfrac{y}{\sqrt{1 - y^2}}dy = \pm\int dx$

$-\sqrt{1 - y^2} = \pm x + C_1$　　　　　　　　　(两边积分)

$1 - y^2 = (\pm x + C_1)^2$

$(x + C)^2 + y^2 = 1$

上面的结果称为隐式解.

练习 2　解微分方程: (1) $\cos^2 y dx + 5\sin^2 x dy = 0$ 的通解; (2) 求 $x^2 y' = 2xy^2 - y'$.

思考2　$y' = 2x - y$ 可以分离变量吗?

13.2.2　齐次微分方程

齐次微分方程模型:

$$\frac{dy}{dx} = f\left(\frac{x}{y}\right) \tag{13.6}$$

解法:先变换,令 $u = \dfrac{y}{x}$,则

$$y = ux \tag{13.7}$$

$$y' = [ux]' = x\frac{du}{dx} + u. \qquad (\text{注意},u \text{ 是 } x \text{ 的函数})$$

原方程化为

$$x\frac{du}{dx} + u = f(u) \qquad (\text{只需解出 } u \text{ 即可求出 } y)$$

分离变量,得

$$\frac{1}{x}dx = \frac{1}{f(u) - u}du$$

两边积分,得

$$\ln|Cx| = \int \frac{1}{f(u) - u}du \tag{13.8}$$

求出 u,再代入式(13.7)求出 y.

例4　解方程 $\dfrac{dy}{dx} = \dfrac{y}{x} + \tan\dfrac{y}{x}$.

解:令　　$u = \dfrac{y}{x}$

　　则　　$y = ux$

$$y' = [ux]' = x\frac{du}{dx} + u$$

原方程化为 $x\dfrac{du}{dx} + u = u + \tan u$

$$x\frac{du}{dx} = \tan u$$

$$\frac{dx}{x} = \cot u\,du \qquad\qquad (\text{分离变量})$$

两边积分 $\displaystyle\int \frac{1}{x}dx = \int \cot u\,du$

$$\ln|Cx| = \ln|\sin u|$$

$$\sin u = Cx \qquad\qquad (u \text{ 的隐式解})$$

将 $u=\dfrac{y}{x}$ 代入上式,得 $\sin\dfrac{y}{x}=Cx$.   （y 的隐式解）

练习 3 解微分方程:(1)$\dfrac{\mathrm{d}y}{\mathrm{d}x}=2\dfrac{y}{x}+1$;   (2)求 $y'=\dfrac{y}{x}+\cos^2\dfrac{y}{x}$.

算法——一阶齐次方程求解步骤:① 令 $u=\dfrac{y}{x}$;② $y'=x\dfrac{\mathrm{d}u}{\mathrm{d}x}+u$;③ 原方程化为 $x\dfrac{\mathrm{d}u}{\mathrm{d}x}+u=f(u)$;④ 分离变量求出 u;⑤ 求出 y.

例 5 解方程 $x\dfrac{\mathrm{d}y}{\mathrm{d}x}=\dfrac{x^2+2y^2}{x+2y}$.

分析:① 方程本身不符合“齐次模型”;② 尝试解出 $\dfrac{\mathrm{d}y}{\mathrm{d}x}$,再变形.

解:$x\dfrac{\mathrm{d}y}{\mathrm{d}x}=\dfrac{x^2+y^2}{x+y}$

$$\dfrac{\mathrm{d}y}{\mathrm{d}x}=\dfrac{x^2+y^2}{x+y}\cdot\dfrac{1}{x}$$

$$\dfrac{\mathrm{d}y}{\mathrm{d}x}=\dfrac{1+\left(\dfrac{y}{x}\right)^2}{1+\dfrac{y}{x}}$$ （化齐次方程）

令 $u=\dfrac{y}{x}$,

则 $y=ux$

$$y'=[ux]'=x\dfrac{\mathrm{d}u}{\mathrm{d}x}+u$$

原方程化为 $x\dfrac{\mathrm{d}u}{\mathrm{d}x}+u=\dfrac{1+u^2}{1+u}$

$$x\dfrac{\mathrm{d}u}{\mathrm{d}x}=\dfrac{1-u}{1+u}$$

$$\dfrac{\mathrm{d}x}{x}=\dfrac{1+u}{1-u}\mathrm{d}u$$

两边积分,得 $\ln|Cx|=-u-2\ln|u-1|$

将 $u=\dfrac{y}{x}$ 代入上式,得 $\dfrac{y}{x}+2\ln\left|\dfrac{y}{x}-1\right|=-\ln|Cx|$.

练习 4 解微分方程:$y^2\mathrm{d}x-x(x+y)\mathrm{d}y=0$.

例 6 某产品可变成本 y 关于产量 q 的变化率恰等于可变成本与产量平方和再除以可变成本与二倍产量之积.又知道固定成本为 1,生产第一个单位产品时成本为 3.求总成本函数 $C(q)$.

分析:① $C(q)=y+1$;② 可建立含有 y',q 的方程,计算 y.

解：因为　$y'=\dfrac{q^2+y^2}{2qy}(q>0)$

所以　$\dfrac{\mathrm{d}y}{\mathrm{d}q}=\dfrac{1+\left(\dfrac{y}{q}\right)^2}{2\dfrac{y}{q}}$

令 $u=\dfrac{y}{q}$，则 $y=uq,y'=[uq]'=q\dfrac{\mathrm{d}u}{\mathrm{d}q}+u.$

原方程化为　$q\dfrac{\mathrm{d}u}{\mathrm{d}q}+u=\dfrac{1+u^2}{2u}$

$$q\dfrac{\mathrm{d}u}{\mathrm{d}q}=\dfrac{1-u^2}{2u}$$

$$\dfrac{\mathrm{d}q}{q}=\dfrac{2u}{1-u^2}\mathrm{d}u$$

$$\dfrac{\mathrm{d}q}{q}=\left[\dfrac{1}{1-u}-\dfrac{1}{1+u}\right]\mathrm{d}u$$

两边积分，得　$\ln|C_1q|=-\ln|1-u^2|.$

$$\dfrac{1}{C_1q}=1-u^2$$

$$u^2=1-\dfrac{1}{C_1q}$$

$$u^2=1-\dfrac{C}{q}$$

所以　$y^2=(uq)^2=q^2-Cq$

因为　$y(1)=3$

所以　$3^2=1^2-C\times1,\quad C=-8$

$$y^2=q^2-8q.$$

即　$C(q)=y+1=\sqrt{q^2+8q}+1$

13.2.3　一阶线性微分方程

一阶线性微分方程模型：$\qquad\qquad y'=p(x)y+q(x)$ (13.9)

一阶线性齐次微分方程模型：$\qquad\quad y'=p(x)y$ (13.10)

用分离变量法容易求出式(13.10)的通解：$\quad y=C\mathrm{e}^{\int p(x)\mathrm{d}x}$ (13.11)

下面以式(13.11)为基础，求式(13.9)的通解.

比较式(13.9)与式(13.10)，可以猜测：式(13.9)的通解与式(13.11)"相似"，但是更加复杂——怎样才能使式(13.11)更复杂呢？——尝试把式(13.11)中的常数 C 改变成函数：$C(x)$.

试验：$\qquad\qquad\qquad\qquad y=C(x)\mathrm{e}^{\int p(x)\mathrm{d}x}$ （＊）

（＊）可以成为式(13.9)的解吗？——将（＊）代入式(13.9)，只要$C(x)$有解，答案就是肯定的了！

将（＊）代入式(13.9)得
$$[C(x)e^{\int p(x)dx}]' = p(x)y + q(x)$$
$$C'(x)e^{\int p(x)dx} + C(x)p(x)e^{\int p(x)dx} = C(x)p(x)e^{\int p(x)dx} + q(x)$$
$$C'(x)e^{\int p(x)dx} = q(x)$$
$$C'(x) = q(x)e^{-\int p(x)dx}$$
$$C(x) = \int q(x)e^{-\int p(x)dx}dx + C$$

所以，式(13.9)的通解为 $y = e^{\int p(x)dx}\left[\int q(x)e^{-\int p(x)dx}dx + C\right]$. (13.12)

这种"将常数C改变成函数"求解的方法形象地称为**常数变异法**.

例7 解方程$y' = \dfrac{n}{1+x}y + (1+x)^n e^x$.

分析：①这是一阶线性非齐次微分方程；②可以运用式(13.12)；③直接用式(13.12)，计算很烦琐；④可以"逐块儿计算"：先计算$\int p(x)dx$；$e^{\int p(x)dx}$；再求$\int q(x)e^{-\int p(x)dx}dx$；最后代入式(13.12).

解：令$p(x) = \dfrac{n}{1+x}$，$q(x) = (1+x)^n e^x$.

因为 $\int p(x)dx = \int\dfrac{n}{1+x}dx = n\ln(1+x)$

所以 $e^{\int p(x)dx} = e^{n\ln(1+x)} = (1+x)^n$

$e^{-\int p(x)dx} = e^{-n\ln(1+x)} = (1+x)^{-n}$

所以 $\int q(x)e^{-\int p(x)dx}dx = \int(1+x)^n e^x(1+x)^{-n}dx = e^x + C$

运用式(13.12)得原方程通解为：$y = (1+x)^n(e^x + C)$.

练习5 （1）下面哪些是一阶线性微分方程？$(1+x^5)y' + xy = \sin x$；$(1+x)y' + xy^2 = x - 1$.
（2）解方程：$xy' + 2y + x^5 = 0$.

算法——一阶线性非齐次方程求解步骤：①明确系数$p(x)$，$q(x)$；②求$\int p(x)dx$；③求$e^{\int p(x)dx}$和$e^{-\int p(x)dx}$；④求$\int q(x)e^{-\int p(x)dx}dx$；⑤代入式(13.12).

例8 解方程$\dfrac{dy}{dx} = \dfrac{y}{x+y^3}$.若$y(2) = 1$，求特解.

分析：①这是一阶、非线性方程；②不可以分离变量；③不能化成齐次方程；④尝试：把x看成y的函数，即求解$x = \varphi(y)$.

解：$\dfrac{dy}{dx} = \dfrac{y}{x+y^3}$

$$\frac{\mathrm{d}x}{\mathrm{d}y} = \frac{x+y^3}{y} \qquad (x\ 是\ y\ 的函数)$$

$$\frac{\mathrm{d}x}{\mathrm{d}y} = \frac{1}{y}x + y^2. \qquad (是一阶线性方程)$$

令 $p(y) = \dfrac{1}{y}, q(y) = y^2$.

因为 $\displaystyle\int p(y)\mathrm{d}y = \int \frac{1}{y}\mathrm{d}y = \ln y$

所以 $\mathrm{e}^{\int p(y)\mathrm{d}y} = \mathrm{e}^{\ln y} = y$

‘$\mathrm{e}^{-\int p(y)\mathrm{d}y} = \mathrm{e}^{-\ln y} = y^{-1}$

所以 $\displaystyle\int q(y)\mathrm{e}^{-\int p(y)\mathrm{d}y}\mathrm{d}y = \int y^2 \times y^{-1}\mathrm{d}y = \frac{1}{2}y^2$

应用式(13.12),得原方程通解为: $x = y\left(\dfrac{1}{2}y^2 + C\right)$.

把 $(x,y) = (2,1)$ 代入通解,求得 $C = \dfrac{3}{2}$.

所求特解为: $x = \dfrac{1}{2}y(y^2 + 3)$.

解法的技巧:从最初求 $y = f(x)$ 改换成 $x = \varphi(y)$.

求解微分方程,哪怕是一阶微分方程,都是难度极大的计算,需要多种技巧.

解法——(一阶微分方程求解步骤):①求出 $\dfrac{\mathrm{d}y}{\mathrm{d}x}$;②判定可否分离变量;③不可以,则判定是否一阶线性;④若都不是,则尝试化为一阶齐次方程.

13.3 二阶常系数线性齐次微分方程解法

二阶常系数齐次线性微分方程模型:
$$y'' + by' + cy = 0 \qquad\qquad (13.13)$$

13.3.1 线性齐次微分方程的性质

定义 13.6 对于函数 $g(x), h(x), \alpha, \beta$ 是任意常数,称
$$\alpha g(x) + \beta h(x)$$
为 $g(x), h(x)$ 的线性组合.

定义 13.7 对于函数 $g(x), h(x)$,若其中一个是另一个的常数倍,如
$$g(x) = \mu h(x) \quad (\mu\ 是常数)$$

则称函数 $g(x),h(x)$ 线性相关;否则,称函数 $g(x),h(x)$ 线性无关.

$x,-3x^5,\sin x,-7\sin x,8x^5$ 中,$\sin x$ 与 $-7\sin x$ 线性相关,$-3x^5$ 与 $8x^5$ 线性相关,其余任两个都是线性无关的,如 x 与 $-3x^5$ 线性无关.

思考1 $y_1=x-3x^7,y_2=-2x+6x^7,y_3=2x+6x^7$ 中,哪些函数线性相关,哪些线性无关?

定理13.1 若 y_1,y_2 都是式(13.13)的两个特解(c_1,c_2 是任意常数),则
$$y=c_1y_1+c_2y_2$$
也是式(13.13)的解.

定理13.2 若 y_1,y_2 都是式(13.13)的两个线性无关特解(c_1,c_2 是任意常数),则式(13.13)的通解是:
$$y=c_1y_1+c_2y_2 \tag{13.14}$$

13.3.2 二阶常系数齐次线性微分方程解法

解方程(13.13): $\qquad y''+by'+cy=0$

依据定理13.2,只需找到两个无关特解,就得到了 $y''+by'+cy=0$ 的通解.

问题是:怎样求出两个无关特解 y_1,y_2?

猜测:①如果 $y''+by'+cy$ 中"函数因式"都提出来,只剩下常数,可能容易些.

②$y=?$ 时,y'',y',y 三者"只差常数倍"呢?

③联想到 $y=e^{\lambda x}$(λ 是常数),$y'=\lambda e^{\lambda x},y''=\lambda^2 e^{\lambda x}$ 只差常数倍.

把 $y=e^{\lambda x}$ 代入式(13.13),得
$$\lambda^2 e^{\lambda x}+b\lambda e^{\lambda x}+ce^{\lambda x}=0$$
$$(\lambda^2+b\lambda+c)e^{\lambda x}=0$$
$$\lambda^2+b\lambda+c=0 \tag{13.15}$$

称式(13.15)为 $y''+by'+cy=0$ 的特征方程,式(13.15)的根 λ_1,λ_2 为 $y''+by'+cy=0$ 的特征根.

表13.1 $y''+by'+cy=0$ **通解公式表**

$\Delta=b^2-4c$	$\lambda^2+b\lambda+c=0$ 的根	y_1	y_2	$y''+by'+cy=0$ 的通解
>0	$\lambda_1=\frac{1}{2}(-b-\sqrt{\Delta})$; $\lambda_2=\frac{1}{2}(-b+\sqrt{\Delta})$.	$e^{\lambda_1 x}$	$e^{\lambda_2 x}$	$y=c_1e^{\lambda_1 x}+c_2e^{\lambda_2 x}$
=0	$\lambda_1=\lambda_2=-\frac{1}{2}b$	$e^{\lambda x}$	$xe^{\lambda x}$	$y=(c_1+c_2x)e^{\lambda x}$
<0	$\alpha=\lambda$ 实部 $=-\frac{1}{2}b$; $\beta=\lambda$ 虚部 $=\frac{1}{2}\sqrt{-\Delta}$	$e^{\alpha x}\cos\beta x$	$e^{\alpha x}\sin\beta x$	$y=(c_1\cos\beta x+c_2\sin\beta x)e^{\alpha x}$

例 1 解方程 $y''+3y'-10y=0$.

解：令 $\lambda^2+3\lambda-10=0$.

$\Delta=b^2-4c=3^2-4\times(-10)=49>0$

$\lambda_1=-5, \lambda_2=2$

$y=c_1\mathrm{e}^{\lambda_1 x}+c_2\mathrm{e}^{\lambda_2 x}=c_1\mathrm{e}^{-5x}+c_2\mathrm{e}^{2x}$

练习 1 解微分方程：$y''-y'-2y=0$.

例 2 解方程 $y''-6y'+9y=0$.

解：令 $\lambda^2-6\lambda+9=0$

$\Delta=b^2-4c=(-6)^2-4\times9=0$

$\lambda_1=\lambda_2=3$

所以 $y=(c_1+c_2 x)\mathrm{e}^{\lambda x}=(c_1+c_2 x)\mathrm{e}^{3x}$.

练习 2 解微分方程：$y''-10y'+25y=0$.

例 3 解方程 $y''+6y'+10y=0$.

解：令 $\lambda^2+6\lambda+10=0$

$\Delta=b^2-4c=6^2-4\times10=-4<0$

$\alpha=\lambda$ 的实部 $=-\dfrac{1}{2}b=-3$

$\beta=\lambda$ 的虚部 $=\dfrac{1}{2}\sqrt{-\Delta}=1$

所以 $y=(c_1\cos\beta x+c_2\sin\beta x)\mathrm{e}^{\alpha x}=(c_1\cos x+c_2\sin x)\mathrm{e}^{-3x}$

练习 3 解微分方程：$y''-y'+2.5y=0$.

13.4 二阶常系数线性非齐次微分方程解法

二阶常系数线性非齐次微分方程的模型（b,c 为常数）：

$$y''+by'+cy=f(x) \tag{13.16}$$

13.4.1 二阶常系数线性非齐次微分方程的一般性质

定理 13.3 若 $\bar{y}$ 是式（13.13）的通解，y^* 是式（13.16）的一个特解，则式（13.16）的通解是：

$$y=\bar{y}+y^* \tag{13.17}$$

13.4.2 二阶常系数线性非齐次微分方程解法

求解方程 $\qquad\qquad y''+by'+cy=f(x)$

依据定理 13.3,只需先求出式(13.13)的通解 $\bar{y}$,再找到式(13.16)的一个特解 y^*,就可以得到式(13.16)的通解 $y = \bar{y} + y^*$.

现在的问题是:怎样求出式(13.16)的一个特解 y^*?

例 1 解方程:$y'' - 6y' + 9y = -18x^2 + 15x + 29$.

分析:①因为该方程右侧是多项式,联想到"多项式的导数还是多项式",猜测:y^* = 多项式.

②问题:y^* = 多项式时,次数 = ?

③$[y^*]'' - 6[y^*]' + 9y^*$ 仍是多项式,次数由第三项 $9y^*$ 决定. 即 $9y^*$ 次数 = 右侧次数 = 2.

④所以,猜测 $y^* = Ax^2 + Bx + C$.用待定系数法求 A, B, C.

解:令 $y'' - 6y' + 9y = 0$,求得通解为 $\bar{y} = (c_1 + c_2 x) e^{3x}$.

令 $y^* = Ax^2 + Bx + C$,代入原方程,得

$$(2A) - 6(2Ax + B) + 9(Ax^2 + Bx + C) = -18x^2 + 15x + 29$$

$$9Ax^2 + (-12A + 9B)x + (2A - 6B + 9C) = -18x^2 + 15x + 29$$

令 $\begin{cases} 9A = -18 \\ -12A + 9B = 15 \\ 2A - 6B + 9C = 29 \end{cases}$

解方程组,得 $\begin{cases} A = -2 \\ B = -1 \\ C = 3 \end{cases}$.

所以 $y^* = -2x^2 - x + 3$

原方程通解为:$y = \bar{y} + y^* = (c_1 + c_2 x)e^{3x} - 2x^2 - x + 3$.

解法——$y'' + by' + cy = f(x)$ 的一个特解 y^*:可以根据 $f(x)$ 的结构,猜测、代入测试.

把 $y' = p(x)y + q(x)$ 的解法、$y'' + by' + cy = 0$ 的解法联系起来,会发现:"猜测、试验"是寻找解法重要的出路!

练习 1 y^* 是 $y'' - 5y' = 15x^2 - 4x + 22$ 的一个多项式特解,y^* 应该是多少次? 进而求解.

表 13.2 $f(x)$ 的 3 种常见情形下,y^* 的试解形式

$f(x)$ 特点	y^* 的形式	取试验解的条件
$f(x) = P_n(x)$	$c \neq 0$ 时,$y^* = Q_n(x)$; $c = 0$ 时,$y^* = Q_{n+1}(x)$	$P_n(x), Q_n(x)$ 是 n 次多项式
$f(x) = e^{rx} P_n(x)$	$c \neq 0$ 时,$y^* = x^t e^{rx} Q_n(x)$; $c = 0$ 时,$y^* = x^t e^{rx} Q_{n+1}(x)$	r 不是特征根时, $t = 0$; r 是单重特征根时, $t = 1$; r 是二重特征根时, $t = 2$

续表

$f(x)$特点	y^* 的形式	取试验解的条件
$f(x)=$ $(A\cos\omega x+B\sin\omega x)e^{rx}$	$y^*=x^t(C\cos\omega x+D\sin\omega x)e^{rx}$ (C,D 为待定系数)	$r\pm\omega$i 不是特征根时， $t=0$; $r\pm\omega$i 是特征根时， $t=1$

例2 解微分方程: $y''+3y'-10y=e^{-5x}$.

解:令 $y''+3y'-10y=0$ $\hspace{3cm}$ ($*$)

求得($*$)的特征根为: $\lambda_1=-5,\lambda_2=2$.

($*$)的通解为: $\bar{y}=c_1e^{-5x}+c_2e^{2x}$.

因为 $r=-5$ 是 $y''+3y'-10y=0$ 的单重特征根.

所以 $t=1$

因为 $P_n(x)=1$(次数 $n=0$), $c=-10\neq0$

所以 令 $y^*=x^te^{rx}Q_n(x)=xe^{-5x}A$,代 y^* 入原方程,得

$(-5e^{-5x}A-5e^{-5x}A+25xe^{-5x}A)+3(e^{-5x}A-5xe^{-5x}A)-10xe^{-5x}A=e^{-5x}$

解得: $-7A=1$,即 $A=-\dfrac{1}{7}$.

所以 $y^*=-\dfrac{1}{7}xe^{-5x}$

所以 原方程通解为: $y=\bar{y}+y^*=c_1e^{-5x}+c_2e^{2x}-\dfrac{1}{7}xe^{-5x}$.

例3 解微分方程: $y''+2y'+2y=10\sin 2x$.

解:因为 $y''+2y'+2y=0$ 的特征根为: $\lambda=-1\pm i$.

所以 $y''+2y'+2y=0$ 的通解为 $\bar{y}=(c_1\cos x+c_2\sin x)e^{-x}$.

因为 $r=0,\omega=2$.

所以 $r\pm\omega$i 不是 $y''+2y'+2y=0$ 的特征根.

所以 $t=0$

令 $y^*=x^t(C\cos\omega x+D\sin\omega x)e^{rx}=C\cos 2x+D\sin 2x$,代 y^* 入原方程,得

$-2(C-2D)\cos 2x-2(2C+D)\sin 2x=10\sin 2x$

令 $\begin{cases}-2(C-2D)=0\\-2(2C+D)=10\end{cases}$

解方程组,得 $\begin{cases}C=-2\\D=-1\end{cases}$

所以 $y^*=-2\cos 2x-\sin 2x$

原方程通解为: $y=\bar{y}+y^*=(c_1\cos x+c_2\sin x)e^{-x}-2\cos 2x-\sin 2x$.

练习2 确定 $y''+6y'+10y=e^{-3x}\cos x$ 的一个特解 y^* 的形式,再求出 y^*.

13.5 微分方程的经济学应用

13.5.1 销量模型

一个新产品上市后,经销者十分关心它的销售情况,尤其是销售一段时间后,经销者需要根据已掌握的销售情况预测该产品在本地区的总销售量,从而恰当地组织货源.

下面在假设条件基础上建立产品销量模型(Logistic 模型).

假设:①一个消费者仅购买一件该种产品;

②经销商可以通过自然推销方式和其他方式推销产品;

③需求量的上界为 M.

根据这三个假设,在某时刻 t 时,产品销量的增长既与到时刻 t 为止的已经购买该种产品消费者数目 $Q(t)$ 成正比,也与尚未购买该种产品的潜在消费者数目 $M-Q(t)$ 成正比(图 13.1).

设比例系数为 k,则 $Q(t)$ 满足

$$\frac{\mathrm{d}Q}{\mathrm{d}t} = kQ(M-Q)) \tag{13.18}$$

取初始条件

$$Q(0) = Q_0$$

用分离变量法求解得

$$Q(t) = \frac{M}{1+(\frac{M}{Q_0}-1)\mathrm{e}^{-kMt}} \tag{13.19}$$

由式(13.17)得

$$\lim_{t \to +\infty} Q(t) = M$$

思考 1 设 $Q(1)=a$,求 $Q(t)$.

13.5.2 价格调整模型

设某商品价格与市场供求关系决定,需求量 Q、供给量 S 仅依赖于价格 p,假设:

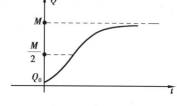

图 13.1 销量曲线

$$\begin{cases} Q = a - bp \\ S = c + dp \end{cases} \tag{13.20}$$

其中,a,b,c,d 均为已知常数,且 $b,d>0$.

定义 13.8 $Q=S$ 时的价格称为**均衡价格**,记作 p_e.

在式(13.20)所设条件下有

$$p_e = \frac{a-c}{b+d}$$

设价格时间函数 $p=p(t)$.

一般地,供过于求($S>Q$)时,价格 p 下跌;供不应求($S<Q$)时,价格 p 上涨.假定 t 时刻的价格变化率 $\frac{\mathrm{d}p}{\mathrm{d}t}$ 与当时的超额需求量 $Q-S$ 成正比,比例系数为 k,即

$$\frac{\mathrm{d}p}{\mathrm{d}t} = k(Q - S)$$

代式(13.20)入上式得微分方程 $\quad \frac{\mathrm{d}p}{\mathrm{d}t} = \lambda(-p + p_e)$ （13.21）

$$\lambda = k(c + d)$$

方程(13.21)通解为 $\quad p(t) = p_e + Ce^{-\lambda t}$ （13.22）

在初始条件 $p(0) = p_0$ 下,特解为 $\quad p(t) = p_e + (p_0 - p_e)e^{-\lambda t}$

因为 $\lambda > 0$,根据通解得 $\quad \lim\limits_{t \to +\infty} p(t) = p_e$

上式表明:不论现时价格 $p(t)$ 因为供求关系的影响怎样变化,随着时刻的推移,最终趋于均衡价格 p_e(如图 13.2).

13.5.3 多马经济增长模型(Domar.E.D)

设 t 时刻国民收入为 $Y(t)$,储蓄量为 $S(t)$,投资量为 $I(t)$,则多马简单宏观经济模型为

$$\begin{cases} S(t) = I(t) = aY(t) \\ I(t) = b\dfrac{\mathrm{d}Y}{\mathrm{d}t} \\ Y(0) = Y_0 \\ a, b > 0 \end{cases}$$ （13.23）

即,储蓄量(等于投资量)与国民收入成正比,投资量与国民收入变化率成正比,且已知国民收入的初始值(如图 13.3).

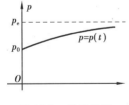

图 13.2 价格曲线

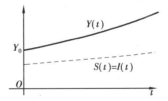

图 13.3 国民收入、投资曲线

在式(13.23)中消去 $S(t)$,$I(t)$,得关于 $Y(t)$ 的微分方程模型,即

$$\frac{\mathrm{d}Y}{\mathrm{d}t} = \lambda Y(t), \ \lambda = \frac{a}{b}$$ （13.24）

满足初始条件的特解为 $\quad Y(t) = Y_0 e^{\lambda t}$

所以 $\quad S(t) = I(t) = Y(t) = aY_0 e^{\lambda t}$ （13.25）

式(13.25)表明:国民收入 $Y(t)$、储蓄量 $S(t)$、投资量 $I(t)$ 等都是时刻 t 的增函数.

思考 2 按照式(13.25),理解 a, b 在 $I(t)$ 增加过程中的意义.

本章要点小结

1.常微分方程的概念

（1）基本概念：方程、函数方程、微分方程、常微分方程．

（2）常微分方程的阶、通解、特解、初始条件、定解问题．

n-阶常微分方程模型：$\qquad F(x,y,y',y'',\cdots,y^{(n)})=0$

n-阶线性常微分方程模型：$\qquad y^{(n)}+p_{n-1}(x)y^{(n-1)}+\cdots+p_1(x)y'+p_0(x)y=f(x)$

2.一阶微分方程解法

（1）一阶微分方程的模型：$\qquad F(x,y,y')=0$

或者 $\qquad y'=f(x,y)$

求解步骤：①求出$\dfrac{\mathrm{d}y}{\mathrm{d}x}$；②判定可否分离变量；③不可以，则判定是否一阶线性；④若都不是，则尝试化为一阶齐次方程．

（2）分离变量法

可分离变量的微分方程模型：$\qquad y'=M(x)N(y)$

步骤：① 解出 y'；② 分离变量；③ 两边积分．

（3）一阶齐次微分方程

齐次微分方程模型：$\qquad \dfrac{\mathrm{d}y}{\mathrm{d}x}=f\left(\dfrac{y}{x}\right)$

步骤：①令 $u=\dfrac{y}{x}$；②$y'=x\dfrac{\mathrm{d}u}{\mathrm{d}x}+u$；③ 原方程化为 $x\dfrac{\mathrm{d}u}{\mathrm{d}x}+u=f(u)$；④分离变量求出 u；⑤求出 y．

（4）一阶线性非齐次微分方程

齐次微分方程模型：$\qquad y'=p(x)y+q(x)$

步骤：①明确系数 $p(x),q(x)$；②求 $\int p(x)\mathrm{d}x$；③求 $\int q(x)\mathrm{e}^{-\int p(x)\mathrm{d}x}\mathrm{d}x$；④代入公式

$$y=\mathrm{e}^{\int P(x)\mathrm{d}x}\left[\int q(x)\mathrm{e}^{-\int p(x)\mathrm{d}x}\mathrm{d}x+C\right]$$

3.二阶常系数线性齐次方程

（1）二阶常系数齐次线性微分方程的模型：

$$y''+by'+cy=0$$

（2）$g(x),h(x)$的线性组合；$g(x)$，$h(x)$线性相关、线性无关．

（3）性质：$y''+by'+cy=0$的通解等于任意两个无关特解的线性组合．

（4）求解方法：见表 13.1.

4.二阶常系数线性非齐次微分方程解法

（1）二阶常系数非齐次线性微分方程的模型：

$$y''+by'+cy=f(x)$$

（2）性质:通解等于对应齐次方程的通解与自身的任意一个特解之和.

（3）一个特解的算法:见表13.2.

5.微分方程的经济学应用

掌握 Logistic 模型;了解价格调整模型、多马经济增长模型(Domar.E.D).

练习 13

1.验证微分方程的解.

（1）$P=Ce^{kt}$ 是 $\dfrac{\mathrm{d}P}{\mathrm{d}t}=kP$ 的通解.　（提示:先验证满足方程,后说明是通解）

（2）$y=x^2+\sin 2x$ 是 $y''+4y=4x^2+2$ 的满足初始条件 $y\big|_{x=\frac{\pi}{2}}=\dfrac{\pi^2}{4}$ 的特解.

2.求微分方程的特解.

（1）已知方程

$y''+2y'+y=0$ 的通解是 $y=(C_1+C_2x)\mathrm{e}^{-x}$（$C_1$、$C_2$ 是任意常数).求:满足初始条件 $y\big|_{x=0}=5$,$y'\big|_{x=0}=-2$的特解.

（2）已知 $y=A\sin(kx+\theta)-\dfrac{hx}{2k}\cos kx$（$A,\theta$ 是任意常数）是方程 $y''+k^2y=h\sin kx$（h,k 是常数,$k>0$)的通解.求:满足初始条件 $y\big|_{x=0}=\sqrt{3}$,$y\big|_{x=\frac{\pi}{2k}}=3$的特解.

3.设 $y=(1+x)^2u(x)$ 是方程 $y'-\dfrac{2}{x+1}y=(1+x)^3$ 的通解.求:$u(x)$,并写出通解.

4.求解微分方程.

（1）$x^2-x+y'=7$；

（2）$y'=\sqrt{x}\sqrt{1-y^2}$；

（3）$y'=xy-x+y-1$；

（4）$2xy\mathrm{d}x+(1+x^2)(1+y^2)\mathrm{d}y=0$；

（5）$y'=\mathrm{e}^{5x-3y^2}$；

（6）$y'=\mathrm{e}^{2x+3y}$；

（7）$y'-xy'=a(y^2+y')$；

（8）$y\ln x\mathrm{d}x+x\ln y\mathrm{d}y=0$；

（9）$\sin x\cos y\mathrm{d}x+\sec x\sin y\mathrm{d}y=0$；

（10）$\sec^2 x\tan y\mathrm{d}x+\cot x\sec^2 y\mathrm{d}y=0$；

（11）$x\dfrac{\mathrm{d}y}{\mathrm{d}x}-(1+y^2)(x^2+\ln x)=0$；

（12）$(1+y)(1+x)\dfrac{\mathrm{d}y}{\mathrm{d}x}-\sqrt{xy}=0$.

5.求解微分方程.

（1）$y'=\dfrac{y}{x}+\dfrac{3x}{y}$；

（2）$y'=\dfrac{y}{x}+\sqrt{\dfrac{y}{x}}$；

（3）$y'=\dfrac{y}{x}+\dfrac{\sqrt{y^2-x^2}}{x}$；

（4）$\dfrac{\mathrm{d}y}{\mathrm{d}x}=\dfrac{y}{x}+\dfrac{y}{x}\ln\dfrac{y}{x}$；

$(5)\dfrac{\mathrm{d}y}{\mathrm{d}x}=\dfrac{y}{x}(\log_3 y-\log_3 x)$;

$(6)(x^2+y^2)\mathrm{d}x-xy\mathrm{d}y=0$;

$(7)(y^2-3x^2)\mathrm{d}x-2xy\mathrm{d}y=0$;

$(8)(x^3+y^3)\mathrm{d}x-3xy^2\mathrm{d}y=0$;

$(9)\left(8x+y\cos\dfrac{y}{x}\right)\mathrm{d}x-x\cos\dfrac{y}{x}\mathrm{d}y=0$.

6.求解微分方程.

$(1)y'=-2xy+4x$;

$(2)\dfrac{\mathrm{d}y}{\mathrm{d}x}=y\tan x+\sec x$;

$(3)y'=-\dfrac{y}{x}+\dfrac{\sin x}{x}$;

$(4)y'+y=\mathrm{e}^{-x}$;

$(5)xy'=-y+x\mathrm{e}^x$;

$(6)(x^2-1)y'+2xy-\cos x=0$;

$(7)y\ln y\mathrm{d}x+(x-\ln y)\mathrm{d}y=0$;

$(8)(y^2-6x)y'+2y=0$.

7.解定解问题.

$(1)\begin{cases}x\mathrm{d}y+2y\mathrm{d}x=0\\ y\big|_{x=2}=1\end{cases}$;

$(2)\begin{cases}y'\tan x=y\ln y\\ y\big|_{x=\frac{\pi}{2}}=\dfrac{1}{\mathrm{e}}\end{cases}$;

$(3)\begin{cases}y'=\dfrac{x}{y}+\dfrac{y}{x}\\ y\big|_{x=1}=2\end{cases}$;

$(4)\begin{cases}x^2y'-xy+y^2=0\\ y\big|_{x=\mathrm{e}}=\dfrac{\mathrm{e}}{3}\end{cases}$;

$(5)\begin{cases}\dfrac{\mathrm{d}y}{\mathrm{d}x}=-\dfrac{1}{x}y+\dfrac{\sin x}{x}\\ y\big|_{x=\pi}=1\end{cases}$;

$(6)\begin{cases}y'=y\tan x+\sec x\\ y\big|_{x=0}=2\end{cases}$;

$(7)\begin{cases}y'+3y=8\\ y\big|_{x=0}=2\end{cases}$; （分别用分离变量法、一阶线性解法求解）

$(8)\begin{cases}xy'+(1-x)y=\mathrm{e}^{2x}\ (x>0)\\ \lim\limits_{x\to0^+}y(x)=1\end{cases}$.

8.应用适当变换求解方程.

$(1)y'=(x+y)^2$. （提示：令 $u=x+y$）;

$(2)\dfrac{\mathrm{d}y}{\mathrm{d}x}=\dfrac{1}{x-y}+1$;

$(3)xy'+y=y(\ln x+\ln y)$;

$(4)y''=y'+x$; （提示：令 $u=y'$，可降阶）

$(5)xy''=y'+x^2$;

$(6)y''-7(y')^2=0$.

9.求解二阶常系数线性齐次方程.

$(1)y''+2y'-15y=0$;

$(2)y''+7y'+10y=0$;

$(3)y''+10y'+25y=0$;

$(4)y''-2\sqrt{3}y'+3y=0$;

$(5)y''-2y'+10y=0$;

$(6)y''+6y'+13y=0$;

$(7)y''-4y'=0$.

10.求解二阶常系数线性非齐次方程.

（1）$y''-2y'-3y=2x+1$； （2）$y''-y'=3x^2-10x$；

（3）$y''-2y'+y=e^x$； （4）$2y''+y'-y=2e^x$；

（5）$y''-5y'+6y=-10xe^{2x}$； （6）$y''-6y'+9y=2(3x-1)e^{3x}$；

（7）$y''+4y=17e^x\sin 2x$.

11.已知：曲线过原点，在点 $P(x,y)$ 的切线斜率为 $2x+y$.求：曲线方程. （提示：设 $y=f(x)$）

12.已知：$y=f(x)$ 可导，且满足 $\int_0^x[2f(t)-1]\mathrm{d}t=f(x)-1$.求：$f(x)$. （提示：研究函数 $y=f(x)$ 的唯一性）

13.微分方程在经济学中的应用问题.

（1）一个林区实行封山育林，现有木材 10 万 m^3.如果任意时刻 t 木材量的变化率与该时刻的木材量成正比，且 10 年后的木材量达到 20 万 m^3.问该林区多少年后达到 40 万 m^3？

（2）生产某产品的可变成本 y 是产量 q 的函数，其变化率等于 $\dfrac{q^2+y^2}{2qy}$.且当生产一个单位产品时，可变成本是 3.如果固定成本是 1，求总成本函数 $C(q)$.

（3）某商品需求量 Q 对于价格 p 的弹性为 $-p\ln 3$，最大需求是 1 200（这里是指 Q 的最大值）.求：①需求函数 $Q(p)$；②$Q(1)$.

（4）在一个鱼池内养一种鱼，最多能养 1 000 尾.设池内鱼数 y 与时刻 t 的函数为 $y=y(t)$，鱼数的变化率与鱼数 y 以及 $1\,000-y$ 成正比，比例系数 $k>0$.池塘开始放入 100 尾，3 个月后达到 250 尾.求：①函数 $y(t)$；②第 6 个月末，池内鱼数.